식품 가공의 이해

박원종 · 박희용 · 이승기 · 이경행 공저

도서출판 효 일
www.hyoilbooks.com

머리말

인간에게 식품이란 없어서 안 되는 중요한 것이고 지역이나 인종에 따라 다양한 발전을 하게 되었으며, 문명의 발달과 사회 구조에 따라 많은 변화를 가져온 문화 산물이다.

식품은 용도에 따라 달리 해석할 수도 있지만 현대 생활에서는 영양 물질로서 뿐만 아니라 기호성, 다양성, 기능성 등이 강조되고 있다.

식품은 천연 그대로 섭취하는 것이 올바르다고 하지만 여러 조건에 따라 적당한 처리를 하여 섭취하는 것이 먹을거리로서의 충족 조건이다.

그러나 식품에 대한 올바른 지식 없이 생활에 필요한 물질로만 인식되는 것이 안타까우며 식품의 중요성이 강조되기를 바라면서 식품 전반의 처리 과정을 이해하는 것이 식품을 전공하는 사람들의 바람이다.

그래서 저자들은 지금까지의 강의 경험을 바탕으로 식품을 전공하는 학생과 식품을 연구하고자 하는 사람들에게 도움을 줄 수 있는 교재를 쓰게 되었다. 지금까지의 여러 선배님들의 아주 훌륭한 저서들이 있어 식품의 학문적 체계가 확립되었지만 가공 식품에 대한 이해를 보다 종합적으로 시도해보기 위해 나름대로 정리하였다.

식품 가공의 기초를 알려 식품 가공의 중요성을 인식시키고, 기본적인 식품 가공 공정을 설명하였으며, 식품 가공에서 원료로 쓰이고 있는 각 식품 재료를 정리하여 식품의 종류를 정리해 보았다.

여러 문헌과 자료를 참고로 쉬운 용어를 쓰려고 하였으며 이해가 쉽도록 나름대로 충실하게 구성해 보려고 하였으나 부족한 점이 많이 있을 것으로 생각된다. 부족한 점들은 여러분들의 조언과 지도를 받아 앞으로 보충해 나갈 생각이며 우선 이 책을 통하여 식품에 대한 올바른 인식을 할 수 있게 될 것을 기대하며 출판하게 되었다.

책이 출판되기까지 원고를 정리하여 준 공주대학교 식품 가공학실 학생들과 여러 자료를 제공하여 주신 여러분께 진심으로 감사드리고, 출판하여 주신 도서출판 효일 가족들의 노력과 협조에 깊은 사의를 표합니다.

저자일동

차 례

제1장

식품 가공의 이해

1 식품 가공

식품은 생명을 유지시키고 생활을 꾸려나가게 하기 위한 여러 가지 영양 성분과 기호적 가치가 있는 천연물이나 가공품 등의 모든 먹거리를 일컫는 말이다.

즉, 식품은 식품 속에 들어 있는 영양 성분이 사람들에게 장기적으로 생명을 유지시켜주는 1차적 영양 기능과 색, 맛, 향 등이 식욕을 증진시켜주어 기호성을 느끼게 하는 2차적 감각 기능, 그리고 인체의 체질을 조절하여 신체 리듬, 질병 예방과 치료, 노화 방지 등을 추구하는 3차적 기능인 생체 조절 기능을 갖춘 물질이다.

인간이 생활에서 만족을 추구하면서 식생활은 가장 큰 발전을 이룩하여왔고 인구 증가, 핵가족화, 기호의 다양성 등의 사회적 변화에 따라 천연 또는 인공적으로 얻을 수 있는 물질을 편리하게 이용하고자 하는 꾸준한 노력을 기울이고 있다.

식품 가공이란 식품에서의 복합적인 과정을 말하며, 가치 있는 이용을 위한 식품의 천연 또는 인위적 처리로 식품 제조의 개념이 있는 용어이다.

식품 가공의 정의는 간단히 설명할 수 없으며 일반적으로 농·축·수산물에 물리·화학적 또는 미생물학적인 처리를 하여 식품의 품질을 높이고 이용가치를 향상시켜 우리들의 식생활을 돕고 새로운 식품을 만들어 내는 것을 말한다.

식품 가공은 제조, 조리, 가공 등을 포괄적으로 포함시킨 용어로 가공 중에 여러 가지 변화가 따르게 되며 식품 가공의 특징으로는 적당한 처리에 의한 과정에서 식품 재료에 관한 지식이 필요하며 각종 영양소와 기호도를 생각하여 안전하게 섭취하고 조리할 수 있는 식품으로 만드는 것이다.

식품재료를 적당한 방법으로 처리한 가공 식품은 가공성과 저장성 그리고 부가 가치성을 향상시켜 기호성, 경제성, 실용성, 위생성 및 안전성 등을 갖도록 해야 된다. 따라서 가공식품은 형태특성이나 영양특성뿐만 아니라 위생특성 등을 골고루 갖추어 먹거리로 되었을 때 가치가 있는 것이다.

식품 가공은 소득 향상과 생활 양식 변화에 따른 식품 소비 경향에 대비하여 영양과 안정성 등의 실질효과와 맛, 향 등의 감각효과 그리고 의미적 효과를 검토하여 식품의 영양 가치와 기호 가치를 주로 하는 것과 함께 생리적 가치 즉, 기능성 가치를 주어 만들어야 된다.

식품 가공은 식품 재료의 맛, 향, 색, 영양가 그리고 조직감 등의 식품 품질을 향상시키고 손상시키지 않게 하기 위하여 위생적인 처리를 필요로 한다.

이렇게 식품 가공은 식품 원료의 다양성과 생물학적, 이화학적, 조직학적 및 영양학적인 특성들이 가공의 조건과 품질을 결정해 준다.

또한 식품 가공은 복잡하며 여러 특성을 골고루 살려 주고 필요에 따른 모든 방법으로 요구에 충족시킬 수 있는 조건으로 해야만 한다.

2 식품 가공의 필요성

식품 가공은 소비자들의 욕구 충족에 따라 변화하여야 한다.

식품은 식품 재료의 특성에 따라 가치의 상승은 물론 감소를 수반하게 되고 시대적인 변화에 따라서도 그 가치의 척도가 변화하며 같은 형태라도 독특한 발달이 따르게 된다.

즉, 경제적 여건에 따라 식생활의 변화는 항상 있게 마련이며 그 욕구에 따라 다양한 식품이 만들어진다.

이러한 변화에 따라 식품의 가공은 계절적, 경제적인 제한을 뛰어 넘어 편의성, 위생성, 상품성 등을 갖추고 새로운 식품으로 이용하기 위한 고급화, 전문화 등이 요구된다.

식품 가공을 함으로써 식량 생산 및 식생활에서의 장점으로 나타낼 수 있는 것은 다음과 같다.

① 생산되는 식품의 이용과 유통 과정에서의 변질, 변패를 최대한 막을 수 있으며 저장성을 향상시켜 영양성, 상품성 등을 부여한다.
② 식품 원료의 안정적 공급과 고부가 상품으로의 활용 그리고 식품 소비 경향에 대비할 수 있다.
③ 식품의 형태 변화와 편리 식품 그리고 기능성 식품으로의 활용이 가능하게 한다.

그러나 식품 원료 자체의 신선함이나 천연 그대로의 맛 그리고 영양 등에는 문제점이 있다.

이러한 측면에서 식품 가공은 식품 원료나 식품의 변질, 부패를 최소화하는 것이 가장 중요하다. 또한 식품 가공은 다양한 조건에 맞추어 필요에 따라 소비자에게 전달될 수 있도록 변화해가며 만들어져야 한다.

3 앞으로의 식품 공업

식품 공업의 기본적인 과정은 식품 원료를 처리하여 식품으로 만드는 것과 이 제품의 처리와 유통을 관리하는 과정의 여러 측면 중에 안전한 먹거리를 제공하는 것이다.

동·식물로부터 공급되어지는 식품은 생육 환경과 조건에 따라 생산량의 변동이 커서 수급 및 가격 변동이 많은 편이다.

또한 식품의 단순 가공이나 2차 가공에서 식품 가공 기술의 발전 등에 따라 완제품이나 고부가 가치 식품 가공으로의 발달에 의한 국제 가격의 상승과 석유류의 가격 상승에 따른 에너지 효용과 수송비 등의 부담이 점차 커지고 있는 실정이다.

경제 발전에 따른 소득 향상과 생활 양식 변화에서도 식품 소비 경향이 핵가족화, 간편화, 고령화 등으로 가공 식품에 편중되어가며 영양의 문제점과 고급 식품 선호 등에 변화가 있어 이에 대한 가공 식품의 개발 연구가 필요하다.

이러한 여러 측면에서 앞으로의 식품 공업 발전의 여건이 매우 큰 공업으로 위치를 차지하고 있다.

식품 가공의 발전은 식량 자원의 개발과 이에 알맞는 가공 식품의 연구 개발이 조화를 이루어야한다.

이를 위하여 부가 가치가 높은 식품의 개발, 전통 식품의 공업적 규격화로 가공 식품으로서의 개발, 식품 자체에 함유된 식품 특유의 성분을 이용하는 기능성 식품의 개발, 노령화, 환자 등에 따른 다양한 특수 식품 개발, 식품 원료와 생산비를 절감하며 식품의 영양을 증진시킬 수 있는 조립 식품의 개발, 간편 식품과 단체 급식 식품의 개발 그리고 식품 포장의 다양화 및 식품의 고급화 등에 많은 노력이 필요하다고 본다. 또한 식품 공업은 사회변화에 따른 식생활의 변화를 인식하여 소비자들이 요구하는 여러 조건을 충족시킬 수 있어야 한다.

식품 공업에서 중요한 제조 공정의 과정과 방법 등에도 효율적인 측면에서 고품질의 식품 가공을 위하여 안정된 식품 원료의 확보가 필요하며 에너지와 생산비 절감을 위한 공정의 개발과 수율 향상, 품질 향상을 위한 새로운 공정의 개발과 저장 수명 향상, 식품의 안정성과 기능성 향상 그리고 미래 지향적 가공 식품의 개발 및 공정 개발, 환경 오염의 방지를 위한 공정 개발 등이 필요하다.

참고로 미래 지향적인 21세기 가공식품으로 〈표 1-1〉과 같은 식품을 추천하였다.

〈표 1-1〉 미래 지향적 21세기 가공식품

특 성	주목받을 분야와 경향
간 편 성	냉동 조리식품, 간편 식품, 외식식품(fast food), 조리된 식품, 배달식품, 신 인스턴트식품
건 강 성	건강식품, 자연식품, 유기식품, 건강증진식품, 미용식품
특 수 성	체중조절식품, 병약자식품, 노인/청년/여성/유아용 식품, 우주식품, 산악등산용 식품, 전투식품, 원양선원용 식품

4 식품 가공의 범위와 종류

일반적으로 식품 가공의 범위는 여러 관점에서 정할 수 있으나 그 범위가 넓기 때문에 식품 재료의 식품 가공 중에 일어나는 물리, 화학, 생물학적인 변화, 가공 재료와 가공 식품의 물성 및 조직 특성, 가공 식품의 영양과 조리를 하였을 때의 영양 변화 및 인체에서의 관계, 식품 재료와 가공 식품의 저장성과 유통성, 식품의 위생, 규격, 그리고 등록 전 상표의 확인 등의 분야로 구별할 수 있다.

또한 가공 식품의 기본 처리 공정은 관련 범위를 이해하는데 중요하다.

즉, 식품 원료를 알맞게 처리하고 가공 식품에 맞게 재료를 혼합, 주요 공정을 거쳐 가공 식품으로 제조하고 포장과 저장을 하여 소비자에게 전달될 수 있게 한다.

식품 가공은 가공 공정에서 물질의 이동에 따른 성분 변화와 신물질 생성 등에 수반되는 여러 가지 관련 학문이 필요하다.

식품 가공에 필요한 과학, 공학 분야에 대한 역할은 〈그림 1-1〉과 같다.

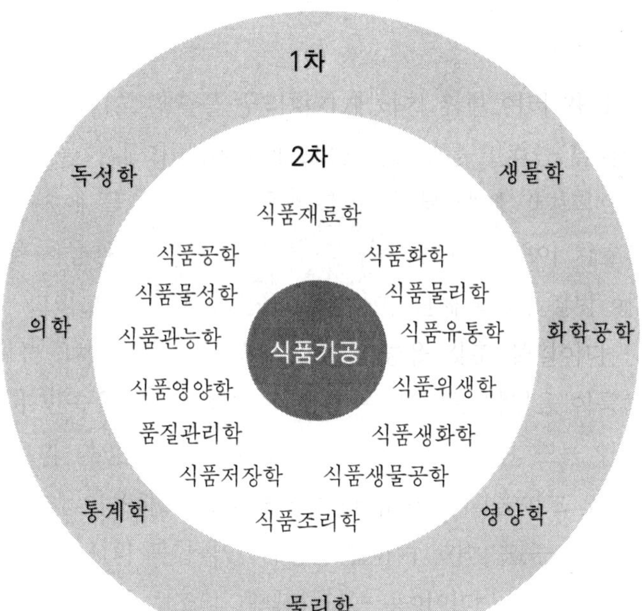

〈그림 1-1〉 식품가공관련 분야

식품 가공은 식품 공업이므로 기초 학문인 물리학, 생물학 등에 화학, 특히 가공 중에 일어나는 화학 반응을 이해하기 위해 식품 화학이 필요한 학문이다.

또한 식품 재료를 이용하므로 식품 재료학과 식품 저장학, 식품 위생학이 필요하며 유통과 상품적 가치, 영양과 관능적 평가를 위한 식품 유통학, 품질 관리 및 식품 경영학, 영양학, 관능 검사, 식품 조리학 등이 기초적 학문이다.

이와 관련하여 식품 가공에서 식품 공학이 필수적이며 재료뿐만 아니라 가공 공정과 제품에 대한 물성 및 조직의 변화가 중요시되고 있는 시점에 물리 화학, 화학 공학, 생물 공학 등도 식품 가공에 관련된 필요한 학문이다.

이러한 기초 공정 및 학문을 중심으로 식품 가공을 분류하여보면, 재료적인 측면에서는 동물성 식품과 식물성 식품으로 구분하며 이를 재료의 종류에 따라서 농산 식품 가공, 축산 식품 가공, 수산 식품 가공 등으로 크게 나눈다.

〈표 1-2〉 식품 가공의 재료별 분류

구분	종류	내용
농산물 식품 가공	곡류 가공 식품	곡류, 두류, 서류 등을 원료로 하는 것
	원예 가공 식품	과일, 채소류 등을 원료로 하는 것
	기호 가공 식품	향신료, 음료, 다류, 주류 등을 제조하는 것
	유지 가공 식품	식물성 유지류를 가공하는 것
축산물 식품 가공	육류 가공 식품	고기를 이용하여 제조하는 것
	유류 가공 식품	우유를 이용하여 제조하는 것
	난류 가공 식품	달걀을 이용하여 제조하는 것
	부산물 가공 식품	동물성, 유지 가공, 성분 추출가공, 피혁 가공 등
수산물 식품 가공	어패류 가공 식품	어패류를 이용하여 가공하는 식품
	해조류 가공 식품	해조류를 이용하여 가공하는 식품
	부산물 가공 식품	단백질, 지방질, 기타 등을 이용하는 것
기타		버섯, 죽순 등을 이용하는 가공으로 농산물 식품 가공에 포함시키기도 함. 임산식품 가공

가공수단에 의한 식품 가공을 분류하면 물리적 가공, 화학적 가공으로 나누며 그 수단은 다음과 같다.

〈표 1-3〉 식품 가공의 가공별 분류

구분	내용
물리적 가공	도정, 마쇄, 압착, 건조 농축 등의 물리적, 기계적 변화를 이용하는 것 예) 쌀, 밀가루, 면류, 전분, 식용유지, 잼, 마요네즈 등
화학적 가공	가수분해, 효소, 중화, 산화·환원, 표백 등의 화학적 변화를 이용하는 것 예) 두부, 맥아엿, 포도당, 치즈, 아미노산 등
생물적 가공	미생물, 효소 등의 작용을 이용하는 것 예) 빵, 주류, 식초, 장류, 젖산 음료 등

또한 식품 가공의 분류는 제조 공정에 따라 다양한 종류가 있고 제조 기술이나 설비 등에 의해 달라지며 가공 정도에 따라서도 1차, 2차, 3차, 4차 가공 등으로 구분한다.

제2장

식품 가공의 기본공정

식품 가공에서 식품 재료의 특성은 가공 식품의 제품에 영향을 미치는 중요한 요소로 작용한다.

식품 재료는 종류가 많고 혼합하는 비율도 다양하기 때문에 식품 가공의 특성을 설명하기는 어렵다.

식품 재료들의 산지, 성분, 상태 그리고 식물성과 동물성 등에 따라 전처리 과정이 다를 뿐만 아니라 각각의 가공 방법에 따라 특성이 다르다.

그러나 가공 식품은 위생성, 상품성, 저장성, 영양성 등에 의해 일정한 규격이 필요하기 때문에 이에 알맞는 기본적인 공정이 필요하다.

1 선 별

식품 가공에서 가장 기본적인 공정이 선별(selection or sorting)이다.

선별이란 식품 재료에 들어 있는 불필요한 물질이나 변형, 부패된 재료를 분리·제거하는 과정이다.

선별은 재료를 모양, 크기, 무게, 성분, 색깔 등에 따라 구분하여 일정한 등급을 맞추어 분류하는데 기계적인 방법과 관능적인 방법으로 구별한다.

선별은 식품 가공 공정에서 다음 공정에서의 효율을 높이고 기호적인 효과를 얻는데 중요한 과정이며 이때 주의해야 될 점은 재료의 손상을 막아주어 가공 후 제품의 품질 손실을 방지해야 하는 것이다.

(1) 무게에 의한 선별

가장 일반적인 선별 방법의 하나로 식품 재료의 무게에 따라 선별하는 것으로 육류, 생선류는 물론 과일류, 채소류, 달걀류 등을 무게에 따라 선별하여 가공 재료로 사용한다.

크기에 의한 선별보다 더 정확하게 선별할 수 있으며 크기 선별과 무게 선별을 같이 사용하는 경우가 많다.

무게 선별기에는 기계 선별기, 전기-기계 선별기, 물을 이용한 선별기(hydrostatic transducer) 등이 있으며 요즈음은 컴퓨터를 이용하여 자동적으로 처리하는 선별 방법도 쓰인다.

(2) 크기에 의한 선별

식품 재료를 두께, 폭, 지름 등의 크기에 의해 선별하는 방법으로 덩어리나 가루로 된 것을 일정 크기에 따라 진동체나 회전체를 이용하는 체질(sieving)에 의해 선별하는 방법과 과일류나 채소류를 일정 규격으로 하여 선별해 내는 방법 등이 사용된다.

크기에 의한 선별기는 단순체 스크린, 드럼 스크린 등을 이용한 스크린 선별기, 롤러 선별기, 벨트식 선별기, 공기를 이용한 선별기 등이 있다.

(3) 모양에 의한 선별

무게, 크기에 의해 선별된 식품 재료도 가공에 편리하고 쓰이는 형태에 따라 모양이 다른 경우 이것을 선별하는 데는 모양에 의한 선별이 필요하다.

모양 선별기에는 일반적으로 특정 디스크를 회전시켜 수직으로 진동시키면 모양에 따라 각각의 특정 디스크별로 선별시킬 수 있는 디스크형과 회전시키는 실린더에 수평으로 통과시켜 비슷한 모양을 수집하는 실린더형이 사용되고 있다.

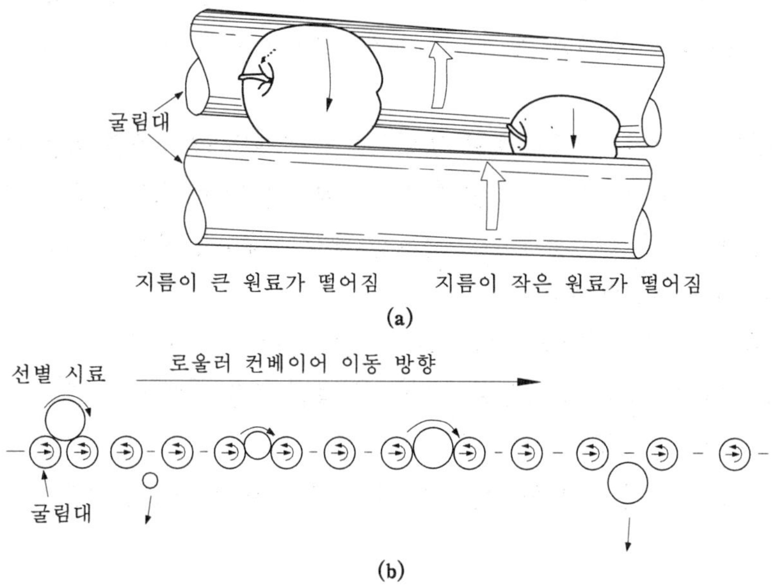

(a) 굴림대형 체 (b) 굴림대-컨베이어형 체

〈그림 2-1〉 간격 선별기

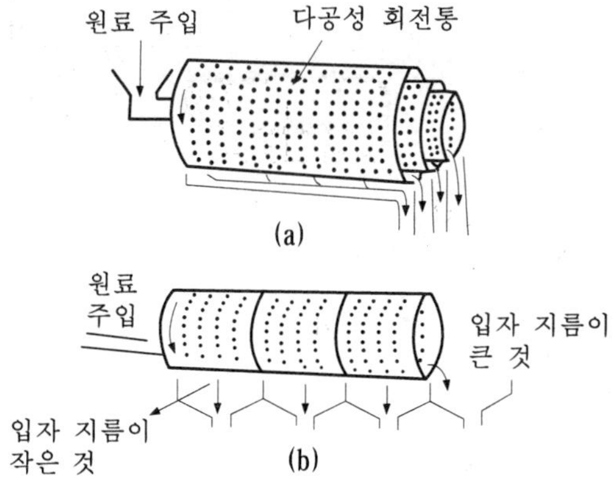

(a) 삼층 회전통 (b) 직렬 회전통

〈그림 2-2〉 회전통체

(4) 광학에 의한 방법

식품 재료를 γ-선, X-선, 가시광선, 마이크로파, 라디오파 등의 광범위한 분광 스펙트럼을 이용하여 선별하는 방법으로 스펙트럼의 반사와 통과의 특성을 이용하는 것이다.

반사 특성을 이용하는 선별은 빛의 분산, 산란, 반사 등의 성질을 이용하여 식품 재료에 빛을 쬐었을 때 색깔의 정도, 표면 손상 여부, 결정체의 여부 등을 결정하여 선별하는 것으로 표준색과의 비교에 의한 광학적 색채 선별로서 직접 눈으로 하는 방법과 기기적 색채 선별 방법이 있다.

통과 특성을 이용하는 선별은 식품 재료에 통과되는 빛의 정도를 기준으로 선별하는 방법으로 과일류나 채소류의 성숙도, 중심부의 결함 등을 선별할 수 있고 달걀류의 이상 여부 등을 판단하는데도 이용한다.

또한 전기 특성, 특히 정전 유도에 의한 대전량의 차이를 이용한 정전기 선별 방법도 이용한다.

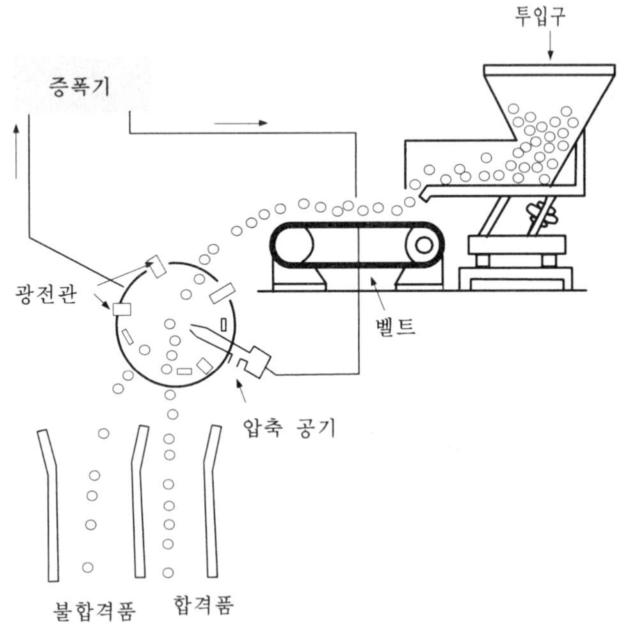

〈그림 2-3〉 비색 선별기

2 세 척

세척(cleaning or washing)은 식품 재료로부터 불순물이나 부착된 오염물 등을 분리 제거하는 방법으로 가공에서 매우 중요한 공정이며 선별과 함께 실시하기도 한다.

세척 공정은 매우 복잡한 과정으로 불순물이나 오염 정도, 세척 조건과 방법, 재료의 안정성 및 경제성 등을 고려해야 되며 식품 재료의 손상과 재오염에 유의해야 된다.

세척의 단계는 일반적으로 3단계로 나뉘는데, 첫째 단계는 예비 세척이라 하여 세척제를 고체 표면이나 오염물 표면에 담그는 단계이며 두 번째 단계는 중간 세척이라 하여 오염물질을 표면에서 분리시키는 단계이고 세 번째 단계는 식품 재료의 재오염을 방지하는 과정으로 후 세척이라고 한다.

식품 재료의 세척 방법은 식품 재료의 성질, 오염 물질의 종류 등에 따라 선택하여야 되며 여러 가지 방법이 있으나 건식과 습식으로 나눈다.

(1) 건식 세척

식품 재료의 표면이 건조한 상태로 되며 비용이 비교적 싼 편이지만 재오염의 가능성이 높은 방법이다.

건식 세척의 방법은 체 분리 세척(screening)이 가장 일반적이며 체의 크기를 이용하여 식품 재료와 오염물이나 이물질을 제거하는 방법으로, 체의 종류에 따라 회전 드럼식(rotary drum screen)과 편평식(flat-bed screen) 등이 있으며 주로 분말 식품 재료의 세척에 이용된다.

이 방법과 비슷한 것이 솔세척(brushing) 방법이다.

마찰 세척(abrasion)은 식품 재료들이 서로 마찰 또는 식품 재료와 세척기의 움직임에 의해 생기는 마찰로 오염 물질을 제거하는 방법이다.

흡인 세척(aspirator)은 식품 재료들을 공기의 흐름에 서로 다른 속도로 통과시켜 식품 재료와 오염 물질을 부력과 기체역학으로 분리 세척하는 방법이다.

자석 세척(magnetic separation)은 자석이나 전자석을 사용하여 식품을 강한 전자기장 속으로 통과시켜 각종 금속류나 돌, 기름 등의 오염물질을 분리 제거하는 방법이다.

정전기 세척(electrostatic clean)은 서로 다른 정전기적 전하를 가진 식품 재료를 반대전하에 통과시켜 분리·제거하는 방법으로 주로 미세한 먼지 등을 제거하는데 이용된다.

그 밖에 X-선을 이용하는 세척과 방사선 동위원소를 이용한 세척 등이 있다.

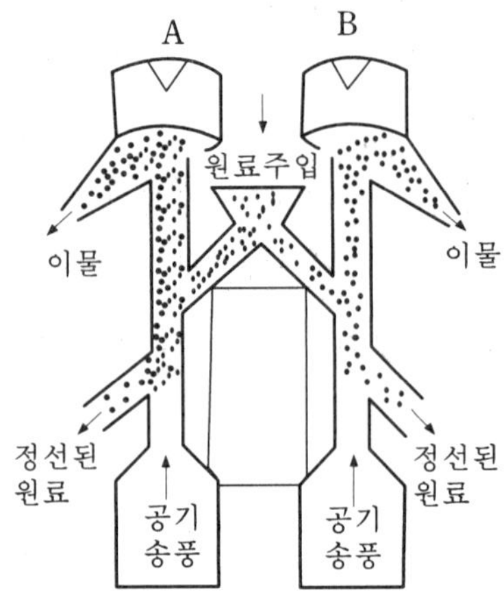

〈그림 2-4〉 송풍에 의한 이물 제거

(2) 습식 세척

식품 재료에 부착되어 있는 오염 물질을 세척제를 사용하여 식품 표면에서의 흡착, 침적, 용해, 분산 등의 화학 반응과 확산, 이동 등의 물리적 작용으로 제거시키는 과정으로 세척 효율이 좋아야 하고 재오염이 되지 않게 하며 식품 재료의 손상이나 변질 등이 없어야 한다.

또한 세척 과정에서의 식품 재료의 부패와 무게의 증감이 최소화되어야 하며 사용되는 세척제가 식품에 잔류하지 않아야 된다.

습식 세척은 가장 간단한 방법으로 세척수에 식품 재료를 넣어 흙, 기타 오염물질 들을 제거하는 담금 방법에 의한 세척이 있다.

분무 세척은 식품 재료에 고압분무를 하여 오염 물질을 제거하는 방법으로 용기에 따라 드럼식과 벨트식이 있다.

식품 재료의 부력 차이를 이용하여 무거운 것이나 더러운 것 특히, 상처(썩음) 등이 있는 것은 가라앉혀 세척시키는 방법을 부유 세척이라 한다.

담금 세척 등으로 1차 세척을 실시한 식품 재료를 수분 제거나 살균을 하기 위한 2차 세척 방법으로 초음파 세척이 있고, 기타 여과 세척, 침강 세척 등도 세척 방법으로 이용한다.

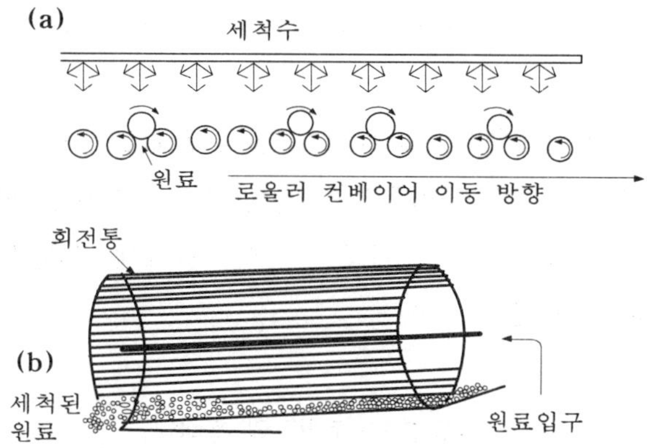

(a) 로울러형　　　(b) 드럼형

〈그림 2-5〉 살수 세척

3 분 쇄

분쇄(pulverization)란 어떤 물질(고체 물질)에 기계적 힘을 가하여 성분의 변화없이 그 입도의 크기를 작게 하는 조작이다.

분쇄의 목적은 각 성분의 분리를 쉽게 하고 혼합도 쉽게 하여 건조나 용해성을 높이며 식품 재료들의 물리·화학적인 반응을 촉진하며 유효 성분의 분리를 쉽게 하고 기호성을 증가시키는 것이다.

분쇄의 원리는 압축, 충격, 마찰, 비틀림(전단)으로 이루어지는데 한가지 힘만 작용되는 것이 아니고 여러 가지가 혼합 작용에 의해 이루어진다.

분쇄는 원료의 크기, 원료의 특성, 분쇄 후의 크기, 입도 분포, 분쇄 온도 및 원료의 수분 함량에 따라 분쇄기를 결정해야 된다.

분쇄의 방식은 분쇄 재료가 분쇄기를 통과하자마자 분쇄기의 밖으로 나와 분쇄 재료의 분쇄 작용에 지장을 주지 않게 하는 자유 분쇄와 분쇄 재료를 분쇄 기구 내에 남게 하고 미분쇄로 하여 과분쇄물이 생겨 이 물질이 완충 작용으로 분쇄 작용을 유효하게 하는 완충 분쇄가 있는데 분쇄 능력은 자유 분쇄가 좋다.

일반적으로 연속식을 자유 분쇄라 하며 미세 분쇄는 회분식이라 한다.

또한 분쇄기에 원료를 계속적으로 공급하여 계속적으로 분출되게 하는 개회로 분쇄와 분쇄기를 통과한 원료를 체에 걸러 분쇄하여 거친 원료를 다시 일정 크기로 분쇄시키는 폐회로 분쇄로 구분한다.

분쇄 원료의 수분 함량에 따라 습식 분쇄와 건식 분쇄로도 구분한다

분쇄기의 종류는 분쇄의 원리에 따라 압축형, 충격형, 마찰형, 절단형 및 혼합형으로 분류하며 원료의 분쇄 정도에 따라 조분쇄기, 중간 분쇄기, 미분쇄기, 초미 분쇄기로 구분하고 〈표 2-1〉과 같은 종류가 있다.

〈표 2-1〉 분쇄기의 형태

분쇄조작	분쇄원료의 크기	분쇄물의 크기	분쇄기의 이름
조 분 쇄	150~10cm	10~1cm	Jaw crusher Gyratory crusher Single roll crusher
중간분쇄	10~1cm	10~5mm	Dodge crusher Cone crusher Double roll crusher Edge runner Hammer mill Rotary crusher Impeller breaker
미 분 쇄	10~3mm	0.1mm 이하	Ball mill Tube mill Rod mill Vibration ball mill Ring roller mill Pin mill Attrition mill Micropulverizer
초미분쇄	5~0.5mm	수 μ이하	Micronizer Automizer Microatomizer Micron mill Colloid mill

(1) 조분쇄기(coarse crusher)

원료의 분쇄 크기를 4~5㎝ 또는 그 이하로 분쇄하는 기계로 예비 분쇄기라고도 하며 원료를 다량 분쇄시킬 수 있다.

압축력에 의하여 음식물을 씹는 원리로 만들어진 분쇄기를 저쇄기(jaw crusher)라 하며 입구는 V형으로 이루어져 있고 brake type, dodge type, roll type의 3가지로 나눈다.

또한 원추 모양의 파쇄 입구가 수직으로 되어 있고 베벨 기어(bevel gear)에 의해 구동되면서 고정되어 있는 회전축의 타원 운동에 의해 분쇄하는 선동 분쇄기(gyratory crusher)가 있다.

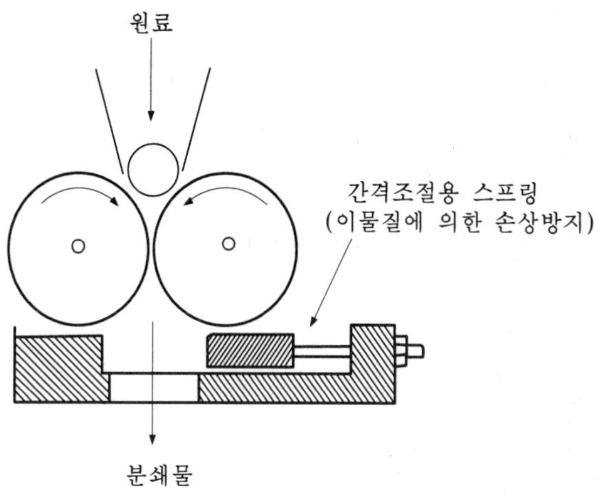

〈그림 2-6〉 Roll crusher

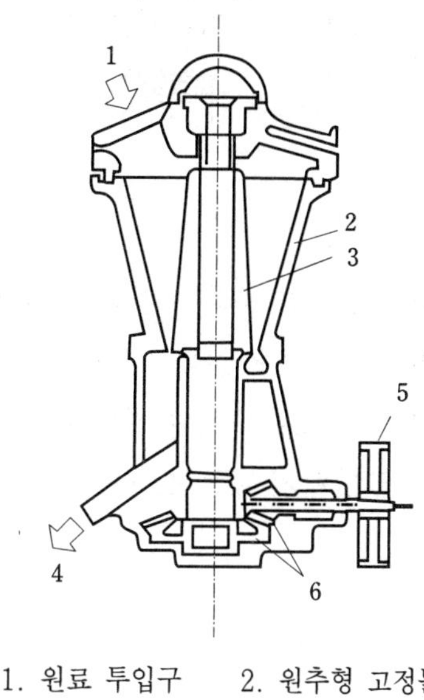

1. 원료 투입구　2. 원추형 고정틀
2. 원추 파쇄두　4. 배출구
5. Pulley　6. Bevel gear

〈그림 2-7〉 Gyratory crusher

(2) 중간 분쇄기(intermediate pulverizer)

원료의 분쇄 크기를 1~4㎝ 또는 0.2~0.5㎜까지 분쇄하는 기계로 일반적인 식품 가공에 가장 많이 쓰인다.

중간 분쇄기로는 원추형 분쇄기와 해머 밀 등이 있다.

압축력을 이용하는 선동 분쇄기와 원리는 같고 좀더 세밀하게 분쇄되는 롤 분쇄기와 원추형 분쇄기가 있으며 원추형 분쇄기는 〈그림 2-8〉과 같다.

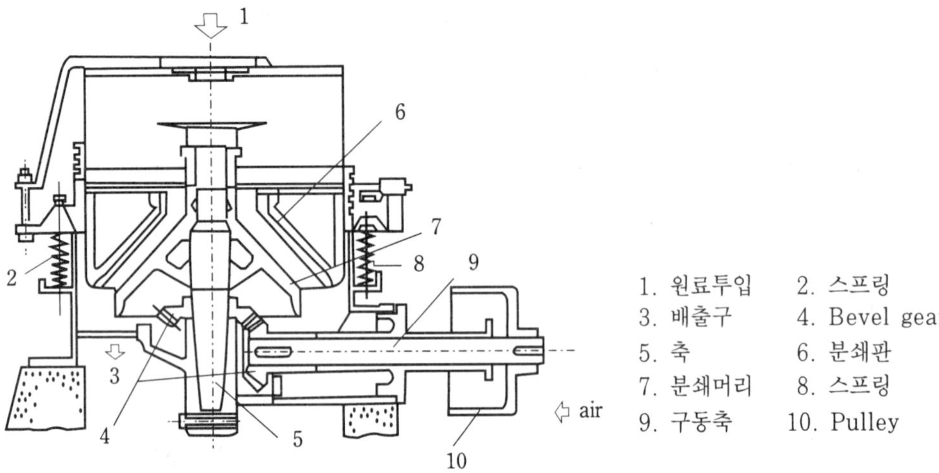

〈그림 2-8〉 Cone crusher

대표적 중간 분쇄기인 해머 밀(hammer mill)은 충격력을 이용한 분쇄기로 가장 많이 쓰이고 〈그림 2-9〉와 같이 몇 개의 해머가 회전하면서 충격과 일부 마찰을 받아 분쇄시키는 것으로 구조가 간단하며 용도가 다양하고 효율에 변함이 없는 특징이 있으나 입자가 균일하지 못하고 소요 동력이 크다는 단점을 가지고 있다.

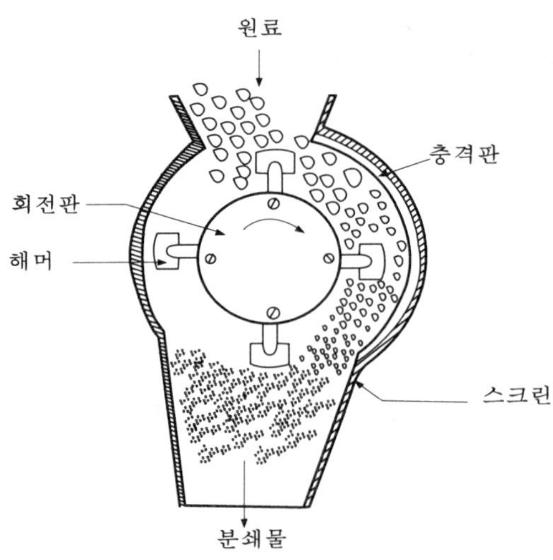

〈그림 2-9〉 Hammer mill

(3) 미분쇄기(fine crusher, pulverzing mill)

원료를 0.1㎜ 이하로 분쇄하는 분쇄기로, 분쇄 매체를 원료와 같이 회전시켜 충격, 마찰 등의 힘을 이용하여 분쇄하는 기계로 텀블링 밀(temblening mill)이라고도 한다.

보올 밀(ball mill)은 분쇄 매체로 보올(ball)을 넣어 원료와 보올이 원심력에 의해 회전함에 따라 분쇄되는 기계이다.

로드 밀(rod mill)은 원통형의 분쇄기로 보올 대신에 직경 50~100㎜의 막대기를 원료와 같이 회전시키면서 분쇄시키는 기계이다.

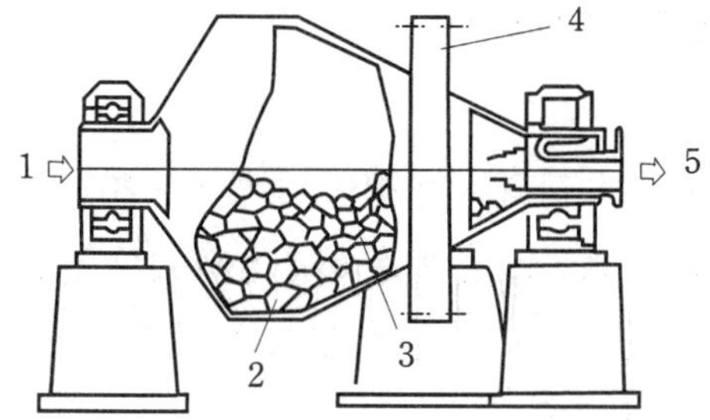

1. 원료투입구 2.3. Ball
4. 기어 5. 배출구

〈그림 2-10〉 Ball mill

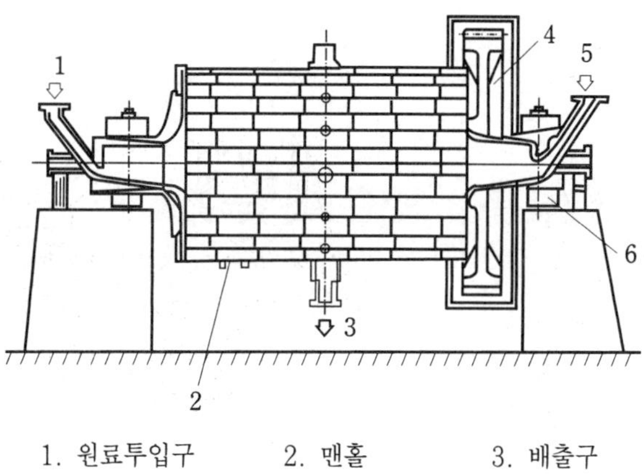

1. 원료투입구 2. 맨홀 3. 배출구
4. 드럼회전기어 5. 원료투입구 6. 주축

〈그림 2-11〉 Rod mill

에지 러너(edge runner)는 플레트 밀(falt mill)이라고도 하며 금속이나 암석을 재료로 하여 원반과 두 개의 롤(roll)을 회전시키면서 원료를 압축과 전단에 의해 분쇄시키는 기계이다.

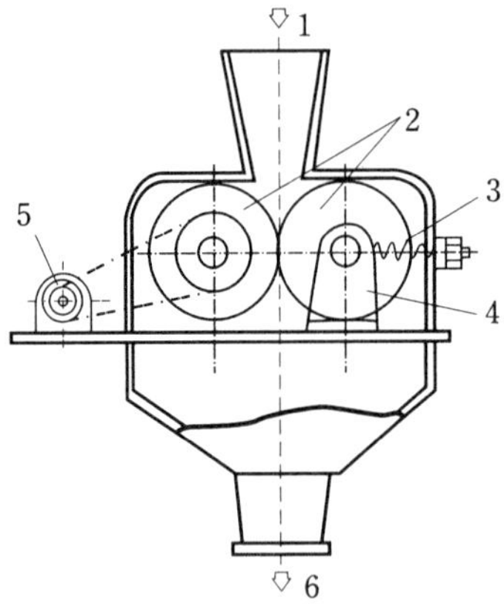

1. 원료투입구　　2. Roll
3. 스프링　　4. 가동축
5. 모터　　6. 배출구

〈그림 2-12〉 Roll mill

진동 밀(vibration mill)은 스프링으로 유지되는 용기에 직경 8~20㎜의 볼이나 돌을 80% 정도 넣고, 고정축과 면이 반대 방향으로 원 운동하면서 분쇄와 혼합을 하는 기계이며 자유 분쇄기(free crusher)는 〈그림 2-13〉과 같이 고정축과 회전축 핀의 간격에 의해 입자의 크기를 조정 분쇄하는 분쇄기이다.

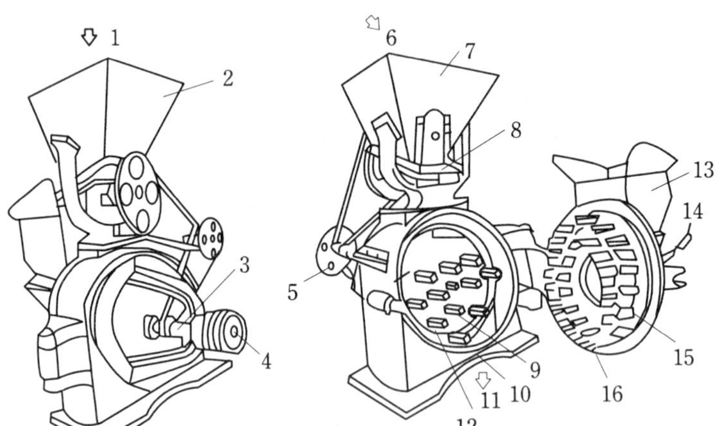

1.6. 원료투입구　　2.7 통　　3. 주축
4. counter pulley　　5. main shafty　　8. 수기
9.10. 내외구　　11. 배출구　　12. 회전판
13. 위출구　　14. 핸들　　15.16. 고정핀

〈그림 2-13〉 Free crusher

터보 밀(turbo mill)은 얇은 판의 날개가 여러 개의 회전부에 붙어 날개의 측면에 접촉한 칸막이 판으로 되어있고 여러 개의 공간에 회전시켜 형성되는 고주파 진동으로 분쇄시키는 분쇄기이다.

버 밀(buhr mill)은 원판 마찰 분쇄기로 정지된 원판과 회전 원판으로 구성되어 있으며 원료가 투입되면 마쇄와 전단에 의해 분쇄되는 분쇄기이다.

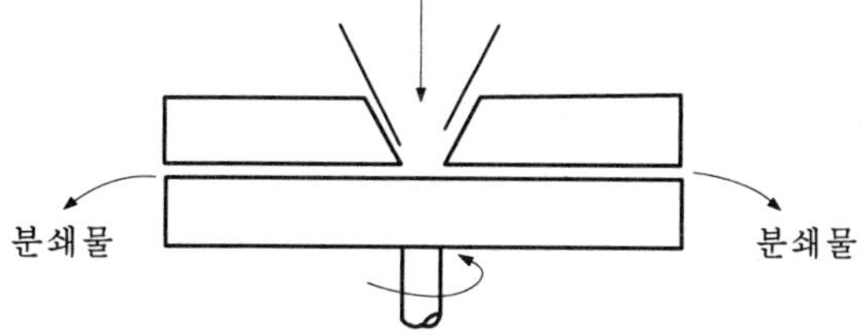

〈그림 2-14〉 Buhr mill

(4) 초미 분쇄기 (ultra fine grinding mill)

300~수μ의 크기로 원료를 분쇄시키는 기계로 콜로이드 밀(colloid mill)은 균질기(homogenizer)라고도 한다.

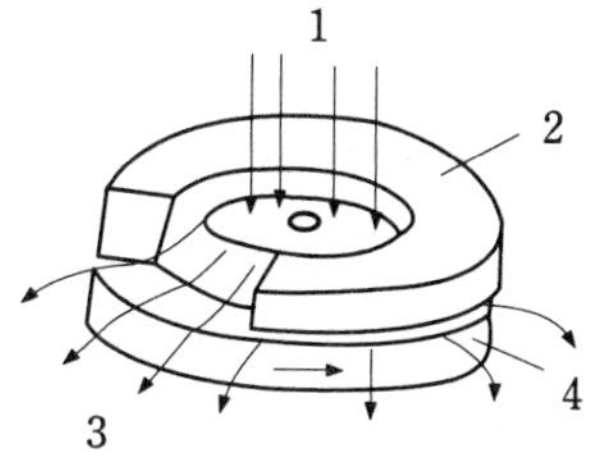

1.원료투입구 2. 고정핀
3.배출구 4. 하부회전판

〈그림 2-15〉 Colloid mill

건식으로는 미세한 체로 고정 원판과 회전 원판 두 개의 면 간격을 아주 좁게 하여 마찰력으로 분쇄시켜 원심력으로 배출되게 하는 방법이다.

습식은 고체를 액체에 넣어 두 개의 면 사이로 보낸 후 고속회전으로 액체의 전단력을 이용하여 고체 원료를 액체에 분산시키는 방법이다.

오토마이져(automizer)는 해머밀 형태로 스크류에 원료를 주입하여 분쇄실내의 해머를 고속회전(3,000~10,000rpm)시킴으로써 충격력

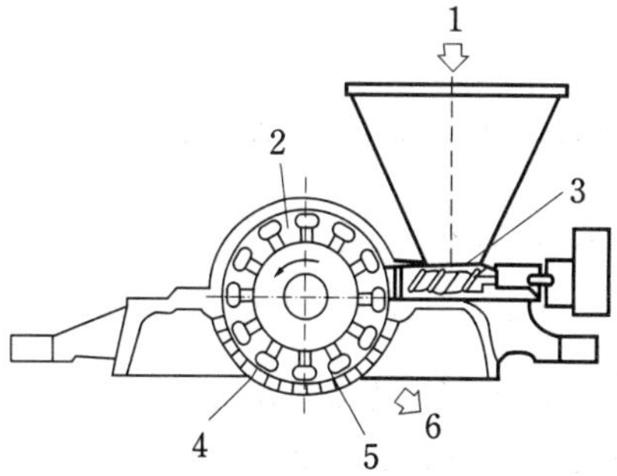

1. 원료투입구 2. 분쇄실
3. Screw 4. T형 hammer
5. Screen 6. 배출구

〈그림 2-16〉 Automizer

과 전단력에 의해 미세한 입자로 하여 고정체를 통과시켜 일정한 입자를 유지시키는 방법이다.

디스크 마찰 밀(disc attraction mill)은 맷돌의 원리로 마찰력과 전단력을 이용하는 방법으로 두 개의 마찰 원판 사이에 원료를 넣고 회전판과 고정판에 의해 분쇄시키는 기계이다.

디스크 마찰 밀의 종류로 단식은 회전판만 고속 회전시키는 방법이고, 복식은 회전판과 고정판을 서로 반대로 고속 회전시키는 방법이다.

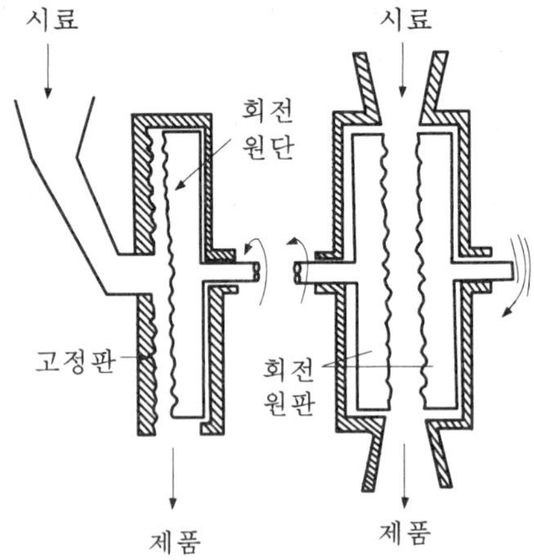

〈그림 2-17〉 Disc mill

이밖에 미분쇄기의 회전속도를 높여 이용하는 경우도 있으며 마하 2.15 이상의 초음속 기류에 원료를 넣어 원료 입자끼리 강한 충격력으로 분쇄시키는 초음속 제트 분쇄기, 교반력을 이용하여 분쇄의 기본 형식의 복잡한 작용으로 분쇄시키는 MQ형 순환 분쇄기와 C형 연속 분쇄기 등이 있다.

4 혼 합(Mixer)

혼합이란 고체와 고체, 고체와 액체, 액체와 액체, 액체와 기체 등 2가지 이상의 성분을 균일하게 한 생성물을 얻기 위한 방법이다.

혼합에 이용되는 기계는 각 성분의 물성에 따라 나누어지는데 주로 액체와 액체의 혼합에는 교반기(agitator or stirrer), 고체와 고체에의 혼합에는 혼합기(mixer), 점조성이 있는 고체와 액체에는 반죽기(kneader), 서로 다른 성질을 가진 액체들을 물리적으로나 기계적으로 균일하게 분산시켜 혼합하는 유화기(emulsification) 등이 있다.

(1) 교반기

교반기란 액체와 액체 또는 액체 중에 고체 입자를 현탁시키기 위한 방법으로 고체를 액체에 녹일 때, 고체 입자를 액체로 세척할 때, 고체와 액체를 균일하게 혼합시킬 때 또는 화학반응을 일으킬 때 이용한다.

교반기의 형태는 교반기의 축에 붙어있는 날개(Impeller) 모양에 따라 패들 형(paddle type), 터빈 형(turbine type), 프로펠러 형(propeller type) 등으로 구별된다.

패들 형은 점도가 낮은 액체를 혼합시킬 때 가장 많이 쓰이는 간단한 교반기로 〈그림 2-18〉과 같은 종류가 있다.

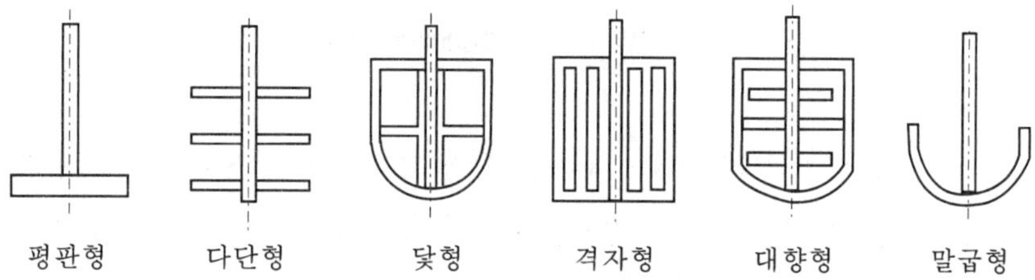

〈그림 2-18〉 Paddles의 종류

터빈 형은 〈그림 2-19〉와 같이 날개가 4개 이상 사용되고 날개에 따라 교반 속도가 결정되며 모양이 복잡하지만 혼합 효과가 크기 때문에 많이 이용된다.

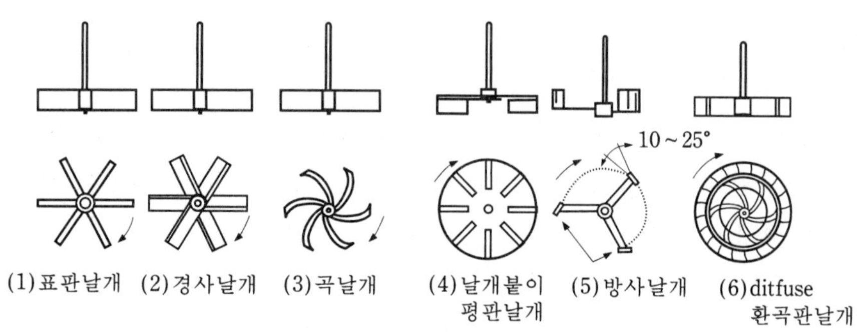

〈그림 2-19〉 Turbine type

프로펠러 형은 스크류 날개가 있어 점성이 있는 액체를 균일하게 하여 혼합시키거나 입자를 용해시킬 때 널리 사용된다.

프로펠러 형은 〈그림 2-20〉과 같이 기포를 말려들게 하는 단점이 있으나 과즙이나 발효공업에 널리 사용되며 300~800rpm 정도의 교반 속도를 가지고 있다.

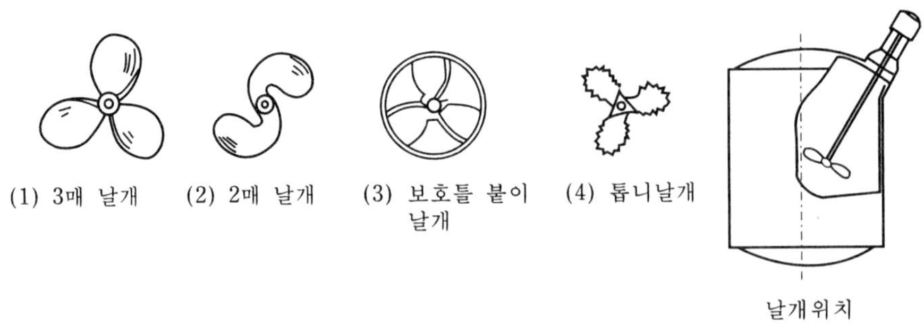

〈그림 2-20〉 Propeller type

교반기를 설치하는 위치에 따라 휴대용과 정치용으로 구별하는데, 휴대용 교반기(portable agitator)는 회전수 300~800rpm과 출력 3ps 정도로 옮기기 쉽게 설계되어 있으며 수형(top enter mixer), 선형(line mixer), 측면형(side entering mixer), 역류형(counter flow agitator), 분사형(jet type agitator), 가스형 교반기 등이 있다.

교반기는 원료의 형태, 조작 방법의 선택 및 조작 목적, 교반기(탱크) 등에 따라 필요한 것을 선택해야 된다.

(2) 혼합기

고체와 고체 원료를 균일하게 분산시키는 작용을 하는 혼합은 대류 혼합, 확산 혼합, 전단 혼합으로 구분되며 균일 제품을 만들 때, 반응을 촉진시킬 때, 새로운 형태의 원료를 만들 때, 유탁이나 현탁액을 얻으려 할 때 이용된다.

혼합기의 형태는 용기를 회전시켜 혼합시키는 회전 용기형 혼합기와 용기를 고정시키고 내부에서 교반 날개나 스크루를 회전시켜 혼합시키는 고정 용기형 혼합기로 구별한다.

1) 회전 용기형 혼합기

회전 용기형 혼합기에는 수평형과 경사형의 원통형 혼합기(cylinder mixer)가 있으며 수평형은 용기의 30% 정도, 경사형은 60%까지 원료를 주입시킬 수 있으며 회전수는 4

0~100rpm 정도이다.

이 혼합기는 점도나 비중이 큰 원료는 알맞지 않으며 충분히 혼합되지 않는다는 결점도 있다.

원추형 혼합기(double cone mixer)는 원추 각도에 따라 60°와 90°형태가 있으며 두 개의 원추로 되어 있고 윗부분에서 원료를 주입시켜 밑 부분에서 혼합물을 받아 완전히 배출시킬 수 있으며 5~20rpm의 낮은 속도로 5~20분 정도 혼합시킨다.

V형 혼합기(V-type mixer)는 원통용기를 V자 형으로 한 혼합기로 쌍자 원통형이라고도 한다. 즉, 2개의 원통이 서로 60~90도 구동 축을 가졌으며 혼합물의 양은 용기의 10~30% 정도가 알맞고 최적 속도는 6~25rpm으로 매우 낮다.

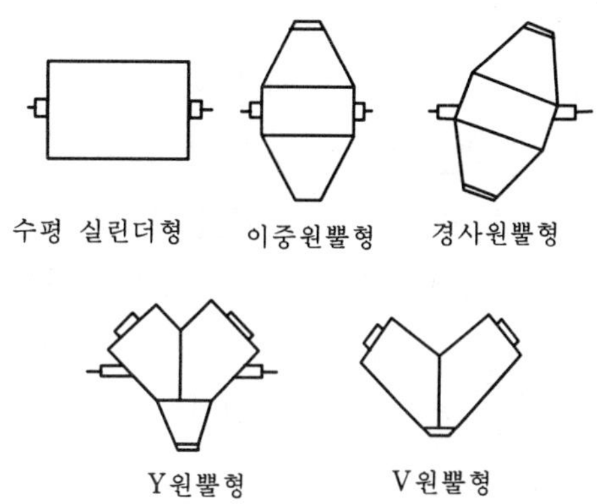

〈그림 2-21〉 텀블러 혼합기의 형태

빵가루, 옥수수가루 등은 혼합에 사용되며 회전축 안에 교반 날개를 달아 응집성이 높은 식품의 혼합에도 쓰이고 있다.

입방체의 대각선으로 구동 축을 붙여 회전시키면서 혼합시키므로 짧은 시간에 혼합할 수 있으며 구동축의 위치를 변경시키면 골고루 혼합이 된다.

이외에 〈그림 2-21〉과 같이 Y형, 피라미드형, 육각형 혼합기 등이 있다.

2) 고정 용기형 혼합기

고정 용기형 혼합기(fixed vessel type mixer)는 용기를 고정시키고 내부에 교반 날개나 스크루 등을 회전시켜 식품을 혼합시키는 장치로 인위적인 분산이나 절단을 할 수 있어 혼합 효율이 크고 점도가 높은 식품도 혼합이 잘되며 원료의 혼입, 배출이 용이하다.

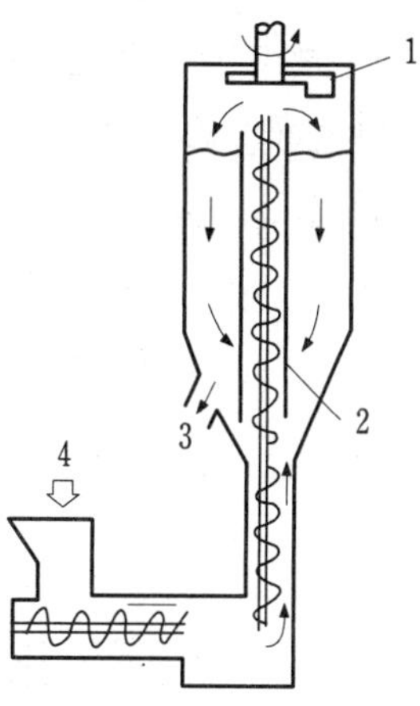

1. 방해판 2. 스크루회전축
3. 배출구 4. 원료투입구

〈그림 2-22〉 수직 스크루 혼합기

수직형 스크루 혼합기(vertical screw

type mixer)는 원통형이나 원뿔형 용기 내부를 공전시키면서 자전하는 스크루를 수직으로 또는 경사지게 설치하여 혼합하는 기계이다.

혼합이 빠르고 혼합 효율이 우수하므로 대량의 주원료에 소량의 물질을 혼합시키는데 효과적이며 대류 혼합으로 분리가 쉬운 물질의 혼합, 수분이 있는 물질 등에도 혼합효과가 높다.

나우타형 혼합기(nauta type mixer)는 〈그림 2-23〉과 같이 원추형을 거꾸로 한 모양으로 내부에 스크루 컨베이어를 경사지게 설치하여 상부에서 회전시켜 경사면을 따라 자전하면서 공전하여 혼합시간이 짧아 2~10분 안에 혼합이 완성된다.

또 이 혼합기는 조작 중에 냉각이나 가열이 가능하고 다른 것도 혼합시킬 수 있으며 원추형을 두 개 설치하여 서로 반대로 회전시킬 수도 있다.

나우타 혼합기는 분유, 밀가루, 설탕, 카레 가루 등의 혼합에 많이 쓰인다.

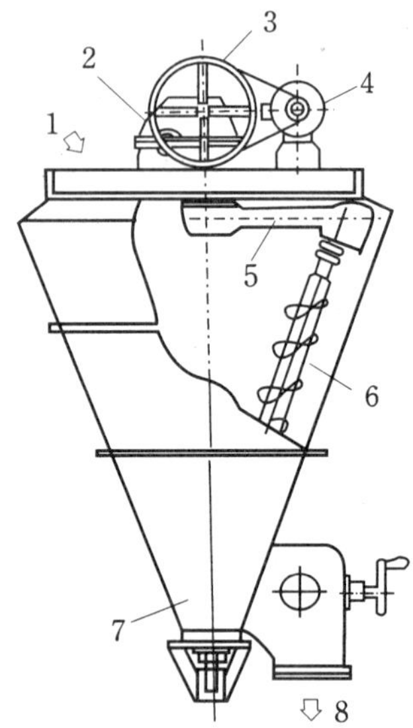

1. 원료투입구 2. 감속기
3. Pulley 4. Motor
5. Swing arm 6. 혼합 screw
7. Low bearing 8. 배출구

〈그림 2-23〉 Nauta형 혼합기

리본형 혼합기(ribbon type mixer)는 〈그림 2- 24〉와 같이 동일한 회전축에 서로 반대 방향으로 나선운동을 하는 리본을 2~3개 설치하여 혼합시키는 것으로 원료의 혼합이 빠르고 연속으로 배출할 수 있다.

그러므로 인스턴트 라면용 스프와 같이 분리되기 쉬운 고체입자들을 혼합시킬 때 적당하다.

그 외에 U형의 통을 가진 혼합기로 두 개의 스크루가 평형으로 이루어져 같은 속도로 각기 반대 방향으로 회전시키는 plug mixer, 순간 연속 혼합기인 flash mixer, 유동형 혼합기, rotex mixer 등이 있다.

〈그림 2-24〉 리본형 혼합기

(3) 반죽기와 유화기

고점도의 액상 물질들을 혼합하거나 반죽을 만들 때 이용되는 기계로 압축, 전단, 압연 등의 작용을 연속적으로 조작한다.

그러므로 반죽기는 소요 동력이 크며, 혼합 시간이 길고 조작 중 혼입 되는 물질들의 층류 운동으로 매우 큰 응력을 받는다.

1) 고정형 반죽기

팬 혼합기(pan mixer)는 여러 가지 형태의 날개가 용기 내에서 일정 궤도를 공전하며 혼합되는 고정형과 용기가 회전하면서 날개가 반대 방향으로 자전하는 회전형이 있으며 달걀, 크림, 쇼트닝, 과자 및 케이크 원료 등을 혼합하는데 널리 쓰인다.

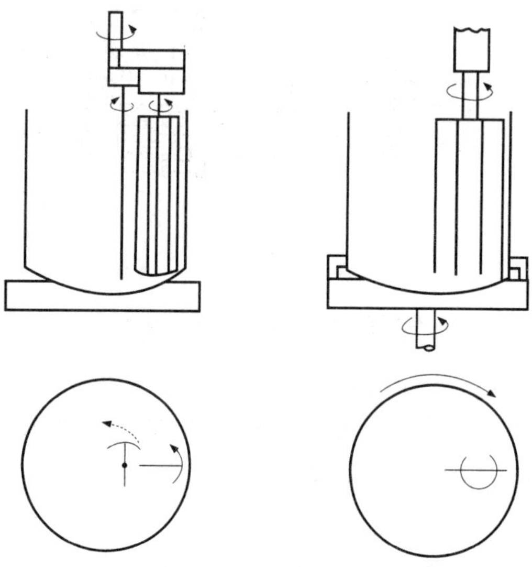

(a) 고정식 팬 믹서 (b) 회전식 팬 믹서

〈그림 2-25〉 팬 혼합기

특히 유성형 혼합기(planetany mixer)는 용도에 따라 날개 모양이 갈고리(hook), 버터(butter), 위퍼(whipper) 등의 다양한 혼합 날개를 용도별로 교체하여 사용할 수 있다.

Z형 날개 반죽기(double-arm kneading mixer)는 2개의 반원통형을 붙여 놓은 혼합 용기와 수평축을 중심으로 회전하는 한 쌍의 혼합 날개로 구성되어 서로 반대 방

향으로 회전하는 회전 날개의 전단과 압축에 의한 늘어남, 포개짐, 뒤집힘, 이겨짐 작용에 의해 혼합, 반죽되는 것으로 날개는 Z자 모양이며 온도 조절이나 내부 감압 등의 장치도 장착할 수 있다.

이외에 패들 교반기(paddle agitater), 포니 맥서(poney mixer), 에지 러너(edge runner) 등이 있다.

2) 연속형 반죽기

이들 반죽기는 원료를 넣으면 통안에 있는 회전축에 의해 반죽이 유화되면서 연속적으로 배출되는 기계로 스크루형(continuous paste mixer)은 점성이 있는 물질의 혼합이나 반죽에 사용되는 것으로 제과, 빵 반죽, 버터, 마가린의 원료 혼합에 사용된다.

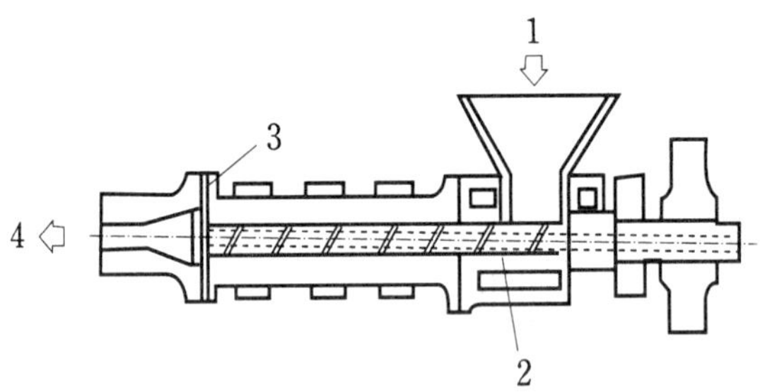

1. 원료투입구 2. 스크루 축 3. Screen 4. 배출구

〈그림 2-26〉 스크루형 반죽기

코니더(co-kneader)는 축에 worm screw가 세 개 있으며 축 방향에 일정한 폭의 골이 끊어져 있으며 내부에도 3열로 되어 있다.

혼합은 돌기의 gear가 있고 스크루의 축이 회전하면서 축 방향으로 왕복 운동에 의해 요철 사이의 골에서 반죽되어 왕복 운동으로 압출이 되며 초콜릿 등의 제조에 사용된다.

보테이터(votator)는 가열이나 냉각을 할 수 있는 재킷식 실린더에 층을 가진 원통이 300~1000rpm으로 회전하면서 그 사이에 점도가 높은 물질이 들어가 가압 유동되어 배출된다.

내부에 접촉되는 물질은 단단한 층이 생기므로 scraper로 분리하여 배출시키며 마가린, 라아드 등의 제조에 사용된다.

In-line mixer는 물질이 라인을 거치면서 자동으로 연속 혼합시키는 반죽기이다.

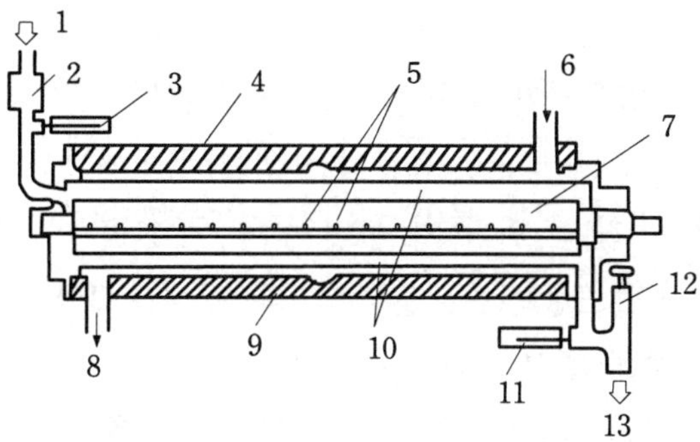

1. 원료투입구	2. 펌프	3. 온도계	4. 보온재	5. 스크랩퍼
6. 냉매 입구	7. 회전축	8. 냉매 출구	9. 전열 냉매	10. 제품통로
11. 온도계	12. 밸브	13. 배출구		

〈그림 2-27〉 Votator

5 조 립(granulator)

조립은 성형 과정의 일종으로 입제 제조기 또는 압출 성형기라고도 하며 과립 형태의 성형 또는 중간 식품 제조에 쓰인다.

조립기는 가루, 덩어리, 용액 또는 용액으로 된 원료를 균일한 모양과 크기의 고형물로 만드는 것으로 크기가 ㎛~㎜의 입자로 만들 수 있다.

조립의 이점은 식품뿐만 아니라 의약품, 촉매제, 세제, 합성 수지, 화공 약품 산업 등의 정량을 알 수 없는 물질을 계수로 알 수 있고 성분간 분리 현상을 막아 균일하게 할 수 있다. 또한 밀도 조정, 덩어리 생성 방지, 외관 개선, 용해 용이 등이 있다.

최근 인스턴트 식품의 제조에서 커피, 분유, 각종 향신료의 입제 제조에 중요성이 강조되고 있어 조립기의 사용이 많아지고 있다.

조립기의 형태는 조립품의 형태에 따라 압출형, 압착형, 혼합형, 유동형, 박편형, 분사형 그리고 교반형 등 다양하다.

(1) 압출 조립기(pelleter)

압출 조립기는 원료에 소량의 액체를 넣어 혼합하거나 반죽 등을 하여 작은 구멍이 여러 개 있는 원판에서 압출시켜 조립을 하는 기계이다.

스크루형 압출기(screw type extruder)는 압출 성형기라고도 하는데 기본 기능은 이송, 혼합, 분쇄, 압축, 전단, 마찰 가열 및 성형 등이다.

기본 장치는 스크루, 배럴(barrel), 토출구판(diesplate), 절단부(cutter)로 구성되어 있으며 면류, 스낵식품, 호화 전분 등에 사용된다.

특히 압출 성형기(extruder)는 압출 온도와 압력에 의해 성형, 팽화, 수분 증발 등의 과정을 연속적으로 할 수 있으며 스크루의 수에 따라 단축, 쌍축으로 구분한다.

로올형 압출 조립기(roll type extruder)는 원통이나 원반의 여러 개의 구멍을 통해 롤러와 표면 사이에 원료를 넣어 회전시키면 pellet이 조립되는 기계로 pellet mill이라고도 한다.

형태에 따라 다이스형(dies extruder granulator), 원통형(cylinderical extruder granulator), 디스크형(disc extruder) 등으로 나뉜다.

또한 투입된 원료를 수압이나 유압에 의해 barrel에서 ram이 주기적으로 왕복 운동함으로써 다이스를 통해 압출시키는 램형 압출 조립기(ram type extruder)도 있다.

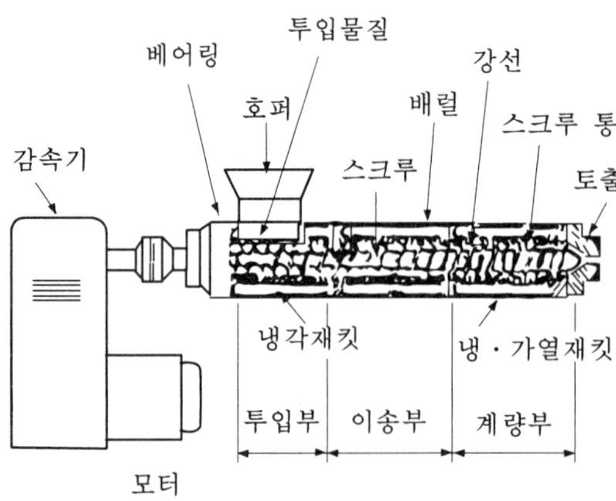

〈그림 2-28〉 단축 스크루 압출 성형기의 기본구조

(2) 압축 조립기(compression granulator)

압축 조립기는 일정한 크기와 모양으로 압착 성형시켜 입자를 만드는 것으로 액체를 넣지 않고 높은 압력에서 조립시킨다.

Briequetting기는 스크루를 통해 투입된 원료가 2개의 기어모양의 톱니바퀴 사이를 통과하여 조립되는 기계이며, 타정기(tableting machine)는 정제된 조립품을 만드는 기계로 공기와 절구 사이에 원료를 투입하여 공기에 의해 압축되면서 성형되는 것으로 단발형과 로타리형이 있다.

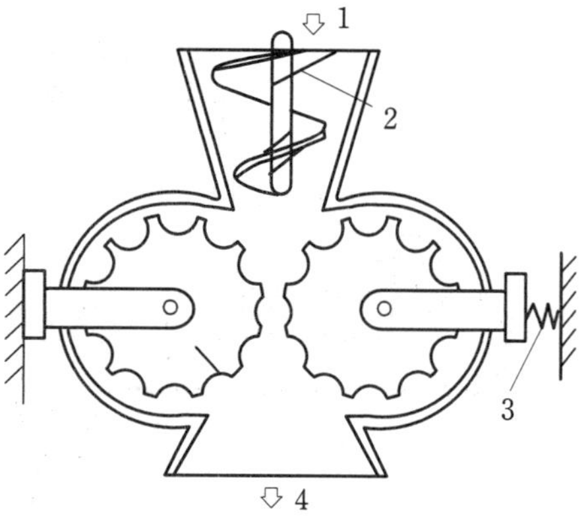

1. 원료투입구 2. Screw
3. Spring 4. 배출구

〈그림 2-29〉 Briequettingl

(3) 파쇄형 조립기(break type gramulator)

파쇄형 조립기는 단단한 원료를 회전하는 칼에 의해 일정 크기와 모양으로 부수거나 절단하여 조립하는 기계로 회전하는 칼에 따라 fitz mill과 speed mill로 구별할 수 있으며 speed mill은 fitz mill보다 원료가 열에 약하거나 점성이 있는 것을 조립하는데 사용된다.

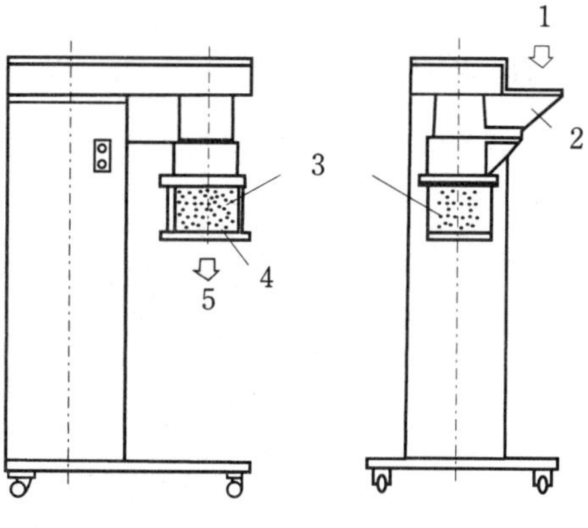

1. 원료투입구 2. Hopper
3. 회전칼 4. 조립실
5. 배출구

〈그림 2-30〉 Speed mill

(4) 박편형 조립기 (flaker type granulator)

박편형 조립기는 녹아있는 상태의 원료를 가열 또는 냉각시켜 굳게 하여 잘게 부수는 조립기로 드럼표면에 원료를 붙여 냉각하거나 가열한 후 드럼을 회전시켜 긁어내는 회전 드럼형(drum flaker granulator)과 컨베이어를 통하여 원료를 붙여 벨트에서 긁어내는 벨트형(belt type granulator)이 있다.

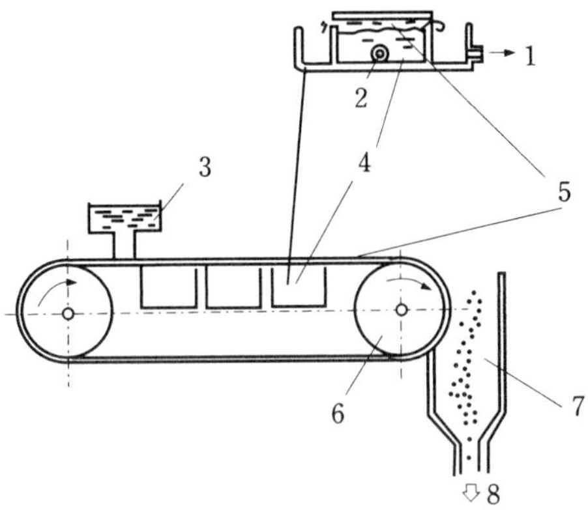

1. 배수 파이프 2. 급수 pipe
3. 용융물질 4. 냉각수 탱크
5. 벨트 6. 플리
7. 브랜더 8. 제품 배출구

〈그림 2-31〉 벨트형 조립기

(5) 혼합형 조립기(mixing type granulator)

블렌더 조립기(blender granulator)는 원료에 소량의 액체를 혼합하여 으깨기가 된 혼합 원료를 다시 파쇄시켜 과립 형태로 만들 수 있는 기계로 녹말 제조, 향신료, 계란 분말 등을 제조하는데 사용된다.

이와 비슷한 조립기로 일정 크기의 핀과 핀 숫자로 일정한 과립을 만드는 핀 조립기(pin granulator)가 있다.

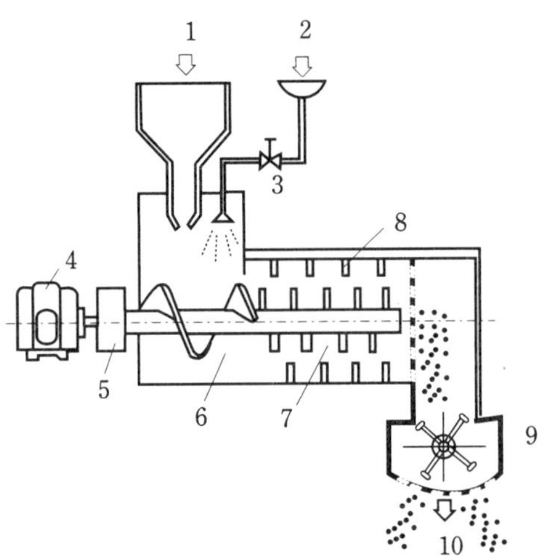

1. 분말원료 2. 액체원료
3. 밸브 4. 모터
5. 감속기 6. 수송부
7. 혼합기 8. 돌기부
9. 파쇄실 10. 배출구

〈그림 2-32〉 블렌더 조립기

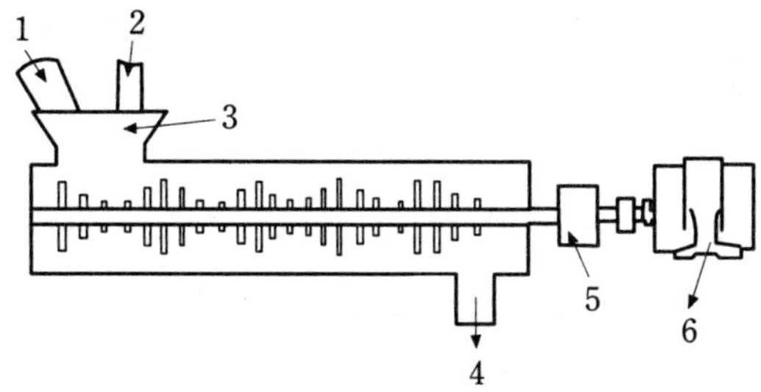

〈그림 2-33〉 기류식 Pin granulator

구형 조립기(globe type granulator)는 과립 모양을 동그랗게 만들어 수용화와 소화 흡수가 잘되게 회전 원판에 원료를 낙하시켜 구형으로 만드는 조립기로 구형 입제기와 원심 유동형 조립기가 있다.

유동층 조립기(fluidiged-bed granulator)는 조립기 내부를 회전하는 날개에 원료를 넣고 교반하면서 소량의 액체를 넣어 혼합, 으깨기, 전단 등의 작용으로 구형의 조립물을 만들 수 있다. 이 조립기는 비교적 구조가 간단하고 공기와 입자의 균일한 혼합이 가능하므로 식품 공업에서 동결, 혼합, 가열, 입제, 건조 등의 공정에 널리 쓰인다.

또한 다른 방식의 여러 조립기와 혼합하여 사용할 수 있다.

기류식 조립기(spray granulator)는 원료 공급구, 응집구, 입제화 및 회수부, 건조부, 냉각부 등이 있으며 이들 장치에 기류 반송 시스템과 사이클 론이 연결된 것으로 간단한 것은 분무 건조기가 있다.

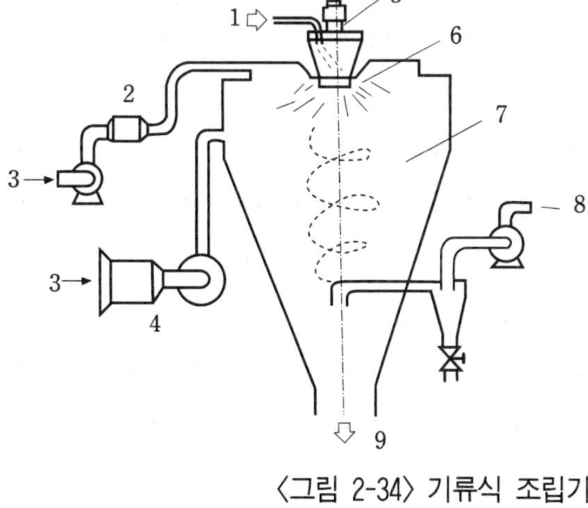

〈그림 2-34〉 기류식 조립기(분무건조)

6 원심분리(centrifuge)

식품의 분리 조작에 이용되는 것으로 식품의 분리, 침강, 탈수, 농축 등에 이용하는 원심 분리기는 원심력을 가하였을 때 액체와 액체 혼합물 또는 액체와 고체 혼합물이 비중의 차이에 의해 분리되는 현상을 이용하는 방법이다.

즉, 비중이 다른 두 불용성 액체 물질이 원심력에 의해 분리되는 액체와 액체의 원심 분리, 액체와 고체 입자 혼합물의 밀도 차에 의해 분리되는 액체・고체의 원심 분리기, 그리고 비교적 고체와 현탁액을 원심 분리로 여과하는 원심 여과기 등으로 구분한다.

(1) 액체와 액체 원심 분리기

불용성 액체 혼합물을 원심 분리하는 방법으로 관형 원심 분리기(tubular bowl centrifuge)와 원판형 원심 분리기(disc bowl centrifuge) 등이 있다.

관형 원심 분리기는 고정된 통(case)과 가늘고 긴 회전 내통으로 구성되어 혼합물을 하부에서 넣어 원심력을 받게 되면 가벼운 층은 회전축 가까이 있는 벽을 넘어 배출되고 무거운 쪽은 회전원통 내벽을 통하여 분리할 수 있다.

이 원심 분리기의 회전 속도는 15,000~50,000rpm이며 원심 효과는 13,000~60,000 정도이다.

주로 식용유의 탈수, 우유 지방의 분리, 과일 주스나 설탕 시럽 등의 청징에 사용한다.

원판형 원심 분리기(disc bowl centrifuge)는 고정된 통 내부에 원추형의 회전 원통이 있고 이 회전 원통 안에 접시 모양의 금속 원판이 일정 간격으로 설치되어 회전 원통과 함께 회전한다.

분리액을 상부에서 투입시키면 무거운 층은 고정 원통의 벽으로 이동하여 하부에서 상부로 배출되며 가벼운 층은 금속 원판의 경사면을 따라 하부에서 상부로 상승되어 회전원 층의 중심부로 배출하게 된다.

회전 속도는 2,000~7,000rpm이며 z=700~9,500의 원심 효과가 있다. 이 원심 분리기는 두 액체가 서로 반대 방향으로 이동하므로 두 액체의 경계면에서 전단력이 작용하여 에멀젼(emulsion)이 파괴되어 우유에서 크림 분리 및 유체의 농축, 식용유의 정제, 과일 주스의 청징 등에 사용된다.

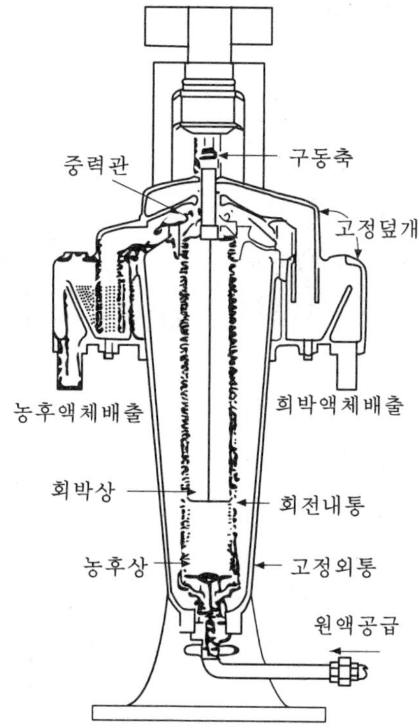

〈그림 2-35〉 관형 원심 분리기

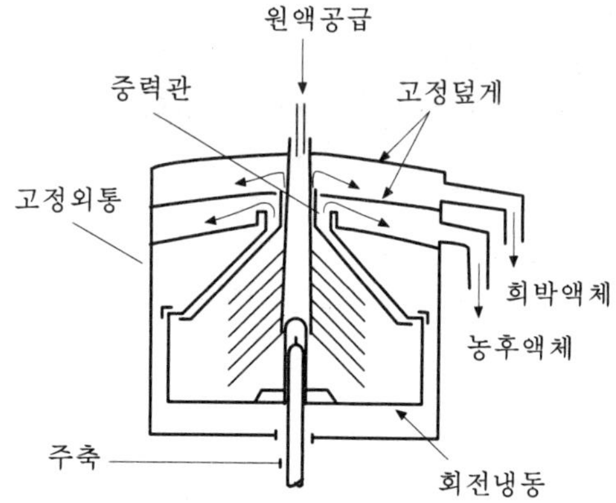

〈그림 2-36〉 원판형 원심 분리기

(2) 원심 청징기(clarifier)

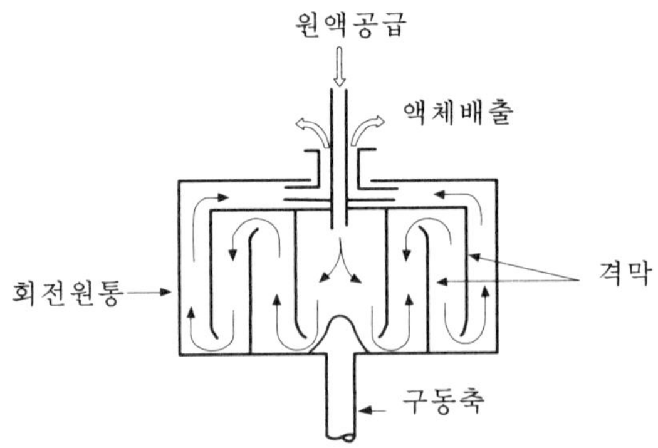

〈그림 2-37〉 다실 원통형 원심 청징기

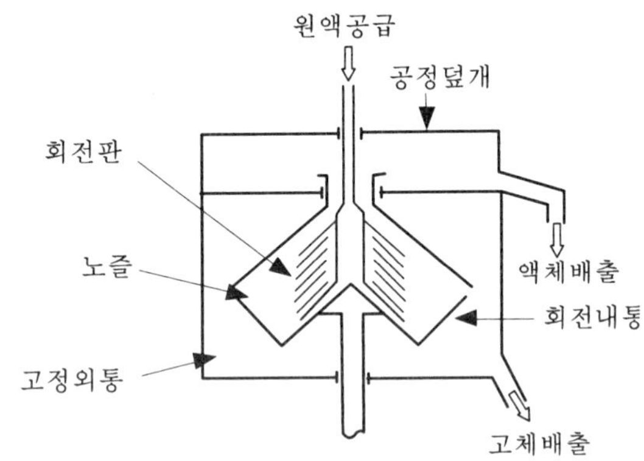

〈그림 2-38〉 노즐형 원심 청징기

액체에 고체 입자가 들어있는 혼합물을 분리하는데 쓰이는 기계로 고체의 농도가 1% 이하 일 때는 원통형, 5% 이하일 때는 노즐형, 노즐형의 개량인 밸브형, 그리고 5% 이상 농도 일 때는 컨베이어형 등이 사용된다.

원통형 원심 청징기는 고체 농도가 낮고 고체 입자가 잘 침강될 때 사용되며 상부에서 공급된 혼합액이 원심력을 받게 되면 여러 단계로 되어진 막을 통하여 액체는 회전 원통의 하부에서 상부로 고정벽을 따라 상부로 배출되고 고체는 회전통이나 고정통에 달라붙어 케이크를 형성하게 되며 이를 일정 간격으로 제거한다.

노즐형 원심 청징기는 원통형을 개량한 것으로 액체는 원통형과 같은 방법으로 배출되며 고체는 회전 내통에 노즐을 통하여 배출되지만 이때 액체도 함께 배출되는 단점이 있다.

이것을 보완시킨 것이 밸브형 원심 청징기로 노즐에 밸브를 설치하여 일정 간격으로 밸브를 개폐시키면 액체의 손실이 적은 고체를 배출해 낼 수 있다.

이들 원심 청징은 과즙 청징, 유지류 분리, 전분유 농축, 효모 분리, 당액에서의 탄산칼슘 제거 등에 이용된다.

한편 5% 이상의 고농도의 고체가 혼합되어 있을 경우에는 컨베이어형 원심 청징기를 사용하는데 이를 경사형 원심 청징기(decanter)라고도 한다.

컨베이어형 원심 청징기는 수평으로 된 원뿔형 회전 원통과 회전 원통보다 1~2rpm 빨리 회전하는 스크루 컨베이어로 구성되어 혼합액을 회전 원통에 넣으면 회전 원통의 경사면을 따라 액체는 배출되고 고체는 회전 원통의 벽에 퇴적되어 스크루 컨베이어를 통해 액체 배출 방향의 반대쪽으로 이동하여 배출된다.

이 기계는 청징 능력은 떨어지나 고체 농도가 50% 정도 되어도 이용 가능하여 각종 전분질의 분리나 폐 sludge처리 등에도 사용된다.

기타 원심 여과기와 탈수기에 관한 것은 다음 장에서 설명하고자 한다.

7 여 과(filter)

여과는 고형물에 들어있는 수분을 여과 매체에 통과시켜 액체는 막을 통과하고 현탁 입자(고형물)는 막의 표면에 퇴적되는 방법으로 현탁액을 분리시키는 조작이다.

여과는 청징을 하기 위하여, 고체를 회수하기 위하여 그리고 여액과 케이크가 필요할 때 실시하며 여과재와 압력에 따라 중력 여과, 진공 여과, 가압 여과, 원심 여과 그리고 압착, 막 분리 등으로 나눈다.

(1) 중력 여과기(gravity filter)

중력 여과기는 혼합액에 중력을 가하여 여과재를 통과시켜 여과액을 얻고 고체 입자는 여과재 위에 퇴적되게 하는 방법으로 오랫동안 음료수나 용수 처리 등에 사용되어 왔다.

여과상이 필요하며 여과재나 다공 여과 물질이 필요한 것으로 모래 여과기, Nutsche 여과기 등이 있다.

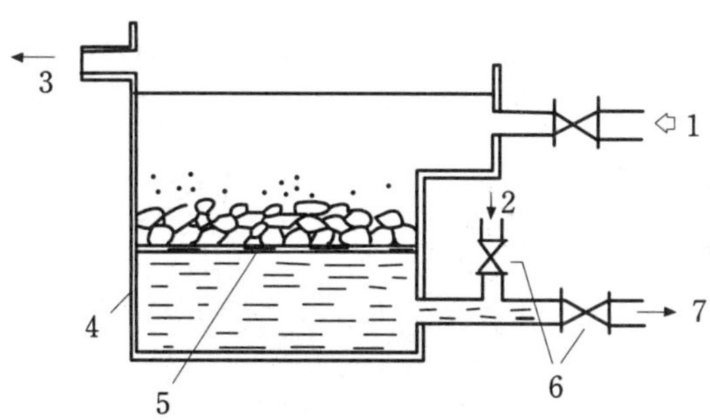

〈그림 2-39〉 모래 여과기

(2) 압축 여과기(filter press)

여과 원액에 압력을 가하여 여과하는 압축(가압) 여과기로 판틀형 압축 여과기(plate pressure filter)와 잎모양 가압 여과기(leaf pressure filter)가 대표적이다.

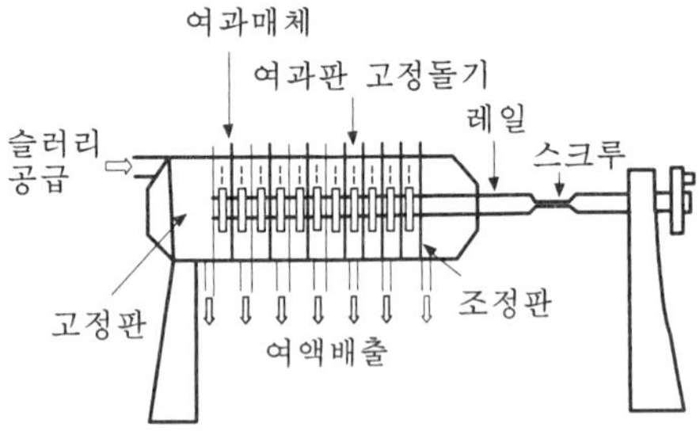

〈그림 2-40〉 판틀형 여과기

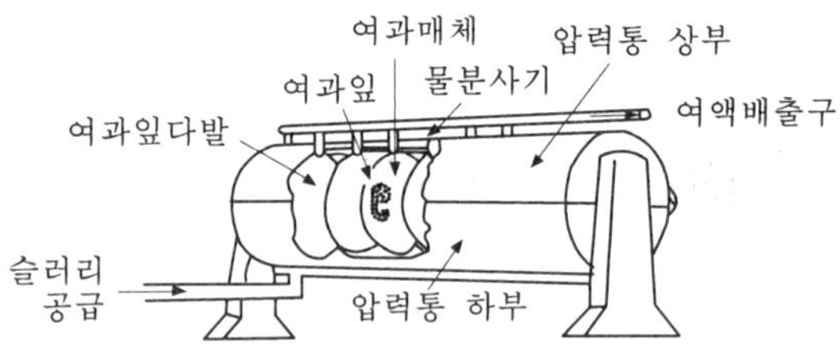

〈그림 2-41〉 잎모양 여과기

가장 널리 쓰이는 판틀형 압축 여과기는 여러 층의 여과판, 여과포, 여과틀로 되어 있으며 여과판의 양면에 돌기가 있고 이 돌기 사이의 홈으로 여액을 흐르게 한다.

이 여과기는 허용 압력보다 높게 되거나 여액이 기준 이하로 감소되면 정지하며, 여과기의 구조나 조작은 간편하지만 여과가 끝나면 세척해야 되고 케이크의 제거가 어렵다.

잎모양 가압 여과기는 금속망을 여과포로 둘러싼 여러 개의 여과잎을 압력통 내부에 고정하거나 회전되게 설치하여 사용한다. 판틀형보다 설치비는 비싸지만 여과 능력이 높고 케이크 제거가 쉽다. 또한 균일한 원액을 투입하면 장시간 여과에도 적합하다.

(3) 진공 여과기(vaccum filter)

진공 여과기는 여과포를 덮은 틀(frame)이나 회전 원통을 원액에 담그고 내부에서 원액을 진공 펌프로 흡인시켜 여과포를 통과한 여액을 외부로 배출시켜 여과하는 방법으로 틀형인 moor형과 회전 원통형 진공 여과기 등이 있다.

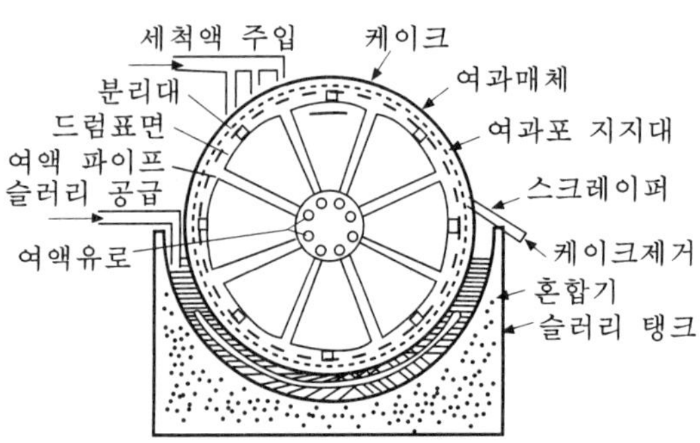

〈그림 2-42〉 회전 원통형 진공 여과기

가장 대표적인 회전 원통형 진공 여과기는 고체 입자가 많은 액체의 여과에 사용되는데 회전 원통의 외부에 여과포를 덮고 구동축에 의해 회전하고 회전 원통을 1/3쯤 원액 탱크에 잠기게 하여 원통의 내부를 부채꼴 모양의 여러 여과실에서 진공 파이프를 통하여 여과하고 여과포에 케이크가 부착되게 하여 케이크를 기구로 제거하는 연속적 여과 방법이다.

회전 원통형 진공 여과기는 처리 용량이 크며 유지 관리가 쉽지만 뜨겁거나 휘발성 물질의 취급에는 적당치 않다.

회전원통형 진공여과기로는 oliver filter, precoat filter, belt filter, scraper filter, string filter 등이 있다.

(4) 원심 여과기(cenfrifugal filter)

원심 여과기는 원액에 들어있는 고체 입자의 수분을 원심 분리로 제거하는 기계로 비교적 큰 입자나 결정성 물질을 포함한 원심 분리로 제거하는 현탁액의 여과에 효과적으로 이용된다.

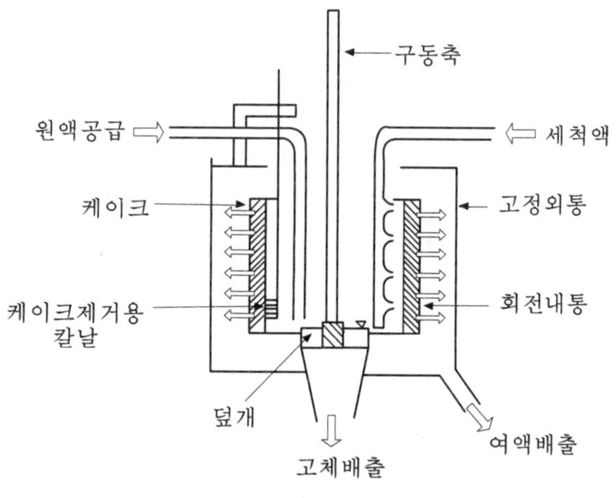

〈그림 2-43〉 배치 원심 여과기

원심 여과기는 회전 방법, 회전통 등에 따라 배치형 원심 여과기, 수직형 원심 분리기, 스크린 컨베이어 원심 분리기 등으로 구별한다.

배치(batch) 원심 여과기는 다공벽을 가진 원통형 금속 바스켓을 수직으로 하여 고속으로 회전시켜 여과시키며 바스켓의 크기는 95~150cm, 회전 속도는 1,000~2,000rpm으로 벽면에 여과포를 두르고 바스켓 안에 원액을 넣으면 고체 입자는 원심력에 의해 벽면에 부착되고 여액은 케이크와 여과포를 통하여 바스켓 밖으로 배출된다.

케이크 제거는 일정 두께로 되었을 때 원액 공급을 중단하고 회전시켜 케이크 내의 잔류 수분을 충분히 제거한 후 칼 등으로 제거한다.

케이크는 압축 여과기나 진공 여과기로 만들어진 케이크보다 건조 상태가 좋기 때문에 설탕 결정의 회수, 주스 추출, 전분 분리, 냉동 농축 조작 등에 사용한다.

수직형(vertical) 원심 분리기는 원추형의 컨베이어가 회전하면 원심력에 의해 원액은 다공벽으로 비산되어 벽면을 통과할 때 여과되고 고체 입자는 일정 통로로 배출된다.

이 원심 분리기는 고체 입자의 배출 형태에 따라 자동식, 진동식, 스크루식 등이 있으며 코코아, 커피 등의 현탁액 분리, 동·식물성 단백질 회수 등에 사용한다.

(5) 막 분리 여과

막 분리(membrane separation)는 막의 선택 투과성을 이용하여 물질의 상(phase)변화 없이 연속적으로 물질을 분리하는 방법으로 열이나 pH에 민감한 물질에 유용하며 휘발성 물질의 손실도 거의 없다.

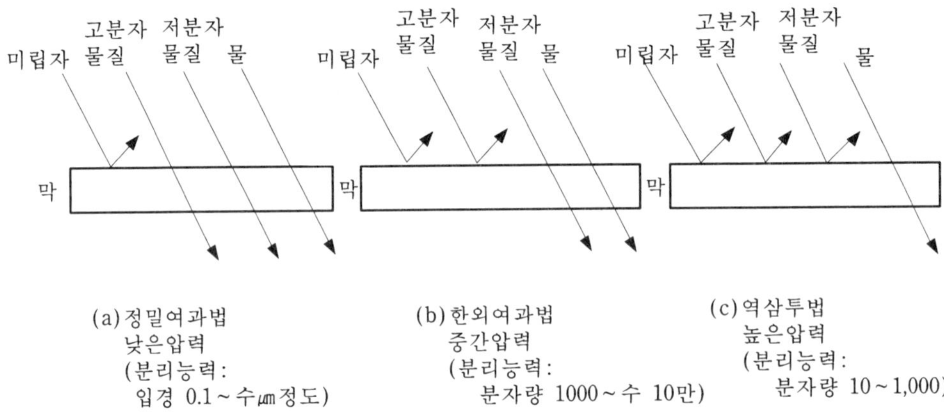

〈그림 2-44〉 정밀여과, 한외여과, 역삼투법의 투과성 비교

막 분리의 방법으로는 한외 여과법(ultrafilteration, UF), 역삼투법(reverseosmosis, RO), 투석법(dialysis), 정밀 여과법(microfilteration, MR) 등이 있으며 분유를 제조할 때 염류 제거, 치즈 제조할 때 유청 제거, 주스의 농축, 천연 색소의 회수, 유지의 정제, 양조 산업 등 현대적 기술로 그 사용이 커지고 있다.

투석법에는 막을 통하여 농도 차에 의해 용질이 높은 농도의 용액으로부터 낮은 용액으로 확산투과시키는 방법과 이온 교환막을 교대로 설치하고 전류를 통하면 전위 차에 의해 각 전하별로 선택 투과시켜 여과하는 전기 투석법이 있다.

투석법은 효소 정제, 탈염, 주스의 산미 조정, 바닷물에서의 소금회수 등에 쓰인다.

정밀 여과법은 압력 차이에 의해 막 필터의 구멍으로 입자의 크기에 따라 미립자나 미생물을 분리시키는 방법으로 음료수의 세균 여과, 맥주, 포도주 등의 청징 효과 등에 쓰인다.

한외 여과법과 역삼투법은 비슷한 원리인데 압력 차에 의해 여과하는 방법으로 반투막에 물과 용액을 넣으면 물은 용액 쪽으로 이동하여 삼투압과 균형을 이루어 여과하는 원리이다. 역삼투법은 막에 의해 용매와 용질이 분리되는 것으로 분자량이 500 이하인 물질의 여과에 사용되고, 한외 여과법은 막의 구멍에 따른 분자의 크기에 의해 선별 분리 여과하는 것으로 삼투압이 높지 않은 분자량 500 이상인 물질의 여과 분리에 사용된다.

즉, 역삼투는 고압이 필요하며 물만 투과시키지만 한외 여과는 저 분자량의 물질도 투과시킬 수 있다.

역삼투는 물의 정수, 유기물의 농축 등에 사용되며 한외 여과는 고분자 물질의 분리 정제, 액상 식품의 농축 등에 사용된다.

8 추 출(EXTRACT)

식품 성분의 특성에 따라 성분을 추출하거나 분리하는데 사용되는 방법으로 기계적 압력에 의해 성분을 추출하는 압착 추출, 휘발성을 이용한 증류 추출, 용해성에 의한 용매 추출, 초임계 가스를 용매로 하여 추출하는 방법 등의 추출 분리 기술이 이용되고 있다.

(1) 압착기

고체 원료에 들어 있는 유용한 액체 성분을 압축 힘을 이용하여 추출하는 방법을 압착(expression)이라 한다.

일반적으로 성분의 분리는 용매로 추출하거나 기계적 방법으로 추출하는데 식품 공업이나 음료 공업에서는 압착하는 방법이 많이 이용되고 있다.

원료의 추출 효율을 높이기 위하여는 이물질을 제거하고 균일하게 파쇄해야 되며 필요에 따라서는 열처리를 한다.

압착 과정에서의 효율은 원료의 압착에 대한 저항, 파쇄된 조작의 다공성, 압착액의 점성, 적용된 힘의 크기 등에 의해 결정이 된다.

압력을 가하는 방법에 따라 배치식(batch type)과 연속식(continuous type) 압착기로 구분한다.

배치식 압착기(batch type press)는 소규모 공장에서 많이 사용되는 압착기로 지렛대식, 쐐기식, 나선식 및 수압식 등이 있으며 수압식이 널리 쓰인다.

이들 압착기는 압력을 서서히 증가시킬 수 있으며 최대 압력은 2,000kg/cm^2 정도이고 주스, 유지 추출 등에 쓰인다.

연속식 압착기(continuous type press)는 대량을 자동적으로 착즙할 수 있는 것으로 roller press, screw press, belt press 등이 있고 착즙, 유지 추출, 포도주 제조 등에 쓰인다.

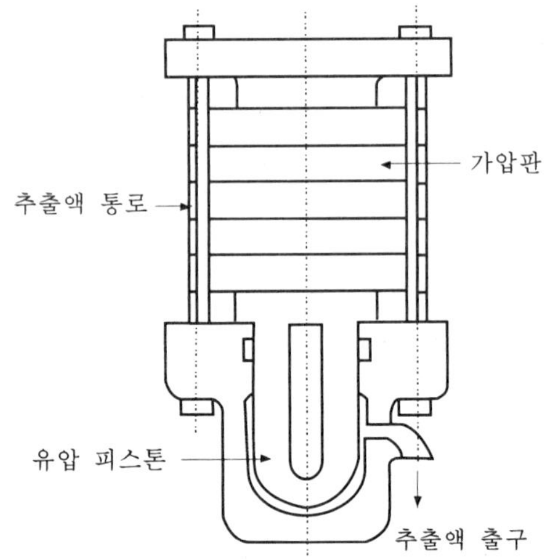

〈그림 2-45〉 배치식 압착기

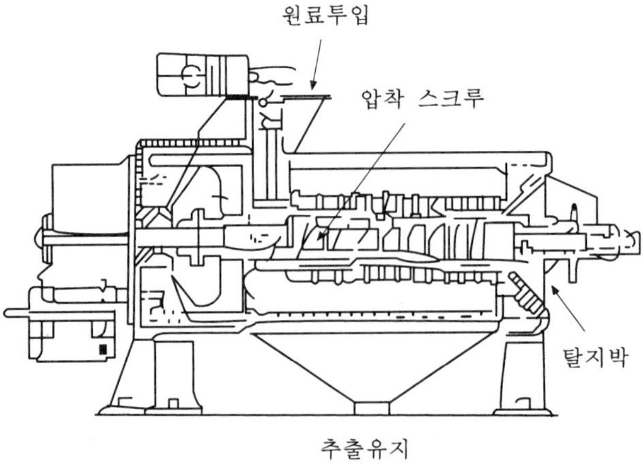

〈그림 2-46〉 연속식 압착기

(2) 용매 추출기

물, 유기 용매 등을 사용하여 추출되는 물질을 얻는 방법으로 유지 추출, 주스 제조, 설탕 제조, 커피, 차 등의 제조에 이용되며 추출 장치는 용매 사용량이 적고 원료 입자의 미분화가 적은 것으로 공정의 특징에 따라 batch extractor, battery extractor, continuous extractor로 나눈다.

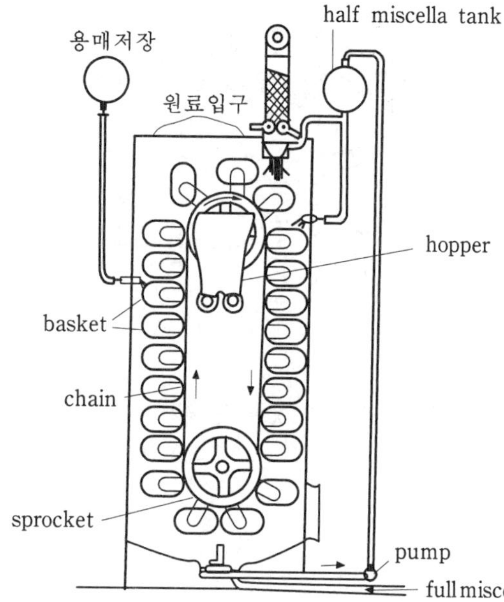

〈그림 2-47〉 Bollmann 추출기

Batch extractor는 원료를 추출기에 넣고 용매를 주입시켜 추출액을 얻어 여기에 포함된 용매를 증발시켜 추출하는 것으로 추출기의 구조에 따라 고정식, 경사식, 회전식 등이 있다.

Battery extractor는 원료를 여러 개의 추출기에 골고루 넣고 용매를 이동시키면서 추출하는 것으로 용매를 계속 사용할 수 있는 반교류식 방법이 있다.

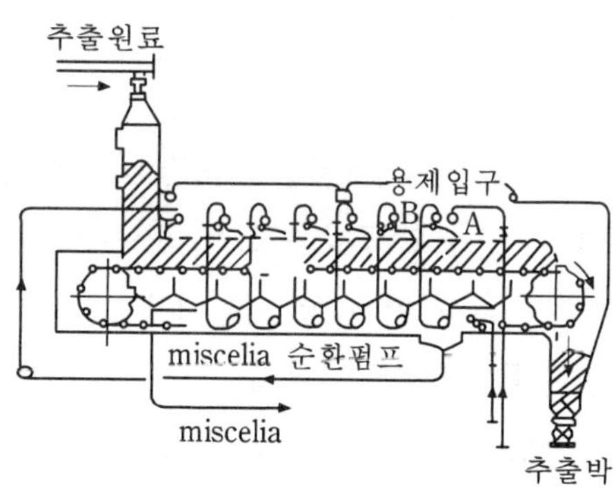

〈그림 2-48〉 De Smet 추출기

Continuous extractor는 연속적으로 추출하는 방법으로 용매와 원료의 접촉 방식, 원료의 이동방식 등에 따라 삼투식, 침지식, 혼합식으로 구별한다.

삼투식은 금속망이나 구멍이 뚫린 금속판 위에 원료를 올려놓고 용매를 연속적으로 살포하는 방법이고, 침지식은 원료를 용매 속에 담가 놓아 추출하는 방법이며, 혼합식은 이들 방법을 병행하는 방식이다.

대표적인 연속식 추출기는 Bollmann extractor, Lurgi extractor, De Smet extractor, Rotocell extractor, Kennedy extractor 등이 있다.

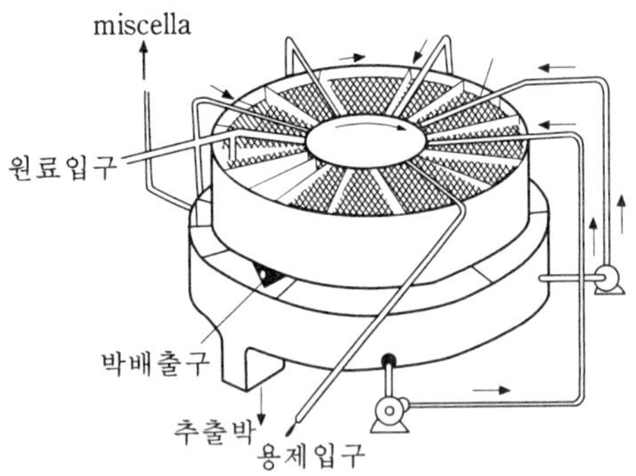

〈그림 2-49〉 Rotocell 추출기

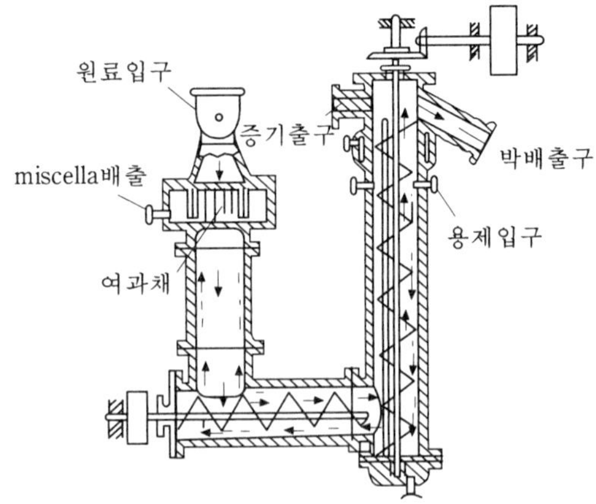

〈그림 2-50〉 Hildebrandt 추출기

(3) 초임계 가스 추출기

초임계 가스 추출(supercritical gel extraction)은 초임계 가스를 용제로 하여 추출 분리하는 기술이다.

사용되는 초임계 가스는 주로 탄산가스로 비등점이 -78.5℃, 임계 온도 31.1℃, 임계 압력 72.9기압, 임계 밀도 0.448g/cm^{3}이다.

초임계 가스 추출 공정은 크게 용제의 압축, 추출, 회수, 분리로 나눌 수 있으며 회수, 분리 방법에 따라 액체 상태나 기체 상태로 압축된 용제를 초임계 가스로 추출 공정에 보낼 때 온도·압력을 변화시키는 방법, 압력의 변화로 추출·분리를 쉽게 초임계 상태로 하는 방법, 압력은 초임계 상태로 하고 온도를 변화 시켜 추출 분리하는 방법 그리고 다단계 연속 방법 등으로 구별한다.

초임계 가스 추출 방법은 성분의 변화가 거의 없으며 특정 성분을 추출, 분리하는데 이용되어 식품에서는 커피, 홍차 등에서 카페인 제거, 동·식물성 유지 추출, 향신료 및 향료의 추출 등에 널리 쓰이는 추출의 새로운 기술이다.

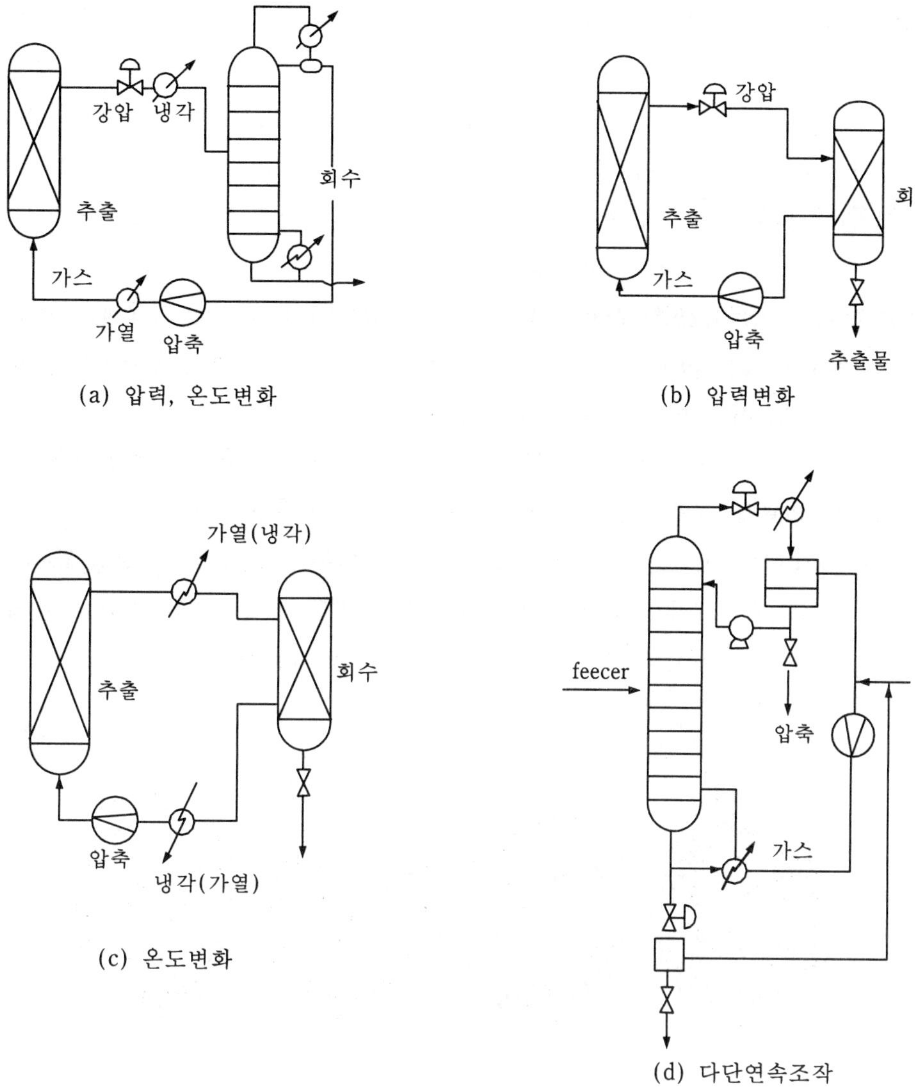

(a) 압력, 온도변화

(b) 압력변화

(c) 온도변화

(d) 다단연속조작

〈그림 2-51〉 초임계 가스 추출 과정

9 이 송(transfer)

식품 가공 공정은 여러 공정이 복합적으로 이루어져 한 개의 가공 체계를 이룬다. 가공 체계에서 각 공정간의 원료 이동, 물질의 상태 이동, 식품의 이동 등에 쓰이는 기기를 이송기라 한다.

이송기로 사용되는 기기는 물질의 상태에 따라 기체는 fan, blower compressor 등이 사용되고 액체는 pipe, pump 등이, 고체 이송에는 conveyer, thrower 등이 사용된다.

(1) 기체 이송기

액체 이송의 펌프와 같은 종류로 10~1,000 기압의 고압 공기를 이송하는 왕복 압축기(reciprocating compressor)는 기체 입구 쪽에 미립자를 제거하는 필터를 붙이고 출구 쪽에는 응축수를 제거하는 separator가 필요하다.

식품 건조, 고체 이송 등 다량의 공기 이송에 쓰이는 회전 송풍기는 원심력에 의해 반경 방향으로 압력을 일으키는 blower와 roots blower 등이 있다.

그 밖에 기체 이송기로 출입하는 칸막이 판을 원주 상에 몇 개를 가지고 편심 회전하는 한 개의 rotor에 의해 이송시키는 rotary blower, 타원형 용기에 물을 반쯤 채우고 impeller를 회전시켜 일정 위치에서 기체가 흡수되어 압축 이송되는 mash pump 등이 있다.

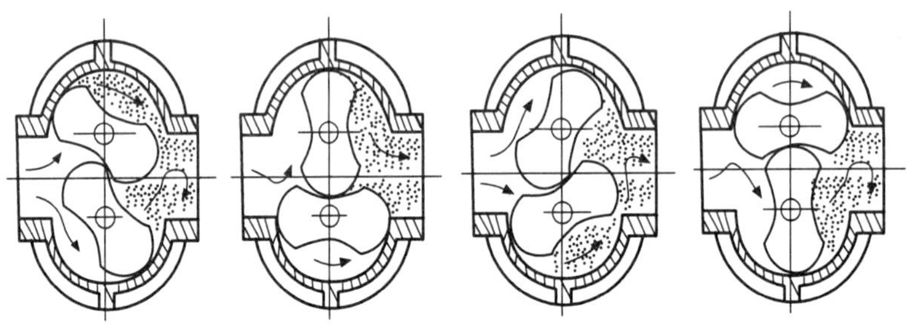

〈그림 2-52〉 Roots blower

(2) 액체 이송기

액체를 이송시키는 pipe와 pump의 종류로는 왕복 운동식, 회전식 및 특수식이 있다.

왕복 펌프(reciprocating pump)는 흡·송출 밸브를 설치한 실린더 속을 피스톤이 왕복 운동 함에 따라 액체를 이송시키는 것으로 washing pump, plunger pump, metering pump 등이 있다.

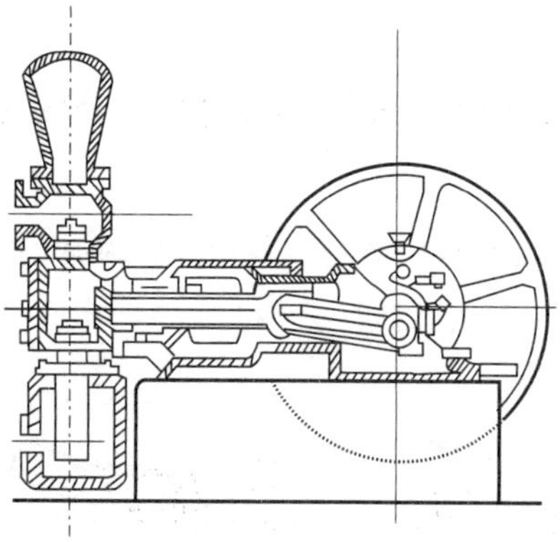

〈그림 2-53〉 Plunger pump

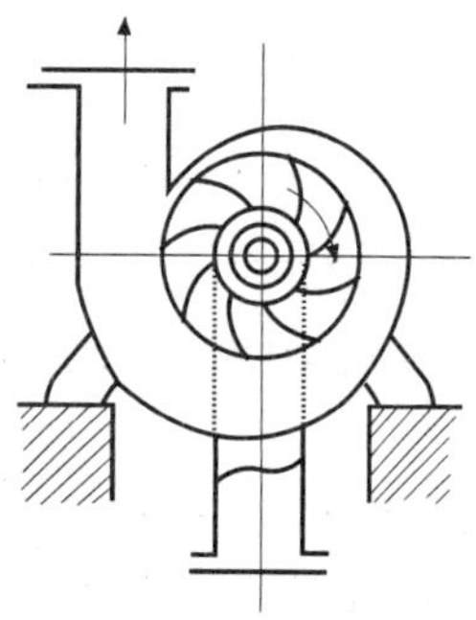

〈그림 2-54〉 Volute pump

왕복 운동 pump는 높은 압력이 걸리므로 고점도 액체의 이송에 알맞으나 동력비가 많이 소요된다.

회전 pump(rotary pump)는 원심력을 이용하여 액체를 이송시키는 방법으로 volute pump 등이 있으며 흡입력이 약간 떨어져 저점도 액체를 다량으로 수송하는 경우 사용되고 펌프 설치 높이가 10cm 이상이면 이송되지 않는다.

특수 액체 이송기로는 고점도 액체의 수송에 두 개의 gear를 맞물려 수송시키는 gear pump, 원주의 마찰을 이용하여 회전시키는 마찰 펌프(wesco pump), slurry 상태나 입자 상태의 수송에 쓰이는 나사 펌프(screw pump) 및 slurry pump 등이 있다.

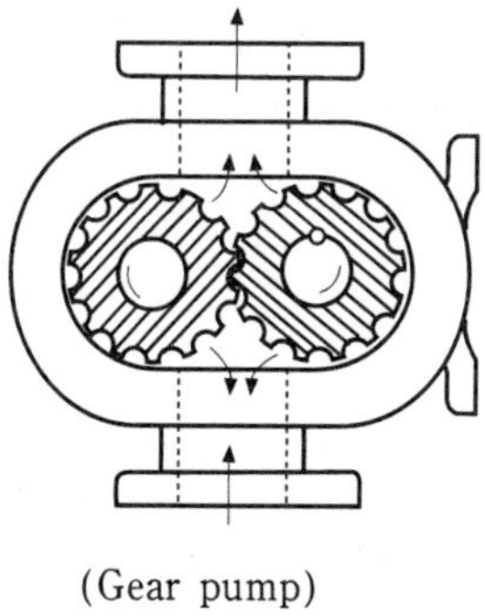

(Gear pump)

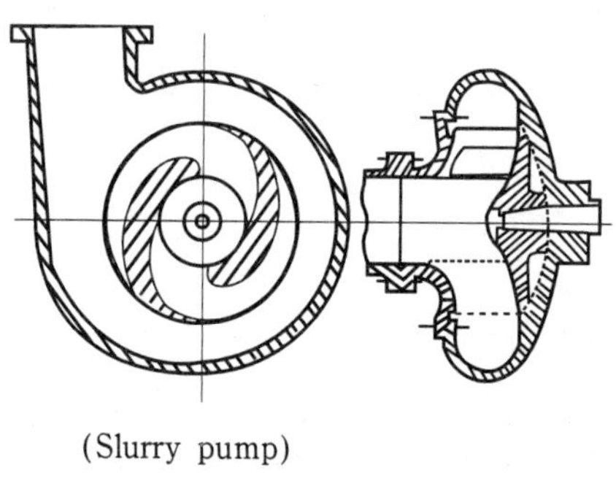

(Slurry pump)

〈그림 2-55〉 Gear pump와 Slurry pump

(3) 고체 이송기

식품의 수송이나 포장된 물질을 수송하는데 쓰이는 고체 이송기는 식품의 형태 등에 따라 사용 기계를 여러 방법으로 구별한다.

대표적인 이송 기계로는 belt conveyer, screw conveyer, bucket conveyer, drag conveyer, pneumatic conveyer, thrower 등이 있다.

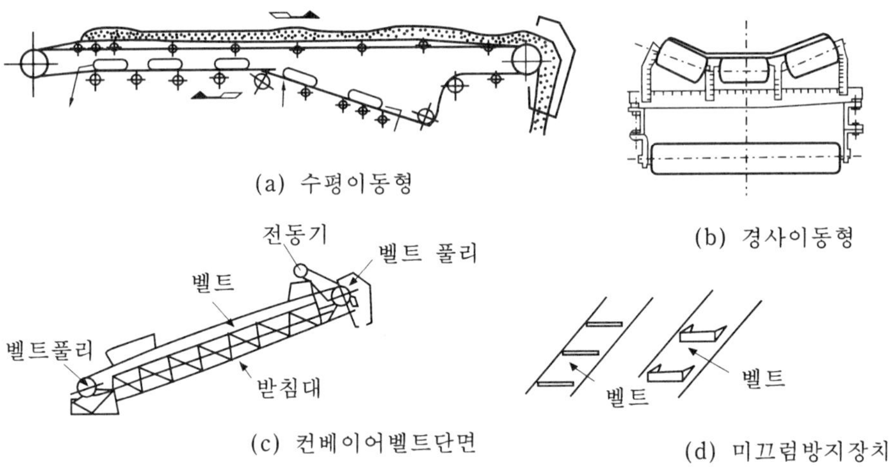

〈그림 2-56〉 Belt conveyer

Belt conveyer는 물질의 평면 이동이나 완만 경사 이동에 가장 많이 사용되는 기계로 벨트는 고무, 금속망 등이 사용되며 틀(flame) 사이에 벨트를 설치하여 회전시켜 물질을 이송한다.

Screw conveyer는 제분 공업, 점착성 물질, 크림, 습기가 많은 재료 등을 수평, 수직 및 경사진 방향으로 이송시킬 때 사용하며 스크루의 회전에 의해 운전한다.

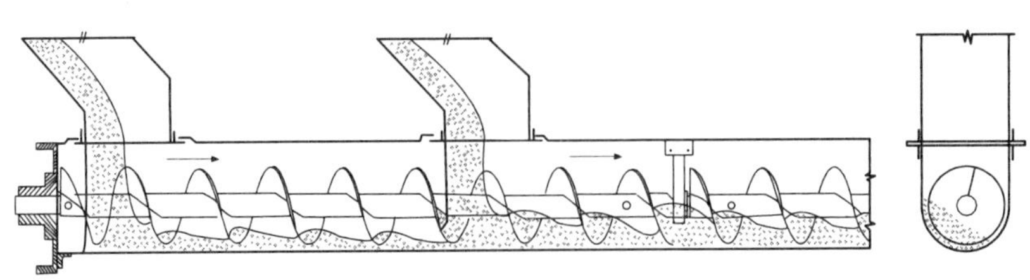

〈그림 2-57〉 Screw conveyer

Bucket conveyer는 belt conveyer와 chain conveyer을 응용하여 사용되는 기계로 bucket elevator라고도 한다.

Bucket conveyer는 수직 이송이 가능하며 bucket에서 이송물을 배출하는 방식에 따라 곡물이송에 쓰이는 원심 배출형, 완전 배출형, 광석이나 목재 등 무거운 재료 운반에 쓰이는 연속 배출형으로 나눈다.

Drag conveyer(견인 컨베이어)는 재료를 끌어당기는 scraper, 이 scraper가 장치된 체인, 체인을 움직이는 sprocket, 이들을 둘러싸는 trough 및 구동 장치로 구성되어 있다.

작동은 재료가 trough에 공급되면 체인에 부착되어 있는 여러 개의 scraper에 의해 홈통 안으로 미끄러지면서 이송된다.

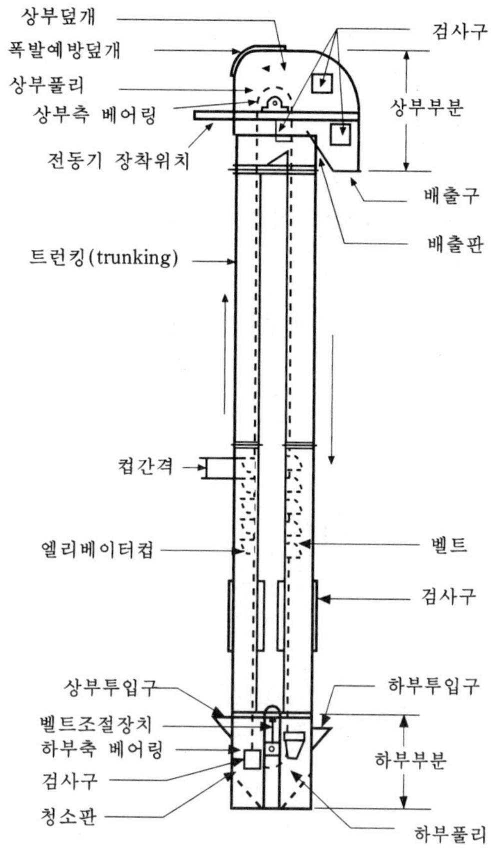

〈그림 2-58〉 Bucket conveyer

Drag conveyer는 곡물, 미세한 분말 등 다양한 재료를 이송시키며 잔류물이 안생기고 오염도 되지 않으며 설치 및 유지가 용이하여 여러 가지 재료를 배합하는 공정에 적합하다.

Thrower는 탈곡기, 건조기, 콤바인 등과 같은 농업용 기계에서 주로 사용되는 이송기로 〈그림 2-59〉와 같이 2~6개의 판을 회전축에 달아 위쪽으로 재료를 올리게 되어 있고 thrower까지는 재료를 스크루 컨베이어와 벨트 컨베이어로 공급시킨다.

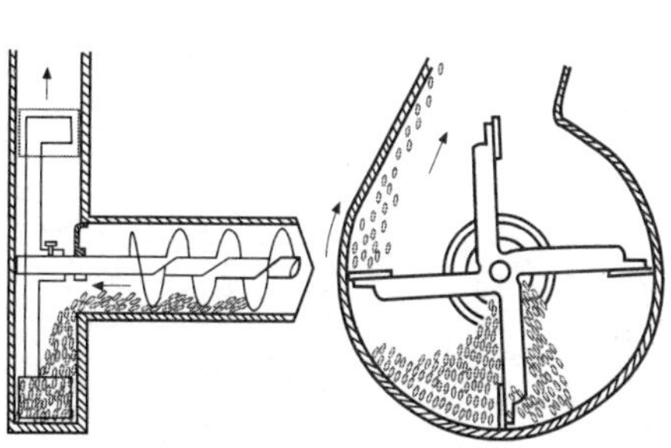

〈그림 2-59〉 Thrower

Pneumatic conveyer(공기 컨베이어)는 분체나 입체 재료를 관내의 고속 공기와 같이 이송시키는 기계로 공기를 이송시키는 방식에 따라 압송식, 흡인식, 혼합식으로 구별한다.

공기 컨베이어 구조가 간단하고 설치 비용이 적게 들며 파이프를 설치 할 수 있는 곳이면 어디에서나 이용 가능할 뿐만 아니라 통로 변경이 가능하고 기류에 의해 청소 작용도 가능하다.

그러나 이송량에 따라 소요 동력이 크며 기류에 의한 재료의 응집, 응결 등의 단점이 있다.

그 외의 이송기로 roller conveyer, trolley conveyer, redler conveyer 등이 있다.

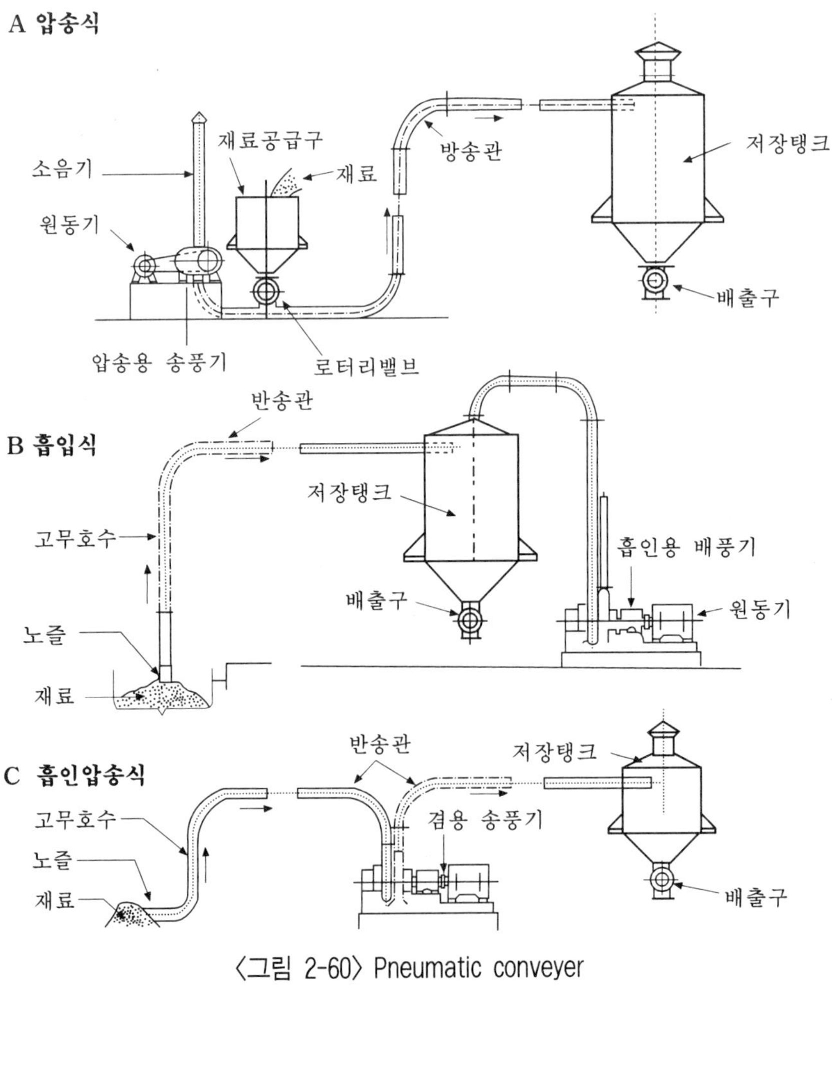

〈그림 2-60〉 Pneumatic conveyer

10 포 장(packaging)

물품의 수송, 보관, 유통 과정이나 사용에서 가치와 상태 등을 보호하여 품질 유지를 하기 위해 적절한 용재, 재료 등을 이용하는 것을 포장이라 한다.

식품의 포장은 기능적으로 분류하여 겉 포장, 속 포장, 낱개 포장으로 나누며 포장 재료에 의해 종이, 금속, 플라스틱, 유리 용기 포장이 있고, 포장 방식에 따라 진공 포장, 가스 치환 포장, 수축 포장, stretch 포장으로 구별하며 그 외 식품의 형태, 유통 방식, 포장 재료의 물성 등으로 포장을 분류하기로 한다.

포장기는 포장 원리 및 포장 방법 등에 의해 여러 가지로 나뉜다.

(1) 계량 계수기

소포장할 때 쓰이는 기계로 숫자, 무게, 길이, 체적 등으로 계량하며 계량의 취급 단위는 계측기를 이용하고 질량을 다룰 때는 중량 계량기, 숫자는 계수기, 체적은 정량기, 체적기, 용량 계량기 등을 사용한다.

계량 계수기는 계량부, 접착 및 이송 장치로 구성되어 있으며 계량할 때는 정밀도가 ±0.1~2g의 로드 셀을 사용하며 계량 범위는 0.2~20kg까지 다양하다.

포장 능력은 6~10/min정도이며, 안전장치가 장착되어 있어 사용이 편리하고 자동식과 반자동식이 있다.

(2) 충전기

액체, 점성체, 분말, 입상체 및 캡슐 제품 등을 계량하고 일정 용기에 넣어 포장하는데 사용되는 기계를 충전기라 한다.

액체성 제품을 충전 방식과 제품의 점도, 발포성 등의 요인을 감안하여 직렬로 포장하거나 회전시켜 포장하는 것이 액체용 충전기이다.

소량 충전에는 직력형 충전기가 쓰이고 대량이나 고속 충전용에는 회전형 충전기가 쓰이며, 충전 방식은 중력식, 진공 탱크식, 노즐 진공식, 피스톤 실린더식, 컵 계량식, 유량 계량식, 중량 계량식 등 다양하다.

점성체용 충전기는 초퍼에 들어있는 점성을 띠는 물질이 밸브의 단면에 의해 실린더와 연결되어 있을 때 피스톤에 의해 정량으로 일정 용기에 충전하는 기계로 밸브 반전식과 회전 실린더식이 있다.

분말체용 충전기는 분말 상태로 저장된 물질을 반출 장치에 연결하고 계량하여 충전하는 것으로 분말의 상태가 다양한 물성을 가지므로 분말의 흐트러짐 없이 정량해야 되고 반출의 정지와 개시가 쉽고 정확해야 된다.

이러한 조건을 갖춰 반출, 충전하는 것을 오거 충전기(auger packager)라 한다.

직경 10mm정도의 알갱이는 분체와 달리 물성 안정화 장치가 필요없는 용적 측정 계량 방법의 입체용 충전기가 사용된다.

캡슐 제품의 캡슐에 물질을 충전하여 1개 단위로 가공시키는 기계를 캡슐 충전기라 하며 캡슐의 경도에 따라 연 캡슐, 경 캡슐로 구별한다.

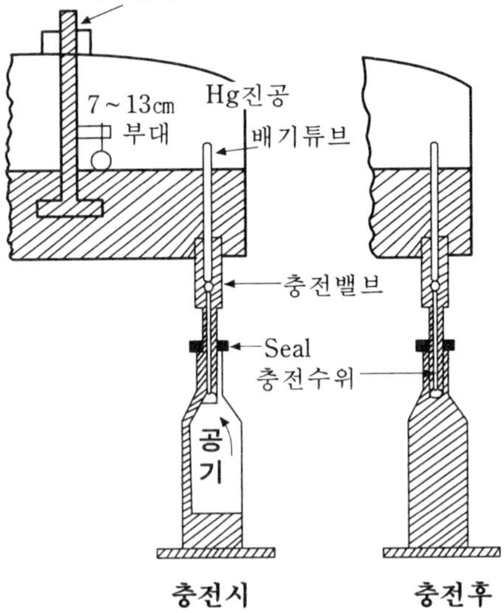

〈그림 2-61〉 중력 진공 충전기

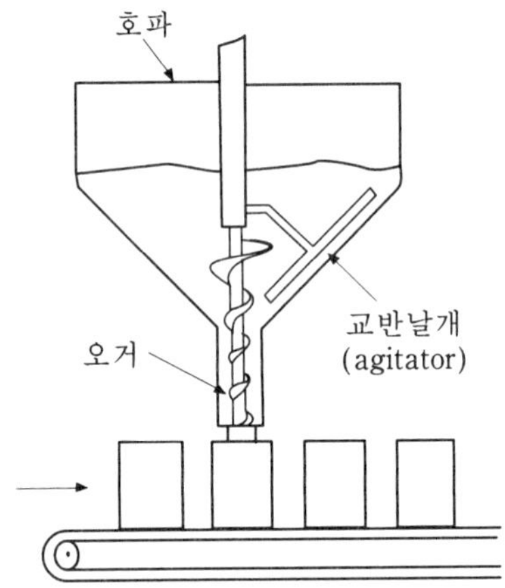

〈그림 2-62〉 오거 충전기

(3) 제대 충전기

제대 충전기는 계량기 홀더에 포장지가 자동으로 공급되면 설정된 정량이 공급되어 접착이나 봉합을 할 수 있는 포장기이다.

포장 능력은 자동식이 650~840ea/h, 수동식은 200~300ea/h이다.

제대 충전기에는 필로 포장기와 면봉함 포장기가 있으며 필로 포장기는 내용물을 공급하는 실린더와 포장 재료를 통 모양으로 만드는 성형 금구로 구성되어진 가로형 필로 포장기와 포장 필름을 연속으로 통 모양을 만들어 내용물을 포장하고 중앙 부위를 열 접착시켜 직각 방향으로 절단해서 포장하는 세로형 필로 포장기가 있다.

면봉함 포장기는 포장지를 반으로 접으면서 접는 안쪽에 내용물을 공급하여 충진하는 기계로 포장지의 접은 면을 제외한 3면을 열 봉합 하는 것을 3면 봉합 포장식이라 하며, 3면 봉합의 접은 면에 결합이 발생되기 때문에 이를 방지하기 위해 포장지 4면을 열 봉합시키는 것을 4면 봉합 포장식이라 한다.

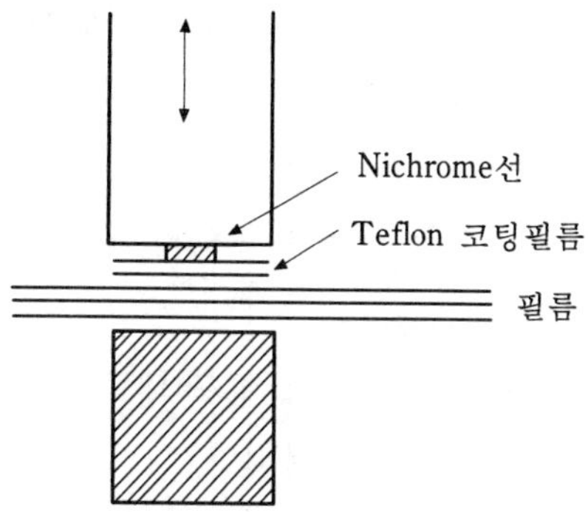

〈그림 2-63〉 임펄스 봉합기

또한, 일반적으로 포장지의 개방 부위를 봉합하는 기계를 봉합기라 하고, 기계식 봉합기와 열 봉합기로 구별하며, 열 봉합기에는 열판 봉합기, 밴드 봉합기, 임펄스 봉합기, 열풍 봉합기, 프레임 봉합기, 고주파 봉합기, 초음파 봉합기 등이 있다.

(4) 용기 성형 충전기

완성된 식품을 일정 형태로 하여 포장하는 기계를 용기 성형 충전기라 하며, 성형 방법이나 포장 방법에 따라 구별한다.

블리스터 포장기는 성형·충전·봉합·이동의 기능으로 작동하며 각 기능은 능률과 내용물에 따라 선택되어 진다.

성형 방법으로는 평판 동시 가열 성형, 평판 예열 성형, 평판 예열 플러그 어시스트 성형, 간접가열 롤성형, 직접가열 롤성형 등이 있다.

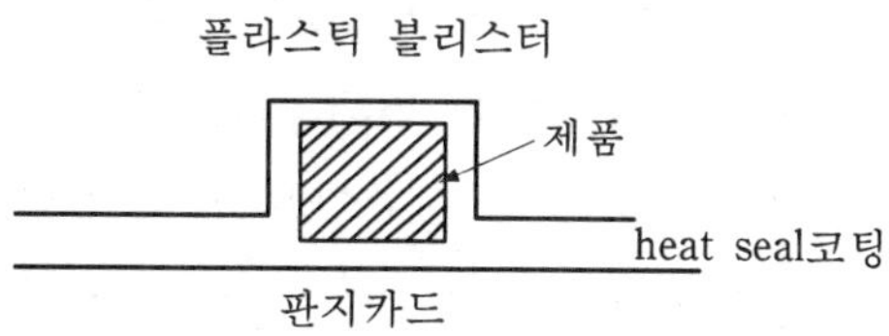

〈그림 2-64〉 블리스터 포장기

PTP(press through pack) 포장기는 블리스터 포장기의 포장 재료에서 덮개 필름으로 알미늄박(15~20㎛)을 사용하여 내용물을 용기 필름 쪽에서 눌러 포장하는 것으로 정제나 캡슐 제품의 포장에 쓰이는 기계이다.

스트립 포장기는 투명한 포장지 필름 사이에 내용물을 넣고 내용물 주위를 가열 봉합하는 기계로 4면 봉함 포장 방법과 비슷하지만 봉합되는 면적이 넓고 내용물이 작을 때도 포장이 가능하다.

스트립 포장은 의약품의 포장에서 접착 부분은 넓고 내용물의 공간을 적게 할 때 알맞는 포장기이다.

기관 충전기는 일정 형태로 성형된 금속관에 뚜껑을 접착하여 밀봉시키는 기계로 권체기라 하기도 한다.

종류는 다양하며 주로 통조림 산업에서 시머(seamer) 또는 시밍 머신(seaming machine)이라고 한다.

병 충전기는 병의 재질, 크기, 형태 및 내용물의 종류에 따라 밀봉 포장하는 기계로 넓은 의미에서는 공업적인 하나의 라인화 공정으로 연속적으로 이루어지는 생산 라인을 말한다.

이들은 병충전, 세병, 병검사, 가온기, 타전기, 살균기, 검사기 등으로 생산 라인 전체를 뜻한다.

또한, 액체용 종이 포장기는 우유, 음료, 주류 등의 액체 음료를 담는 종이 포장지로 종이의 종류에 따라 다양한 충전기가 개발, 보급되고 있다.

액체용 종이 충전기는 포장지에 따라 다양하지만 프리커트용과 포스트 폼드용이 널리 쓰이고 있다.

(5) 수축 포장기

수축 포장은 PE, PP, PVC 등의 열 수축성이 있는 플라스틱 필름을 사용하여 내용물을 포장하고 가열시키면 필름 자체의 수축력에 의해 내용물을 밀착 포장하는 방법이다.

L형 봉함 수축 포장기는 2개의 필름을 필름 가이드로 뽑아내 필름 사이에 내용물을 넣고 통과시켜 L형 봉함 바(bar)에서 봉함과 절단이 이루어지는 포장기이다.

슬리브(sleeve)형 수축 포장기는 L형 수축 포장기의 바(bar)를 I형으로 하여 상하 방향에서 열봉함 접촉시키는 포장기이다.

대형의 내용물 수축 포장에도 3면 또는 4면 봉함기를 사용하여 열 수축 터널을 통과하여 포장을 실시한다.

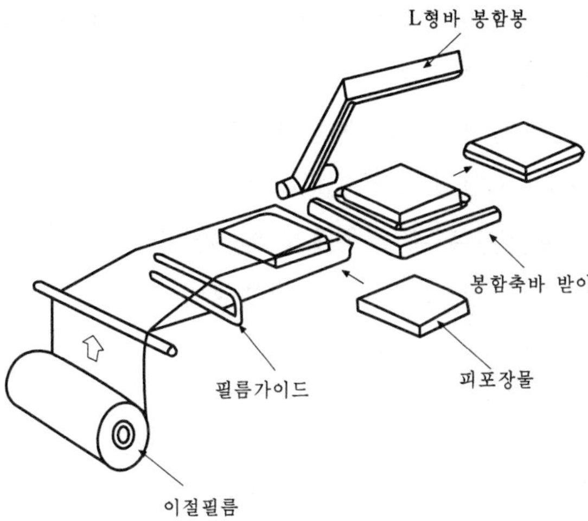

〈그림 2-65〉 L형 봉합기 공정

(6) 진공 포장기와 가스 주입 포장기

진공 포장기는 포장지 내의 공기를 제거하여 포장하는 기계로 제품의 산화 방지 및 신선도 유지를 위한 방법이다.

진공 포장된 제품은 단단한 고체 상태이고 표면이 미끄러워 운반과 보관이 불편하고 과정 중에 파손되면 제품의 손실이 우려되며 포장범위는 1~5kg 정도이다.

진공 포장기는 방법과 구조에 따라 내용물을 넣고 진공기로 진공 포장하는 방법, 필로 포장기로 포장하여 로타리형 진공 포장기로 하는 방법, 흡인 탈기시켜 열 봉합하는 방법, 진공기에서 포장지에 내용물을 넣고 진공 포장하는 방법 등 다양하게 쓰인다.

가스 주입 포장기는 제품의 산화, 미생물 및 해충 피해 방지, 저장성 향상 등을 목적으로 가스 차단성이 있는 포장기를 사용하거나 포장할 때 탄산가스나 탈산소제를 주입시켜 접착하는 기계이다.

가스 주입 포장은 시설 및 유지가 비싸고 가스 충전 후 수 시간이 지나야 밀착되는 단점도 있다.

(7) 래핑기

래핑기(wrapping machine)는 종이류, 셀로판, 플라스틱 필름 알루미늄 박 등의 얇은 포장 재료로 내용물을 덮어싸는 기계이다.

래핑기는 내용물의 상태, 포장 방법, 포장 후의 처리 등에 따라 구별하며 수축 포장기, 필로 포장기 등이 여기에 속한다.

절첩 래핑기는 절첩 방법으로 내용물을 포장하는 기계로 내용물 공급부, 포장 재료 공급부, 팽핑부, 접찹부, 배출부로 구성되어 있고 널리 쓰인다.

트위스트 래핑기는 내용물을 통 모양으로 둘러싸고 끝 부분에서 트위스트하여 포장하는 기계이다.

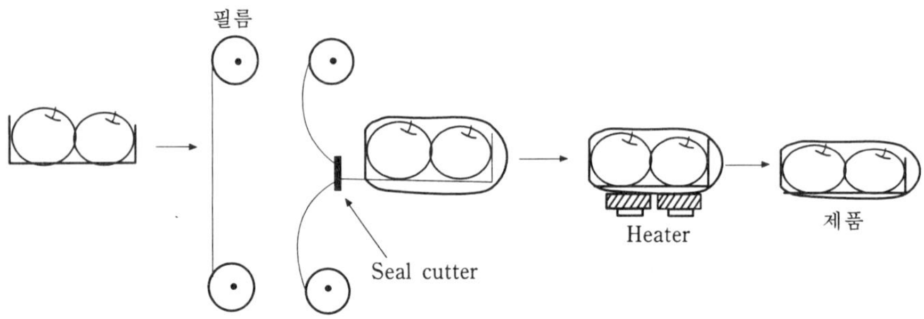

〈그림 2-66〉 스트레치 포장

스트레치 포장기는 수축, 팽창을 하며 복원성이 있는 필름에 내용물을 넣고 인장력으로 포장하는 기계로 수축 포장과 비슷하지만 내용물을 고정하는 포장이 가능하며 포장할 때 열풍 포장이나 속 포장에 여러 방법으로 쓰이며 프리팩 용으로 사용하는 것이 대표적이다.

스킨팩 포장기는 통기성이 있는 판지, 골판지 등의 포장지 위에 내용물을 넣고 그 위에서 가열로 연화된 플라스틱 필름을 씌운 후 포장지 밑에서부터 필름과 포장지 사이의 공기를 뽑아내어 밀착 포장시키는 기계이다.

(8) 소형 상자 포장기와 겉포장기

소형 상자 충전 포장기는 상자에 내용물을 담아 덮개를 하는 기계로 cartoning machine 또는 cartoner라 한다.

사용되는 상자는 마닐라 판지, 백 판지 등의 재료이며 자루 모양으로 포장하는 방법인데 소형 포장기는 형식에 따라 상자를 가로 형태와 세로 형태로 하는 상자 충진 포장기와 시트 위의 판지로 내용물을 싸서 봉함하는 랩 어라운드(wrap around) 상자 포장기, 판지 안에 포대가 들어있는 bag-in-carton을 포장하는 기계 등이 있다.

기타 겉포장 기계로는 제함기, 밴드 결수기 등이 널리 쓰이며 이들에는 케이스 조립기, 봉함기, 제함 포기, 랩 어라운드 케이스 트라이 성형기 등이 사용된다.

제3장

식품가공 저장공정

❶ 수분 조절 공정

식품에서 수분은 식품의 화학적 조성, 물리적 구조에 따라 서로 다른 작용을 하며 수분이 존재하는 형태에 따라 역할이 서로 다르다.

식품 중의 수분 함량은 다양하여 과일, 채소류는 90%, 수산 동물류는 75%, 축·육류는 70%, 곡류나 두류 등은 15% 정도이고 가공 식품류는 각 제품에 따라 고유한 수분 함량을 나타내며 식품을 저장할 때는 수분 함량의 적절한 조절이 필수적이다.

식품에서의 수분 조절 공정은 크게 건조와 농축으로 구별된다.

이 두 공정은 수분의 평형 상태의 변화에 의해 제품의 품질에 많은 영향을 끼치는데 일반적으로 수분 조절의 단계는 가열, 평형 상태에서의 상 변화 그리고 수분 제거 과정으로 나눈다.

(1) 건 조

식품의 건조는 식품에 들어 있는 수분을 감소시켜 용질의 상대적 농도를 높여 식품의 수분 활성도(Aw)를 낮춰주는 것으로 미생물이나 효소에 의한 부패나 변질을 막을 수 있다.

또한 식품의 수분을 감소시키면 과정 중의 식품 성분 변화, 저장성 향상, 수송의 편리성 등의 이점이 있으나 일반적으로 건조에 의해 풍미의 저하, 색의 퇴조, 영양 성분의 소실 그리고 식감과 형태의 변화 등을 가져온다.

1) 건조 이론

식품 중에 들어있는 수분의 형태는 자유수와 결합수이며 수분 조절은 자유수를 감소시키는 것이다.

미생물이 이용할 수 있는 수분은 자유수(free water)이며 유리수라고도 하는데 염류, 당, 수용성 단백질 등을 녹이는 용매로 작용하는 물이다.

결합수(bound water)는 식품 중에 당이나 단백질 등의 분자들과 결합한 형태로 존재하며 용매작용도 할 수 없고 미생물도 이용할 수 없고, 식품의 화학적 구성 성분과 수소결합(hydrogen bond)을 하고 있다.

식품의 가공에서 수분의 감소는 미생물의 생육에 필요한 수분이 부족하게 될 뿐 아니라 생육을 할 수 없게 되며 식품 중에 가용성 고형물의 농도가 상대적으로 증가되기 때문에 삼투압(osmotic pressure)이 높아져 미생물이 생육할 수 없게 된다.

미생물의 식품 중에 수분을 이용할 수 있는가는 수분 활성도(water activity, Aw)로 알 수 있는데, 식품의 수분량은 주위 환경 조건에 따라 항상 변하기 때문에 식품의 수분 함량을 %로 표시하지 않고 대기 중의 상대 습도(relative humidity, RH)를 고려하여 수분 활성도로 나타낸다.

$$Aw = \frac{P}{P_0} = \frac{\%MRH}{100}$$

P : 식품 속의 수증기압 = 용액의 증기압
P_0 : 순수한 물의 수증기압 = 용매의 증기압
%MRH : 환경 대기에서 수분의 증가나 손실로 인한 식품 중의 평형 상대습도

따라서 한 식품의 수분 활성도는 어떤 임의의 온도에서 그 식품이 나타내는 수증기압(P)에 대한 그 온도에서 순수한 물의 수증기압(P_0)의 비율로 정의된다.

즉, 수용액 중에서 구속을 받지 않고 자유롭게 열 운동이 되는 물분자의 비율이라고

하겠다.

한편 한 식품의 수증기압은 그 식품에 녹아 있는 용매의 종류와 양에 영향을 받으며 N_1을 물의 mole수, N_2를 용질의 mole수로 표시하면 다음과 같은 식이 된다.

$$\frac{P}{P_0} = \frac{N_0}{N_1 + N_2}$$

N_1 : 용매의 mole 수

N_2 : 용질의 mole 수

이상적인 1.0mole 수용액의 증기압은 순수한 증기압의 98.23%로 강하한다.

그러므로 1,000㎖의 물은 1,000/18.016 = 55.51mole이 되고 1mole 수용액에서는 P/P_0 = 55.51/56.51 = 0.9823이 된다.

또 대기의 상대 습도로 표시해 보면 어느 온도에 있어서의 포화 수증기압(P_0)과 현재의 수증기압(P)과의 비를 %로 나타내면 다음과 같다.

$$RH = \frac{P}{P_0} \times 100 = Aw \times 100$$

Aw가 X인 수용액과 RH가 100X인 대기에서는 이들의 수증기압이 같게 되므로 수분의 증발도 응축도 일어나지 않는다.

미생물은 각각의 생육에 적합한 수분 활성도를 가지게 되는데 일반적으로 세균은 생육 최저 수분 활성도가 0.93, 효모는 0.85, 곰팡이는 0.80 정도이나 미생물의 종류에 따라 호염성 세균은 0.75 정도, 내건성 곰팡이는 0.65 정도, 내삼투압성 효모는 0.60 정도에서도 생육이 가능하다.

〈표 3-1〉 미생물 생육의 최저 수분 활성도와 식품의 수분 활성도

미생물	최저수분활성도	식품	수분활성도
세균	0.93	채소, 과일, 어패류	0.98~0.99
호염성세균	0.75	잼	0.82~0.86
효모	0.85	건조과일	0.72~0.86
내삼투압성 효모	0.60	곡류	0.60~0.64
곰팡이	0.80	밀가루	0.61
내건성곰팡이	0.65	탈지분유	0.11

또한 식품 속의 효소 작용도 수분 활성도에 크게 좌우되며 수분이 식품 속에서 용매나 반응물질 등으로 작용할 때도 수분 활성도에 의해 결정된다.

수분 활성도는 식품이 수분을 흡수하는 힘의 표시로도 쓰이며 식품의 건조 속도와 식품 중에 들어있는 염류, 당분 등의 농도에도 관계가 깊다.

식품의 수분 활성도를 낮추는 방법으로는 건조 등에 의한 용매 제거, 당류나 염류 등의 용질 첨가, 수분의 상태 변화 등이 있다.

식품을 공기 중에 노출시키면 수분이 많은 식품은 탈수가 되고 수분이 적은 식품은 흡수되어 일정한 수분 함량이 되면 평형을 이루게 된다.

이때 수분 함량을 평형 수분 함량이라 한다.

온도가 높으면 대기 중에는 수증기가 많고 온도가 낮으면 수증기 함량이 적기 때문에 평형을 이룬 식품에 포함된 수분 함량도 온도에 따라 다르게 되므로 어떤 일정 온도에 있어서 식품이 함유하는 평형 수분 함량(x축)과 그 식품 주위의 상대습도(y축) 사이의 관계를 표시한 곡선을 〈그림 3-1〉과 같이 등온 흡습 곡선(moisture sorption isotherm) 또는 등온 탈습 곡선(moisture desorption isotherm)이라 한다.

즉, 식품의 수분 함량과 수분 활성과의 관계를 나타낸 곡선이다.

흡습 과정과 탈습 과정은 일치하여야 하지만 실제에 있어서는 반드시 일치하지 않고 곡선이 다른데 이와 같은 현상을 이력 현상(hystersis)이라 하며 이는 식품 조직의 변화나 성분의 변성에 따르는 것이다.

등온 흡습 곡선의 모양은 늘어뜨린 역 S자형을 하고 있는데, 이것은 식품의 수분 상태를 잘 나타내 주고 있다.

곡선의 처음인 극히 저습도의 굴곡점까지의 수분(A)은 결합수로 존재하는 영역으로 수분이 식품의 성분과 단단히 결합하여 단분자층을 이루고 있는 것을 나타낸다.

단분자층의 수분(monomolecular layer of water)은 단백질이나 탄수화물 등의 활성기에 물분자가 결합하고 있는 것이다. 이것은 활성기에 산소가 흡착하는 것을 저지하고 촉매적으로 작용하는 미량 금속을 봉쇄하여 그 작용을 약화시키며 식품의 흡수성이나 복원성을 떨어뜨리지 않도록 한다.

식품의 수분을 극단적으로 낮추면 유리기가 생성되어 지방이나 카로틴 등의 산화 또는 비효소적 갈변 등의 악변이 일어나기 쉽다.

고습도의 굴곡점까지의 곡선부분(B)은 친수성기 위에 형성된 이른바 다분자층 흡착을 하고 있어 점차 액화되고 있는 상태를 나타낸다.

고습도의 굴곡점 이상의 부분(C)은 자유수의 형태로 식품 조직의 미세한 공극에 모세관 응축을 하여 존재하는 결합도가 약한 물로서 자유로이 이동할 수 있는 상태의 물(freely mobile water) 즉, 자유수이다.

이러한 등온 흡습 곡선은 안전하게 저장할 수 있는 최대의 수분 함량을 결정하는 경우에 이용된다.

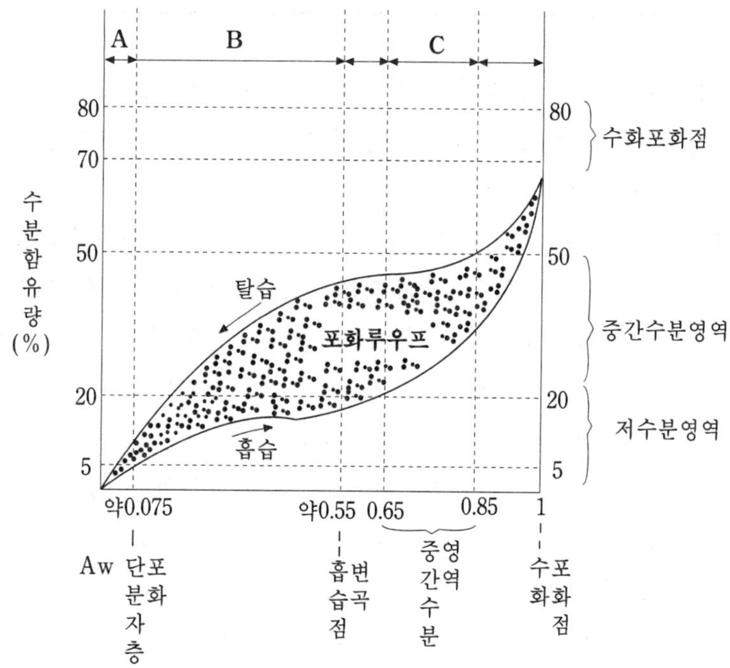

〈그림 3-1〉 등온 흡탈습 곡선

2) 식품의 건조 기구

식품의 건조 과정은 먼저 표면에서 증발이 일어나고 계속해서 내부 수분이 표면으로 이동하면서 건조가 이루어진다.

내부의 수분 이동은 모세관 이동(capillary movement)과 확산(diffusion)에 의해 이루어지며 표면 증발(surface evaporation)로 건조 속도가 결정된다.

일반적으로 수분의 상태와 함량은 〈표 3-2〉에서와 같이 식품의 종류에 따라 다르며 식품의 수분 활성의 감소는 수분의 상태에 따라 변화하기 때문에 수분 활성도와 수분 함량은 차이를 나타낸다.

〈표 3-2〉 식품의 수분활성도와 수분함량

식품	Aw	수분(%)	식품	Aw	수분(%)
우유	0.994	87	밀가루	0.72	14.5
식육	0.985	70	마카로니	0.45	10
빵	0.96	40	비스킷	0.20	5.1
소시지	0.89	42	탈지분유	0.11	3.5
가당연유	0.83	28	감자칩	0.08	1.5

식품 건조에서 표면 증발에 비하여 내부 확산이 빠르면 건조 속도는 표면 증발의 속도에 의하여 결정되고, 반대로 표면 증발에 비하여 내부 확산이 느리게 될 때는 내부 확산의 속도에 의하여 결정된다.

이상적인 건조를 위해서는 이들 표면 증발 속도와 내부 확산 속도와의 균형이 잘 잡히도록 건조 온도, 습도, 공기 속도 및 흐름 방향과 같은 외적인 건조 조건과 재료의 두께, 형상, 배열 등의 내적인 조건을 잘 정비하여 짧은 시간 내에 건조를 완료시키는 것이 좋다.

그러나 공기의 온도가 높고 공기의 상대 습도가 낮을 때에는 수분 함량이 큰 식품의 내부에서 외부 쪽으로 확산하는 수분의 양보다 더 많은 수분이 식품의 표면에서 증발하여 제거될 위험이 있으며 이 때 겉마르기 또는 표면 경화가 일어나게 된다.

즉, 두께가 두껍고 내부 확산이 느린 식품을 급격히 건조하면 표면만 과도하게 건조되는 겉마르기 현상이 일어나는 것이다.

수분을 통과시키지 않는 층이나 경계는 수분의 자유로운 확산을 막는데 이와 같은 상태를 표면 피막 경화(case hardening or hard casing)라 하며 그 이후의 건조가 어렵게 된다.

이러한 현상은 순환되고 있는 공기의 상대 습도와 공기의 온도를 조절함으로써 방지할 수 있다.

건조 단계를 건조 경과 시간과 건조 특성 곡선에 의해 구분하여 보면 〈그림 3-2〉와 같이 건조 초기의 표면 증발은 건조물의 표면에 유리 수분이 충분하여 별로 큰 저항없이 시간이 경과됨에 따라 거의 일정한 건조 비율로 건조가 진행되는데 이 기간을 항률 건조(constant rate period of drying) 또는 항속 건조 기간이라 하며, 이 때의 건조 속도는 크고 식품의 온도는 거의 일정하다.

항률 건조 후는 건조가 진행될수록 표면의 수분은 점차 감소하므로 건조물의 중심부로부터 수분이 모세관을 통하여 표면층으로 이동하는 내부 확산이 일어나는데 따른 저항으로 시간이 경과됨에 따라 건조 속도가 떨어지며 식품의 온도도 상승하는데 이 기간을 감률 건조(falling rate period of drying) 또는 감속 건조 기간이라 한다.

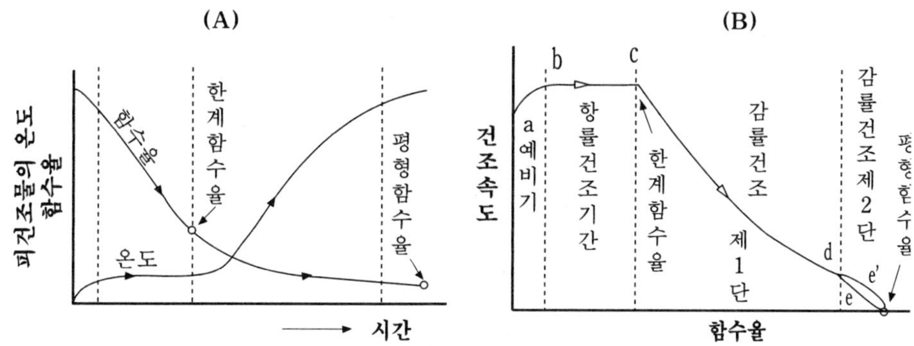

〈그림 3-2〉 건조 경과(A)와 건조 특성 곡선(B)

일반적으로 항률 건조 기간은 감률 건조 기간에 비하여 짧다.

그림(B)의 a→b는 예열 기간, b→c는 항률 건조 기간, c→d는 감률 건조 제1단계, d→e는 감률 건조 제2단계이다.

감률 건조 제2단계에서는 d→e와 같이 위쪽으로 요철형이 되는 경우도 있다.

항률 건조에서 감률 건조로 옮아가는 시점의 함수율을 한계 함수율이라 한다.

건조 속도에 영향을 미치는 요인으로는 온도, 습도, 기압, 공기 속도, 공기의 방향 등의 외적인 조건들과, 식품의 크기, 모양, 성질, 성분, 수분 함량 등의 내적인 조건이 있다.

또한 건조 과정 중의 변화로는 형태의 변화로 형태 축소 현상, 조직 연화 현상, 고결(caking)과 조해 현상 등이 있고 물리적 변화는 식품 물성의 변화 등으로 조직 변화, 복원성 상실, 신선감 저하 등으로 품질이 떨어질 수가 있으며 화학적 변화는 단분자층(Brenauer Emmell Teller, BET) 수분 함량에 의해 산화, 갈변, 비타민 손실, 색소 변화가 일어날 수 있다〈그림 3-3〉.

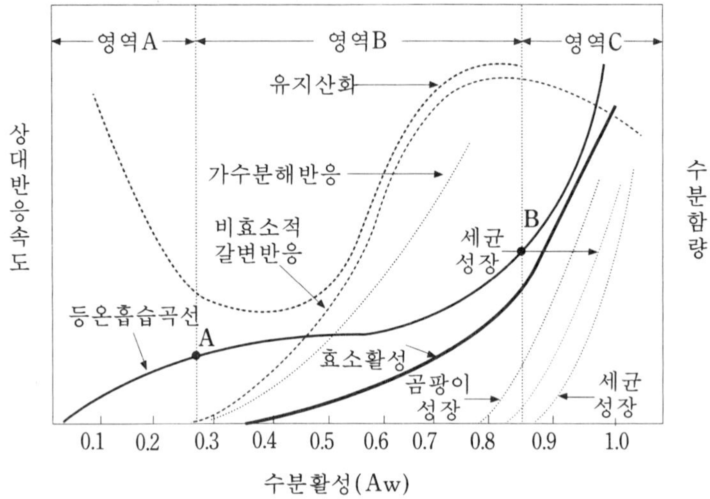

〈그림 3-3〉 수분활성과 식품 중에 일어나는 변화과정의 반응속도

3) 건조 방법

건조식품은 종류가 많으므로 건조 중 식품 내의 변화도 다양하다.

따라서 식품의 조직 상태, 성분 조성 및 농도에 알맞은 건조 방법과 조건을 갖추도록 하여야 하며 특히 건조 후 이용 방법에 대하여는 적합한 방법을 선택하여야 한다.

건조 과일과 같이 직접 식용에 이용되며 독특한 풍미를 갖는 것은 곡류, 감자류와 같이 적당한 수분을 가하여 가공 또는 조리 원리로 하는 것과 건조 채소, 분유, 난분과 같이 물을 가하여 본래의 상태에 가까운 것으로 하는 것 등이다.

이러한 점을 고려하여 식품의 건조 방법을 채택하는데 그 방법들은 다음과 같다.

① 자연 건조

태양열, 한기, 기류 등 자연 환경을 이용한 방법으로 특별한 기술이나 설비를 필요로 하지 않아서 인공 건조 방법에 비해 간단하고 비용이 적게 든다.

그러나 자연 조건의 영향을 많이 받게 되므로 건조 시간이 짧을 때도 있고 장시간이 필요할 때도 있어서 건조 기간에 변질을 일으키며 오염되기도 쉬워 균일한 제품을 얻기가 어렵다.

어패류나 해조류의 건조에 많이 이용되며 곡류, 과실류, 채소류 등에도 이용되고 있다.

자연 건조에는 양건법과 음건법이 있으며 자연 동건법은 겨울철 해변가나 고산 지대에서 주야의 온도 변화에 의하여 얼었다, 녹았다 반복하면서 자연 상태의 바람으로 수분을 증발하게 하여 건조시키는 방법으로 명태(노랑태)나 한천 등의 건조에 이용한다.

이러한 동건 제품은 스펀지 상태의 연한 조직으로 된다.

② 인공 건조

㉠ 가압 건조

수분 함량이 비교적 적은 15~40%의 식품을 밀봉 건조 용기에 약 1/3가량 넣고 외부로부터 회전 가열시키거나 직접 가열 공기를 주입하여 20~60lb/ft2의 압력에서 온도 120~150℃까지 가열한 후 건조 용기를 개방하여 상압에 식품을 분출시켜 가열 중 과열 상태로 된 조직 중의 수분을 순간적으로 증발시켜 건조하는 것이다.

건조와 함께 조직은 팽화되어 다공질 구조를 갖게 되므로 팽화 건조(puffing drying)라고도 하며 이 방법은 쌀 튀김, 보리 튀김, 옥수수 튀김 등의 곡류뿐만 아니라 채소, 과일, 축육, 어패류 등에도 이용된다.

수분 함량이 크거나 조직이 연한 것은 예비 건조시킨 다음 가압 건조를 한다.

〈표 3-3〉 식품의 건조 방법

- 식품건조
  - 자연건조 — 양건, 음건, 자연동결 - 건포도, 건어류, 북어 등
  - 인공건조
    - 강압
      - 가열→가압→분출 - 팽화식품 등
      - 자연환기 - 배건, 훈건 - 각종 식품
    - 상압
      - 열풍 - 터널, 로터리, 캐비넷, 기류, 벨트식 - 각종 식품
      - 분무 - 노즐, 원심분리식 - 분유, 커피, 향신료 등
      - 피막 - 드럼, 벨트식 - 전분, α화 전분 등
      - 포말 - 크래커, 스파게티식 - paste 식품 건조
      - 건조제 - 건조 약품에 의해 - 각종 식품
      - 기타 - 전자파, 초음파 - 각종 전자파 등 - 비교적 수분이 적은 식품
    - 상압
      - 진공 - 선반, 피막, 벨트식 등
      - 동결 - 선반, 교반식 등

③ 상압 건조

㉠ 자연 환기 건조

가열된 공기의 자연적인 대류를 이용해서 환기를 하는 것인 데 인공 건조 중 가장 간단한 방법으로 직화식의 배건법(roast drying)과 간접 가열식이 있다.

배건법은 식품을 배건로 위에 쌓아 올리고 바로 밑에 목재를 태우든가 숯, 연탄, 전열의 열원을 두면 뜨겁게 되어 공기는 상승 기류에 의해 식품 중의 수분을 증발시키는 방법이다.

이는 훈제품을 만들 때의 훈건법과 같으며 특히, 배건법에서는 제품이 표면 피막 경화 현상을 일으켜 내부의 수분이 표면으로 확산되기 어렵게 되는 경우도 있다.

간접 가열식은 수증기나 열수를 파이프나 연통을 통해 유도시켜 가열된 공기로 건조하는 것으로 직화식 보다 고르게 건조시킬 수가 있다.

곶감, 말린 사과, 건조된 가다랭이 등에 이용된다.

㉡ 열풍 건조

열풍 건조(hot air drying)는 식품의 종류나 상태에 따라서 열풍의 온도, 풍속, 풍향 등을 잘 조절하여야 한다.

열풍 건조기에는 상자식, 터널식, 벨트식, 회전식 등이 있는데 상자식과 터널식이 가장 많이 이용되고 있다.

상자식은 상자 속 건조대 위에 식품을 펼치고 열풍을 보내 수분을 증발시키는 장치로 균일한 건조를 위해서 중간·중간에 원료를 뒤섞어 놓아야 한다.

터널식은 터널 모양의 건조기 내에 식품을 놓고 열풍을 불어넣어 건조하는 장치로 열풍이 식품과 같은 방향으로 진행하는 병류식과 방향이 서로 반대되는 향류식(역류식)이 있다.

병류식은 증발이 왕성하고 향류식보다 건조가 빠르지만 균일한 건조를 위해서는 향류식을 선택해야 한다.

냉풍 건조(cooling air drying)는 공기를 15℃로 냉각, 제습하고 수증기압을 낮춘 냉풍(cool air)을 원료에 접촉시키면 냉풍과 식품의 수증기압의 차에 의해서 수분이 제거되는 방법이다.

이 방법은 식품을 전혀 가열하지 않으므로 우수한 제품을 얻을 수 있으나 설비비와 운영 경비가 많이 소요된다.

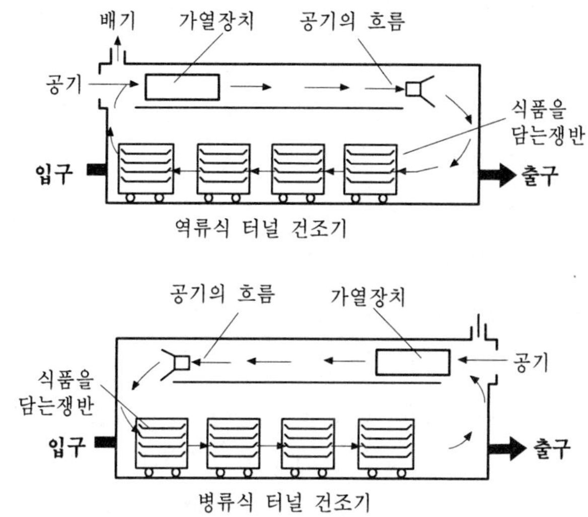

〈그림 3-4〉 열풍건조기

ⓒ 분무건조

순간적으로 건조되어 분말이 되는 건조 방법이며 분무를 위한 건조기로서 그 특징은 분무입자의 직경이 보통 10~200μm 정도로 단위 부피 당 열풍에 노출되는 표면적이 대단히 커서 건조 속도가 빠르며 건조기간을 통하여 제품의 온도가 열풍의 습구 온도 이상 올라가지 않는다.

인스턴트 커피, 분유, 분말 과즙, 분말 향료 등을 이 방법으로 많이 만든다.

분무 건조기의 장치로는 건조실, 분무 장치, 가열 장치, 제품 회수 장치로 되어 있으며 전형적인 분무 건조기의 구조를 보면 〈그림 3-5〉와 같다.

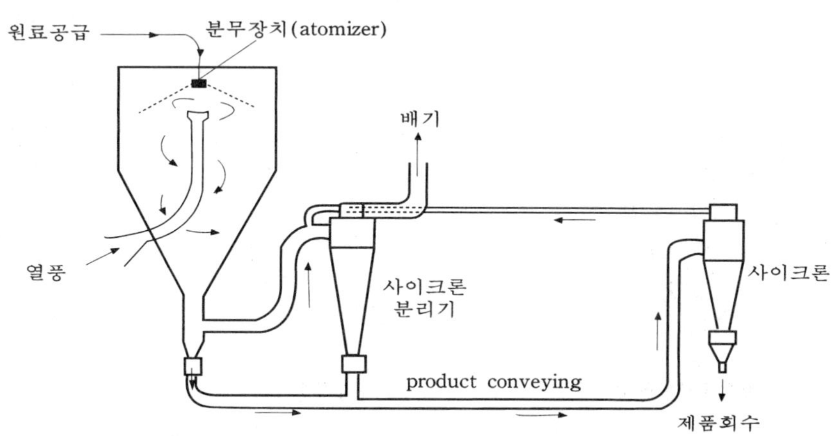

〈그림 3-5〉 분무 건조기의 구조

분무 방식은 10~200kg/㎠의 높은 압력으로 식품 용액을 직경 0.3~1.0㎜ 정도의 구멍으로 밀어내는 pressure nozzle 방식과 회전체로 되어 있는 centrifugal atomizer에 의한 방식으로 원심력을 이용하여 회전체의 회전수를 높이면 용액은 미세한 입자로 분무된다.

회전수는 통상 5,000~20,000rpm 내외이다.

회전체에 의한 분무의 경우는 식품 용액이 점도가 높거나 고형물 입자가 있어도 미세 입자로 되므로 고압을 사용하지 않아도 좋다.

이중 nozzle(two fluid nozzle)은 대단히 유속이 높은 공기를 이용하여 분무한다.

Pressure nozzle에 비해 낮은 압력을 요하나 분무 입자가 균일하지 못하다.

건조실은 분무된 입자가 높은 온도의 열풍에 의해 건조가 일어나는 곳으로서 열풍의 흐름과 분무 방식에 따라 〈그림 3-6〉과 같이 분류할 수 있다.

이 건조기의 원리는 높이 70m, 직경 15m의 높은 탑 상부에서 액상 식품을 적절히 분무시키고 아래에서는 30℃ 이하의 온도에 3% 이하의 습도를 가진 공기로 약 1분 30초~3분 20초 동안 노출시키면서 건조하는 것이다.

분무 건조기로 건조한 제품은 빛깔, 향 그리고 재수화의 복원성(reconstitution characteristics)이 우수하다.

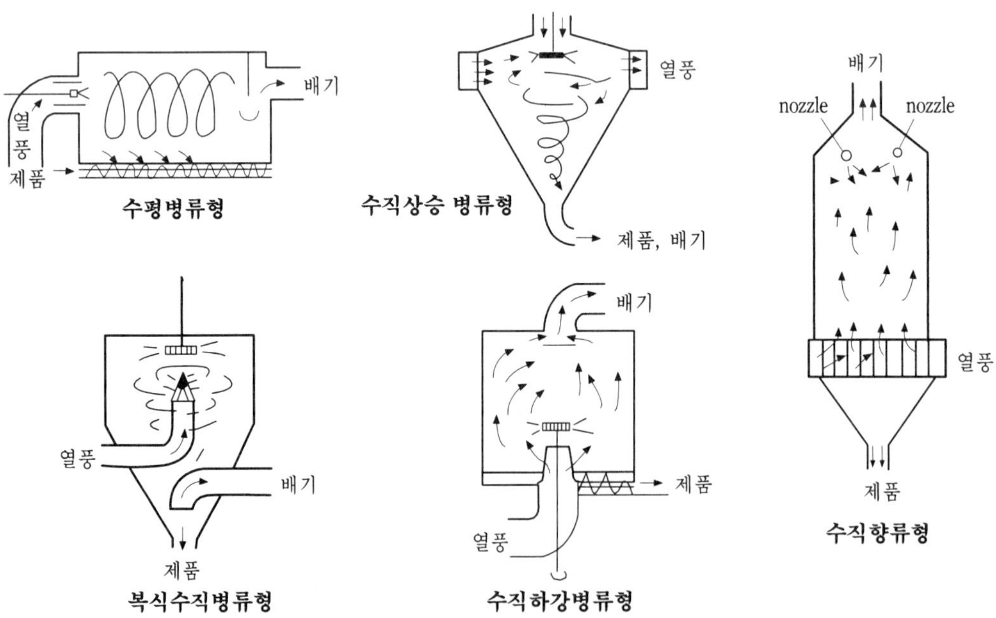

〈그림 3-6〉 분무 건조기에서 열풍의 흐름

㉣ 피막 건조

피막 건조법(drum drying)은 액체, slurry 상태, 죽(paste) 상태 등 점도를 가진 피건조물을 드럼 건조기의 가열된 드럼 표면에 얇은 막(0.3~0.5㎜)으로 도포하여 건조시키는 방법이다.

표면에 죽 상태의 식품이 도포되어 약 3/4회전했을 때 건조가 완료되도록 하여 있으므로 칼로 긁으면 얇은 조각(flake)의 건조 제품이 된다.

드럼 건조기의 장점은 건조 속도와 열효율이 높다는 것이지만 비교적 고온에서 짧은 시간 동안 견딜 수 있는 식품의 건조에 사용될 수 있으며 수프, 유아 식품 등에 사용된다.

드럼 건조기에는 단식(single drum drier)과 복식(double drum drier) 및 쌍드럼(twin drum drier)의 3가지가 있다.

이 건조기를 사용하여 건조할 때는 가열판의 접촉으로 식품의 온도가 100℃ 이상 높아져서 열에 약한 식품은 열 손상의 위험이 있다.

열 손실을 줄이려면 감압 상태에서 비교적 낮은 온도의 가열판을 사용하는 진공 드럼 건조기(vacuum drum drier)를 사용하여야 한다.

녹말 제품의 건조에 많이 쓰이고, α형 전분, 박편 상태의 건조 유아식품 등의 제조에 이용된다.

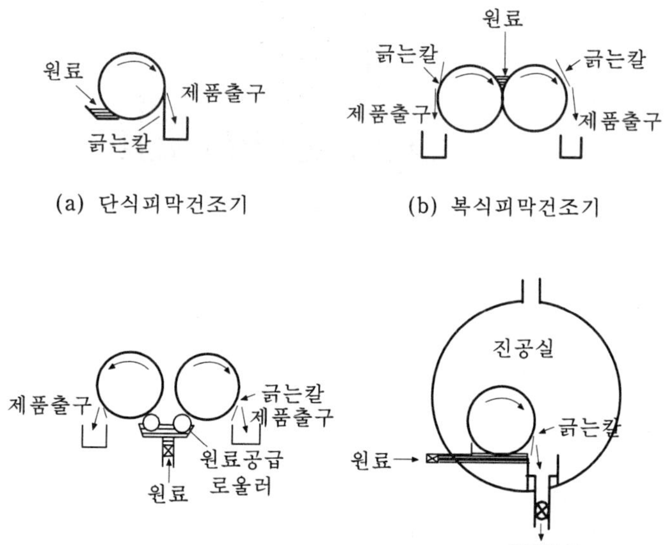

(a) 단식피막건조기 (b) 복식피막건조기

(c) 쌍피막건조기 (d) 진공피막건조기

〈그림 3-7〉 피막건조기의 형태

이 방법은 건조 시간이 짧으며, 장시간 고온에서 노출되지 않아 열에 의한 물성 변화가 적은 편이다.

또한 열효율이 높고 구조가 간단하여 기계의 청소가 쉽기 때문에 소량 다품종 생산에 적합하며 대량의 제품은 연속적으로 건조할 수 있으나 처리 능력은 떨어진다.

㉤ 포말(거품) 건조

포말 건조의 원리는 건조색품의 표면적을 최대로 넓혀 건조하는 것이다.

거품 건조법(foam-mat drying)은 죽 상태의 피건조 식품에 식용 가능한 소량의 발포제로서 카르복시 메틸 셀룰로오스(carboxy methyl cellulose, CMC), 메틸셀룰로오스(methyl cellulose, MC), 모노글리세리드(monoglyceride), 계란 알부민(egg albumin) 등을 건조물 기준의 1% 정도 혼합하고 고압의 질소가스를 불어넣어 거품을 발생시켜 표면적을 확대시킨 후 이것을 이동하는 구멍 뚫린 건조선반 위에 넣고 다공판의 하부에서 열풍을 보내 건조시키거나 벨트 위에 펴서 열풍 건조기를 통과시켜 건조시키는 방법이다.

적용 가능한 식품으로는 토마토 주스, 딸기 주스, 오렌지 주스, 유아 식품 등의 분말화에 이용한다.

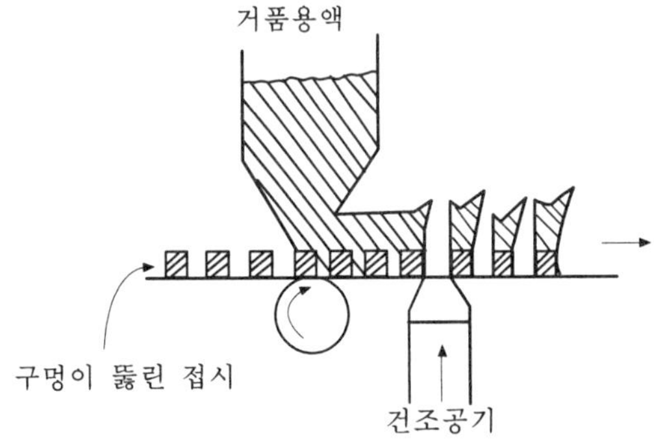

〈그림 3-8〉 포말 건조기의 원리

㉥ 기타

▶ 건조제에 의한 건조

일명 약품 건조라고도 하는데 이는 흡습량이 강한 건조제를 건조실 안이나 용기 내에 두어 건조시키는 방법이다. 건조제로는 무수 $CaCl_2$나 PO_5 또는 silica gel, 진한 H_2SO_4 등을 사용한다.

실온에서 건조되기 때문에 품질을 해치는 일이 적으나 능률이 좋지 않고 통상 소규모의 건조에 사용되고 있다.

▶ 고주파 건조

건조 대상 식품을 10~20Mc 분자 운동에 의한 고주파를 쏘이면 마찰열이 발생하게 되는데 이 열에 의하여 건조하는 것을 고주파 건조(impulse drying)라고 한다.

건조 과정 중에 가열 살균도 겸하게 되므로 미생물의 살균 효과도 있다.

고주파 건조는 수분 함량이 많은 식품에서는 곤란하고 비교적 수분이 적은 식품에 이용되고 있다.

앞으로 많은 이용이 예상되나 아직은 이용이 상용화되지 못하고 있는 실정이다.

▶ 적외선 건조

컨베이어나 진동판 위에 식품을 얹어 놓고 적외선을 일정한 시간 동안 내려 쬐어 복사열(radiant heating)로 건조시키는 것을 적외선 건조(infrared drying)라고 한다.

특히, 열에 약한 식품에는 장파의 적외선을 사용하고 이것도 비교적 적은 식품에 이용되고 있다. 그리고 살균도 동시에 이루어지나 살균 정도는 차이를 갖고 있다.

적외선 건조법을 이용하는 식품은 전분, 과자 반죽, 차, 빵가루 및 향신료 등으로 이 때 건조기로는 연속식 적외선 건조기(continuous infrared drying) 등이 사용된다.

④ 감압 건조

식품을 진공 중에 방치하면 그 진공도에 상응하는 온도에서 식품에 함유되어 있는 수분이 증발 또는 승화되어 건조되는 것을 진공 건조(vacuum drying)라고 하며 진공 상태로 하려면 감압 하에 이루어지기 때문에 감압 건조라고도 한다.

진공 건조(vacuum drying)는 감압에서 건조식품 중의 수분의 내부 확산, 증발을 촉진시켜 저온에서 건조하는 방법으로 건조 초기는 상압의 건조와 같이 수분의 내부 확산과 표면 증발이 일어나나 건조 과정의 대부분은 내부 확산과 함께 내부 증발이 주로 일어나 건조가 진행된다.

따라서 상압에서 일어나는 가열 건조와 같이 감률 건조 단계(falling rate period)가 짧아서 표면 경화 현상이 적게 일어난다.

식품의 진공 건조에서 사용되는 진공도는 4~50㎜Hg의 범위이며 건조 중의 품온은 상온~70℃이다.

이 같은 조건은 품온이 낮아지면 진공도를 더 높여주거나 가열하지 않으면 건조가 진행되지 않으므로 조절이 필요하다.

식품의 색, 맛, 방향, 물리적 성질, 원형 등을 거의 변하지 않게 하면서도 복원성이 좋은 건조식품을 얻을 수 있는 방법으로 현재까지 알려진 가장 좋은 것은 동결 건조(freeze drying)이다.

㉠ 진공 피막 건조

상업의 피막 건조기(드럼 건조기)를 진공실 내에 설치하여 열에 약한 식품의 건조에 사용하는 것을 진공 피막 건조(vacuum drum drying)라고 한다.

열은 보통 저압의 steam이나 열을 가열 매체로 사용하며 원료의 공급과 제품을 회수하는 칼날은 진공실 밖에서 조절하도록 되어 있다.

이 건조기는 시설비가 많이 드는 것이 흠이 되므로 일반적으로 열에 약한 식품에만 이용된다. 진공 피막 건조기는 〈그림 3-9〉와 같다.

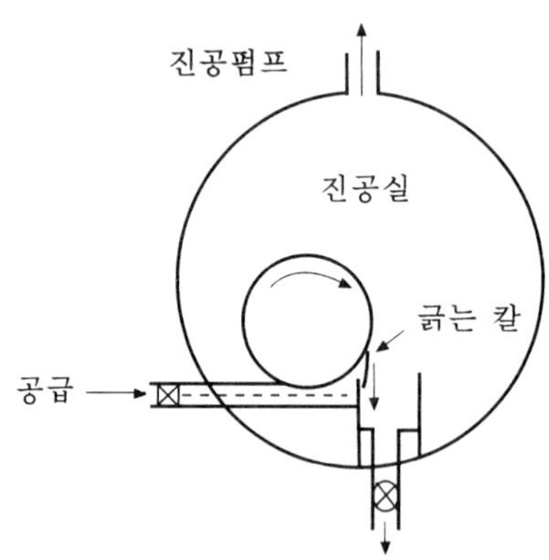

〈그림 3-9〉 진공 피막 건조기

㉡ 진공 선반 건조

이것도 마찬가지로 진공실 내에 선반이 여러 개 정렬되어 있고 그 선반 사이로 가열용 파이프가 배관되어 열에 약한 고체상이나 액체 식품을 열전도에 의해 건조시키는 방법을 진공 선반 건조(vacuum shelf drying)라고 하며 이 기계는 진공 선반 건조기(vacuum shelf drier)라 한다.

접촉된 선반 위의 식품에 열 손상이 없도록 특히 주의가 필요하며 시설비가 많이 드는 것이 단점으로 농축 과일 주스와 같은 열에 약한 식품의 건조에만 사용된다.

ⓒ 진공 대륜 건조

이것도 진공실 내의 가열 드럼과 냉각 드럼 사이를 스테인레스의 대륜(belt)이 돌면서 액상식품을 대륜 아래쪽에서 공급하면 대륜 위에 있는 복사 가열기와 가열 드럼에 의해 건조되는 것을 진공 대륜 건조기(vacuum belt drier)라 한다.

건조기는 〈그림 3-10〉과 같다.

농축 과즙이나 농축 토마토즙 및 커피 추출물 등의 건조에 사용되고 있다.

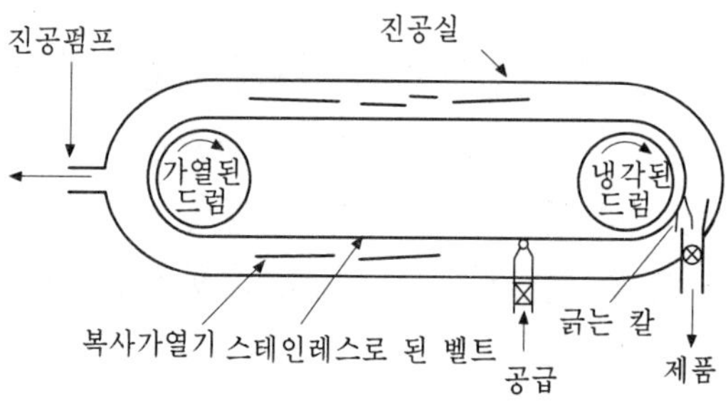

〈그림 3-10〉 진공 대륜 건조기

ⓓ 진공 동결 건조

식품을 -30~-40℃까지 급속 동결시킨 후 진공도 1.0~0.1㎜Hg 정도의 진공을 유지하는 건조기 내에서 얼음을 승화시켜 건조한다.

이와 같이 낮은 진공도로 감압시키자면 진공 펌프나 대규모에서는 steam ejector에 의해 감압시켜야 한다.

기본적인 형태의 건조 장치는 〈그림 3-11〉과 같다.

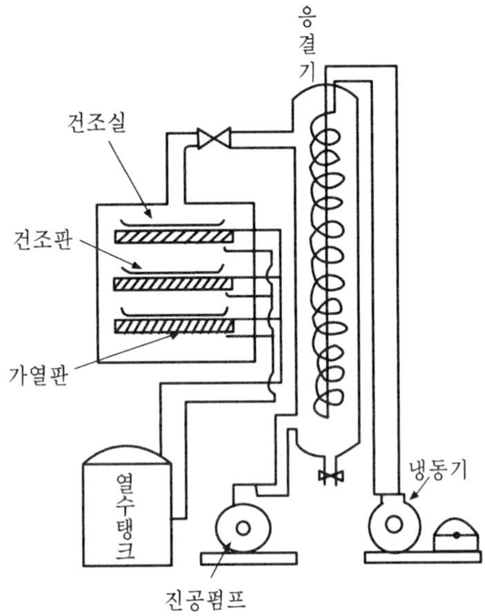

〈그림 3-11〉 선반식 진공 동결 건조기의 구조

장치의 주요 부분은 건조실, 진공 장치, 탈수 장치, 가열 장치, 제어 장치의 다섯 부분이다.

건조실은 원통형, 원추형, 상자형 등이 있으며 건조실 내에는 식품을 담은 쟁반을 얹어 놓은 선반이 부착되어 있고 건조 촉진을 위한 가열 장치가 붙어있다.

진공 장치는 진공 펌프나 steam ejector를 사용한다. 어느 경우도 진공도는 1.0~0.1㎜Hg로 유지할 수 있어야 한다.

건조식품 중의 얼음 1g이 0.1㎜Hg의 진공 하에서 승화되면 100,000ℓ 부피의 수증기가 된다.

이 다량의 수증기를 진공 펌프로 제거하여 목적 진공도를 유지하려면 매우 큰 용량의 진공 펌프를 필요로 한다.

따라서 탈수 장치가 필요하다. 탈수 장치는 암모니아 혹은 freon을 사용한 냉동기의 응축기(condenser)가 사용된다.

응축기의 표면 온도는 -30~-40℃ 정도를 유지할 필요가 있다.

가열 장치는 앞서 설명한 바와 같이 승화 잠열을 공급하여, 건조를 촉진하기 위한 것으로 실제로는 건조 선반 아래에 니크롬선을 장치하거나 열수나 고열 매체 용액 또는 증기를 순환시켜 가열한다.

가열 방식으로는 건조 쟁반 아래쪽으로부터 가열하는 단열 가열 방식(single plate

heating), 건조식품을 양면으로부터 가열하는 복식 가열 방식(double contact plate heating), 복사열에 의해 식품의 양면으로부터 간접 가열하는 복사 가열 방식(radiant heating)이 일반적이다.

진공 동결 건조에 필요한 열량 전달은 복식 가열, 단식 가열, 복사 가열 방식에 의해 이루어지며 건조 속도는 건조실내의 진공도와 열량 공급 방식, 식품의 두께 등에 의해 지배되고 〈표 3-4〉는 여러 식품의 진공 동결 조건을 나타낸 것이다.

〈표 3-4〉 여러 식품의 동결건조 예

식 품	두께 (㎜)	건조판온도 (℃)	진공도 (㎜Hg)	건조시간 (hr)
쇠고기(찐 것)	8~10	55	1	6
	6	40	1	6
굴(생)	10~15	40	0.5~0.01	14
게(찐 것)	10~20	40	0.5~0.01	8
새우(절반으로 잘라 삶은 것)	8~10	45	0.5~0.01	6
달걀(전체, 날 것)	5	40	0.5~0.01	3~4
백도	10~20	45	0.5~0.01	14
바나나(썬 것)	5	45	0.5~0.01	6
토마토 주스	5	50	0.5~0.01	4~5
피망(날 것)	4	50	1	5
양배추	1~2	50	1	2~3
양파(썬 것)	3~4	50	1	5
당근(썬 것)	4	50	1	5
감자(blanching)	10	55	1	5
고추냉이(썬 것)	2~3	50	1	3
송이	10	45	0.5~0.01	5
간장	3	45	0.5~0.01	3
된장	4	45	1	4~5
홍차(진한 침출액)	4	40	0.5~0.01	3
커피(진한 침출액)	4	40	0.5~0.01	3

진공 중의 건조에서는 식품은 항상 저온으로 유지되기 때문에 건조 중 열 변성이나, 산소, 효소 등에 의한 화학적인 성분 변화가 일어나지 않고 제품의 수분 함량이 낮고(3~4%) 다공질 상태가 되므로 복원성이 매우 좋으나 산화 표면적이 매우 커져 저장 중 변색, 지방의 산화, 향기의 소실 등의 변화가 일어나므로 원료를 blanching하거나 황 훈증 등의 전처리를 한다.

(2) 농 축

농축(concentration)은 비점을 이용하여 식품 중의 일부 수분을 제거하여 용액 농도를 높여 주는 조작인데 수분을 제거하는 관점에서는 건조와 같으나 최종 산물이 고체가 아니고 액상인 점이 다르다.

증발 농축의 경우에는 수분을 증발시킨다는 관점에서는 증류(distillation)와 같으나 증류는 증기 성분을 응축시켜 제품으로 만든다는 것이 증발 농축과 다른 점이다.

농축은 분리와 정제 수단으로 이용되며 건조하기 위한 전 단계로 건조에 필요한 에너지를 감소시키기 위해서 실시하는 예비 공정이기도 하다.

결정 생성을 유도하기 위한 수단 등으로 행해지는데 농축을 통해서 무게와 부피가 적어지므로 포장, 수송 등이 쉽고 가용성 고체의 농축으로 수분 활성도가 낮으므로 저장성이 좋아진다.

농축 공정은 증발 농축, 동결 농축, 막 농축 등으로 구별하는데 막 농축 이외에는 모두 수분제거가 상 평형에 도달하였을 때 이루어지며 그 때 상 변화가 반드시 일어난다.

1) 농축 방법

① 농축 방법

증발 농축(evaporation)은 젤리, 캔디, 연유 등의 제조에 쓰이는 방법으로 점도가 높은 제품을 얻는다.

점도가 높아지는 순환 속도가 떨어져 열 전달이 균일하지 못하여 공정 기간이 길어지므로 온도에 민감한 식품은 손상의 위험이 있다.

일반적으로 열 민감도에 따라 식품의 비점은 다르지만 40~90℃ 정도이므로 처리 시간을 조정하여 이용해야 된다.

증발 농축 과정에서 가장 중요한 것은 열의 공급과 이동이며 시스템에서의 열 손실은 뜨거운 표면으로부터의 대류와 복사 때문인데 강제 순환하거나 온도차가 크면 열 전달계수가 증가한다.

증발 농축 과정에서 농축을 저해하는 것은 점도와 관의 치석, 거품의 생성 등이다. 증발기는 〈그림 3-12〉와 같이 수평형과 수직형이 있으며 구조는 포화 스팀을 사용하는 열 교환기, 농축액으로부터 수증기를 분리시키는 분리기, 그리고 수증기의 농축 및 제거를 해주는 응축기로 되어 있다.

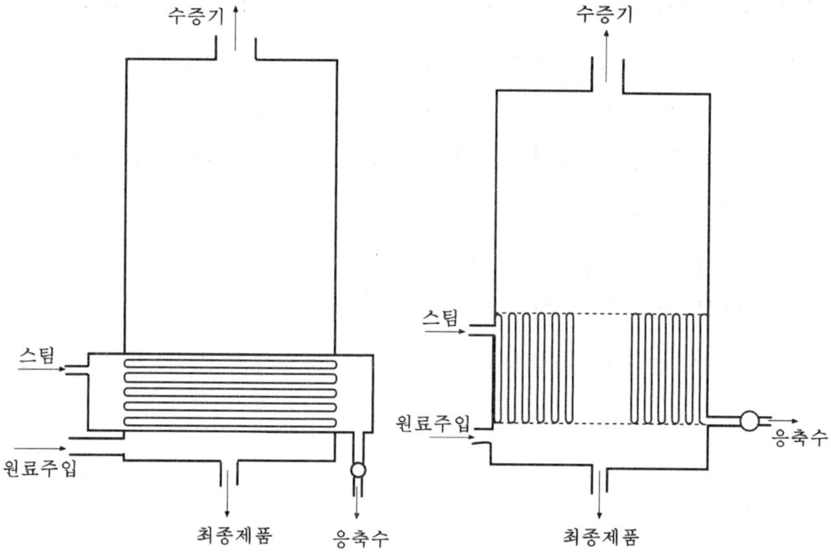

A. 수평형　　　　　　　　B. 수직형

〈그림 3-12〉 증발기의 종류

대기압에서 작용하는 과정은 응축을 생략할 수 있으나 식품 공업에서 증발 공정을 대기압 하에서 행하면 농축하는 재료가 열 손상을 받을 가능성이 많다.

따라서 보통 감압에서 액체를 증발시키는데 이 경우 부가되는 장치로는 진공 펌프 또는 스팀 자켓, 추출 펌프 등이다.

증발기에서 열 교환기의 열 전달 원동력은 열 매체(heating medium)와 재료 사이의 온도 차이에 의해 전달된다.

② 동결 농축

동결 농축은 일부 수분을 얼음 결정으로 석출시킨 후 이것을 액체 상으로부터 분리하여 용액을 농축하는 방법이다.

증발 농축법과 비교할 때 에너지 면으로 유리할 뿐만 아니라 저온에서 조작하므로 미생물 오염, 용질의 열화, 휘발성 방향 성분의 휘발을 억제할 수 있는, 고급품을 얻는데 이용된다.

그러나 장치 설치비, 조작 비용이 많이 들고 조작도 복잡한 편이다.

동결 농축의 〈그림 3-13〉과 같이 냉각 과정, 결정 석출 과정, 분리 과정으로 구분되며 동결 농축은 빙결 곡선에 의해 식품 속의 수분을 얼음으로 제거하여 농축시키는 방법이다.

증발 농축은 기체가 쉽게 액체와 분리되지만 동결 농축 과정에서는 고체인 얼음 결정이 용질과 잘 분리되지 않고 분리시 용질 표면은 손상을 입게 된다

그러므로 가능한 한 얼음 결정의 비표면적(specific surface area)이 적은 큰 얼음 결정을 만들어야 잘 분리된다.

만약 냉각기에서 과냉각이 일어나면 액의 점도가 높아져 얼음 결정이 잘 분리되지 않으며 교반, 수송이 곤란하고 에너지 소비도 증가한다.

따라서 동결 농축할 때에는 최적의 얼음 크기를 생성하는 조작 조건을 결정해야 된다.

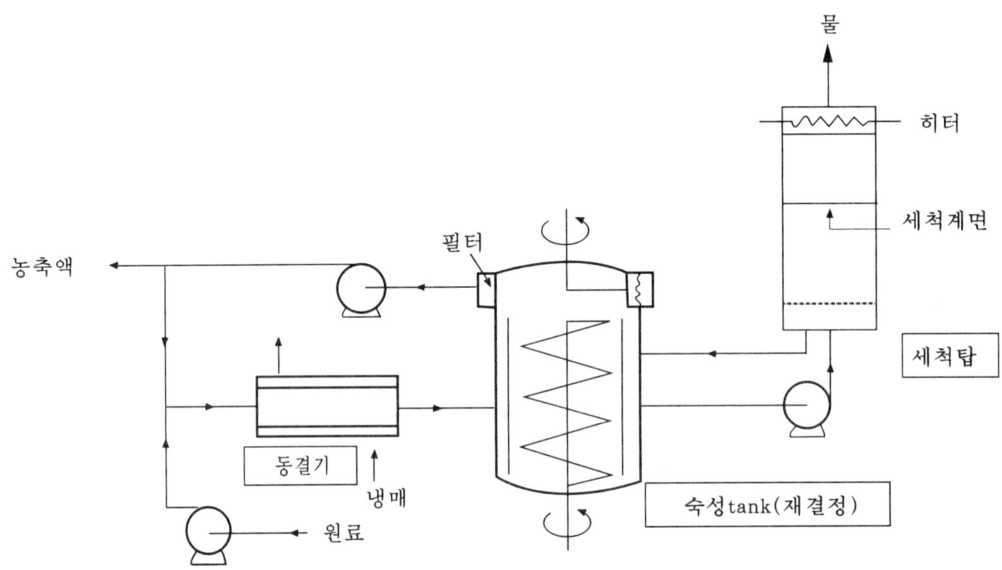

〈그림 3-13〉 동결 농축 장치

③ 막 농축

막 농축은 투과성의 인공 막으로 막의 선택 투과성을 이용하여 상 변화 없이 물질을 분리, 농축하는 방법으로 연속적으로 농축할 수 있으며 열이나 pH에 민감한 물질에도 이용 가능하다.

막 농축은 액체가 미세한 구멍을 통하여 흐르게 되는데 흐름 속도를 유지하기 위하여는 미세한 구멍에 적용되는 높은 압력이 필요하다.

이렇게 생기는 압력을 삼투압이라 하며 삼투압은 용질의 분자량에 반비례하므로 낮은 분자량의 용질에 의해 형성된 삼투압은 용매의 흐름을 촉진시켜 농축이 이루어진다.

투석의 원리를 이용하는 확산 투석과 전류에 의해 이온 교환을 시키는 자기 투석은 효소 정제, 탈염, 산미 조정 등의 식품 공업에 이용된다.

막 필터를 이용하는 정밀 여과는 음료수의 세균 여과, 주류의 청징 등에 이용된다.

한외 여과와 역삼투는 비슷한 공정이지만 한외 여과는 압력 차이나 용질이 분자량의 크기에 따라 삼투압 차가 적은 것, 역삼투법은 삼투압이 낮고 분자량이 500 이하인 것을 분리, 농축하고 역삼투는 물만, 한외 여과는 물과 염류 등의 저분자 물질만 통과시키며 단백질 등의 고분자 물질은 투과시키지 않는 방법으로 농축시키는 것이다.

식품 공업에서는 유가공 산업, 음료 공업, 천연 색소 회수, 유지 정제, 두유 산업, 양조 산업 및 폐기물 처리 등에 쓰인다.

다이나믹 막을 이용한 농축은 정밀 여과, 한외 여과 및 역삼투법에 바이오리액터(생물 반응기)를 조합한 분리 방법이다.

2 가열공정

식품의 변질은 수분 등에 의해서도 이루어지지만 미생물에 의한 변질이 가장 문제가 되고 있다.

물론 상온이나 저온에서는 변질이 있지만 50℃ 이상의 온도에서는 미생물이나 병원균 기생충 등이 살균되어 식품의 가공에 온도를 높여 저장성을 향상시킬 수 있다.

그러나 식품의 특성에 따라 가열 처리하면 식품의 조직, 색깔, 향기 및 식품 성분 등에 변화가 일어나 여러 영향을 끼치게 된다.

일반적으로 가공 식품은 가열 처리에 의해 미생물의 억제와 품질의 변화를 줄일 수 있는 방법으로 많이 이용하고 있으며 식품은 가열 처리하면 같은 조건이라도 변화와 반응에 많은 차이를 나타낸다.

식품에서의 열 전달은 가열, 냉각, 건조, 냉동, 농축 등 공정들의 기본 공정으로 식품의 가공, 조리, 살균 등에 널리 쓰인다.

(1) 열 전달

식품가공에 사용되는 열은 그 방법에 따라 직화, 열수, 수증기, 열풍, 전자파, 고주파, 저항가열 등의 열원으로 분류한다.

식품을 가열하는 방법 중 열수, 열풍, 스팀 등은 열의 전도, 대류, 복사에 의해 식품의 외부에서 내부로 열을 전달하는 외부 가열 방법인데 식품은 열 전도도가 낮기 때문에 목적하는 온도까지는 시간이 많이 걸리며 식품의 형태, 영양분의 손실, 퇴색 등의 품질 변화가 일어나기 쉽다. 이러한 문제점들을 해결하기 위해 이용되는 방법이 파장을 이용하는 것이다.

이를 내부 가열 방법이라 하며 식품에 전류를 통과시켜 전기 저항으로 열이 생길 때 발생하는 전기 저항 가열(ohmic heating), 높은 주파수를 사용한 고주파 유전 가열과 전자파에 의한 마이크로파 가열 등은 식품 내부에 존재하는 물분자의 쌍극자 운동에 의해 내부 마찰로 가열하는 것으로 전자파 가열이라고도 한다.

기타, 원적외선 가열과 압출 성형기에 의한 방법 등이 있다.

〈표 3-5〉 주파수 영역에 따른 통전 가공 기술

주파수(Hz)	0Hz		500Hz	1kHz ~ 10^4MHz	$4\times10^{5\sim8}$ $\times10^{12}$MHz
작용인자	정전장	직류전류	상용 주파수 전류	고주파, 초고주파	적외선, 자외선
현상	분리·청정	전기투석, 영동, 분리회수, 농축	전기 원형질 분리(추출)	가열·살균	가열·멸균·반응 촉진
*통전방식	indirect	direct	direct	indirect	indirect
가공 공정(식품공업, 기타공업)	가스청정(가스필터), 고기, 생선전기, 훈제, 소독, 살균, 축수산·가공식품 표면 곰팡이 제거, 곡물의 제품품질	우유단백질 분리, 현탁액에서 고체입자 침전, 단백질과 지방회수, 술·시럽 등 기타 액체식품의 청정(부유물제거)	추출, 단백질 형성, 담배잎 건조, 액체식품의 저온 살균, 미생물 살균, 가열	고기·생선·버터 해동, 소시지·조미식품 열가공, 설탕·각설탕 건조, 과실·야채의 브랜칭	고기·생선·야채 가열건조, 참깨, 과자·빵쿠킹, 빵 생지 발효, 병포장 식품의 blanching, 과즙·딸기잼·냉동란·식초·미네랄 워터의 멸균

* 통전 방식 : 식품과 전극 접촉의 방법이 어떠냐 하는 것으로 예를 들면 입자의 표면전하(surface charde) 능력을 이용하여 비슷한 종자(seed)들을 분리하거나 친수 교질 용액(hydrocolloid)을 분산시키는 공정 등은 전자기적 성질을 이용한 것이다.

1) 열 전달 기구

가열할 때 식품 내부에 열이 전달되는 형태는 식품에 따라 다르지만 기본적인 열의 전달은 대류(convection), 전달(conduction), 복사(convergence)의 3가지가 있다.

그러나 내용 식품에 따라 대류와 전도의 중간 형태로 구분하기가 어려운 복합형도 있다.

열 전달 속도는 대류가 전도보다 빠르며 물, 맥주, 과즙, 수프 등의 액체 식품은 주로 이 대류에 의하여 열이 전달되므로 비교적 단시간 내에 중심부의 온도까지 도달된다.

농도가 gel 상태이거나 강한 점성을 갖고 있는 토마토 퓌레와 같은 액체류는 대류보다는 전도 쪽에 의해 더 전달된다.

액즙에 고형물이 있는 과일 통조림, 채소 통조림과 같은 식품 또는 전분을 함유하는 식품은 대류에 의한다고 하지만 매우 속도가 느리다.

전도는 통상 액즙이 거의 없는 식품이나 고체류의 식품에서 열이 외부로부터 점차 중심 내부까지 서서히 전달되는 것을 말하고, 이에 해당되는 식품은 잼, 생선묵, 육제품, 밥통조림, 으깬 감자조림 등이다.

복사는 광속과 같은 속도로 전달되나 통조림에는 쓰지 않는다.

또 대류나 전도에 있어서 열이 가장 늦게 도달하는 지점을 냉점(cold point)이라 하고 통조림에 있어서 이 지점까지 살균되는 시간 측정이 정확하여야 한다.

이런 것을 측정하기 위해서 열 전대(thermo-electric couple)를 사용한다.

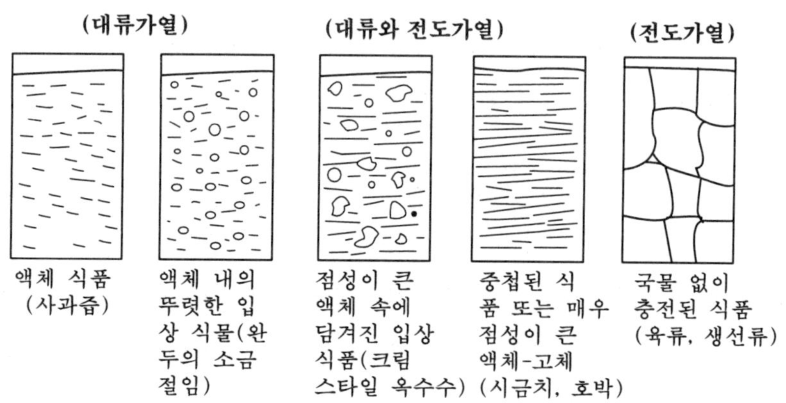

〈그림 3-14〉 식품의 열전도 양식의 분류

2) 열처리 방법

식품에서 열처리는 조리를 통하여 식품의 식감 등을 좋게 시켜주는 것과 브랜칭, 살균, 멸균 등으로 미생물을 사멸시키거나 해로운 물질을 제거하여 품질을 향상시키는 등의 목적으로 실시한다.

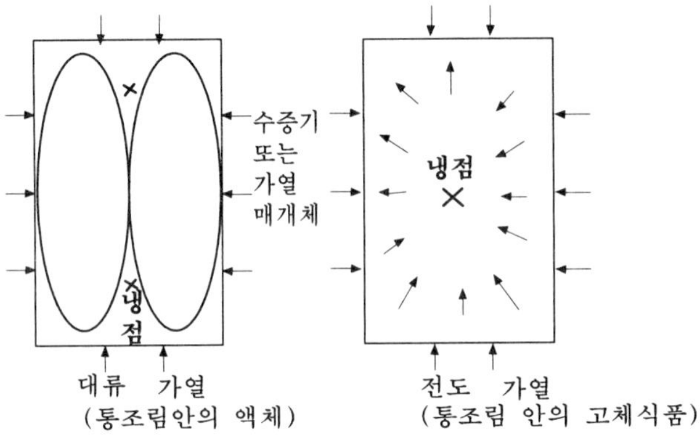

〈그림 3-15〉 통조림의 열 전달과 냉점

식품의 열처리 방법은 열 에너지를 직접 식품에 전달하여 이용하는 직접법과 열을 열교환기에 의해 식품에 전달하는 간접법이 있다.

직접법의 열 전달 매체로는 가스, 기름, 고체 연료, 적외선, 유전 가열(dielectric heating) 마이크로파 등이 있고 간접법의 열 매체는 수증기, 가스, 액체, 전기 등이 있다.

데치기(blanching)는 식품을 가공하기 전에 식품 조직에 열처리를 하여 효소를 불활성화시키는 것이다.

즉 식품을 냉동, 건조 또는 통조림 등으로 가공하기 전에 식품에 따라 차이는 있으나 색깔, 향, 영양가의 변화를 막기 위해 열 처리를 하여 이들을 변화시키는 효소를 불활성화시킨다.

데치기는 균일한 열처리와 식품의 손실을 최소화시켜야 되며 데치기의 효과는 식품의 종류, 크기, 가열 방법 등에 따라 다르다.

채소류의 경우 80~100℃에서 1~5분간 데치기를 하면 peroxidase와 catalase 등을 불활성화시켜 비타민의 손실, 색소의 고정, 향기의 손실 등을 막아주며 조직감 등도 향상시켜준다.

데치기의 방법으로는 뜨거운 물에 담그는 담금 데치기(immersion blanching), 수증기를 분무하는 증기 데치기(steam blanching) 등이 있다.

조리(cooking)는 식품에 열을 전달하여 식품의 기본적인 특성을 높여주고 먹기 알맞게 만드는 과정으로 식품의 조리 과정을 통하여 미생물의 생육 억제 및 살균, 효소의 불활성화, 유해 물질의 파괴, 색, 향, 맛 및 조직의 향상, 소화성 향상 등으로 위생적으로 안전하게 만드는 것이지만 조리 중에 영양 성분의 파괴와 손실, 관능적 특성 변화 등이 일어난다.

열 전달 방법에 의해 끓이기, 삶기, 찜 등은 습식 가열에 의한 조리이며 구이, 볶음, 튀김 등은 건식 가열에 의한 방법이고 전자레인지 가열 조리로는 초단파(915㎒/s or 2450㎒/s)가 식품에 조사되면 식품내의 쌍극성 물분자의 진동으로 열에너지가 발생되어 단시간에 침투하여 가열하는 것이다.

〈표 3-6〉 가열조리방법의 분류

습식가열	끓임 삶음 밥짓기	열매체로 액체상태의 물을 사용
	찜	열매체로 기체상태인 물을 사용
건식가열	구이 볶음	열매체로 물을 사용하지 않음
	튀김	열매체로 액체상태인 기름을 사용
전자레인지 가열		열매체는 없음, 물은 발열체가 됨

(2) 가열 살균

식품의 보존성을 높이기 위하여 미생물의 생육을 억제하거나 사멸시키는 방법이 살균이며 가열 살균과 비가열 살균이 있다.

가열 살균은 식품에 들어 있는 미생물을 사멸시키는 방법으로 식품에 열을 전달하면 보존성은 높아지지만 식품의 관능적, 영양적인 변화가 따르게 된다.

그러므로 식품의 특성, 요구되는 보존성, 형태, 미생물 종류, 산소, pH 등에 따라 살균 조건이 정해져야 한다.

특히 식품의 살균 조건에는 그 식품의 pH가 매우 중요하다.

일반적으로 열 저항력이 약한 미생물의 살균을 목적으로 하는 열처리를 저온 살균(pasteurization)이라 하고 내열성이 강한 아포 형성균을 포함한 모든 미생물의 살균을 목적으로 하는 열처리를 고온 살균(sterilization)이라 한다.

또한 식품에 따라 포장이나 저온저장 등을 할 경우에는 적당히 살균하는 상업적 살균(commercial sterilization)을 한다.

〈표 3-7〉 살균방법의 장단점

	살균방식	장점	단점
비가열 살균	약제살균	1. 식품에 첨가하면 효과가 지속적이다.	1. 사용 후 처리가 어렵다. 2. 인체에 영향을 미칠 가능성이 많다. 3. 환경오염 가능성이 있다.
	자외선 살균	1. 살균 후 식품에 거의 변화가 없다. 2. 간단히 적용할 수 있다. 3. 공기 살균에 적합하다.	1. 공기, 물 이외는 표면의 직접 조사된 부분의 살균에 국한한다. 2. 안전상, 다소 주의를 요한다.
	방사선 살균	1. γ선, X선 내부까지의 살균이 가능 2. 살균효과가 양호하다. 3. 포장 후 살균으로 2차오염이 없다.	1. 설비비가 높다. 2. 안전 대책이 어렵다.
	전자선 살균	1. 고속라인 처리가 가능하다. 2. 조사가 제어될 수 있다. 3. 포장 후 살균으로 2차오염이 없다.	1. 투과에 한도가 있다. 2. 설비비가 높다.
가열 살균	가열 살균	1. 식품 내부까지 살균 가능하다. 2. 간단히 적용하면 경제적	1. 식품변질, 변형, 변색, 영양가, 품질 저하 우려가 있다. 2. 공기살균보다 비경제적이다.

1) 저온 살균법

유해균을 완전히 죽이지 않더라도 그 양을 감소시킴으로써 어느 정도 식품을 저장할 수 있는 상태로 만드는 살균법을 저온 살균(pasteurization)이라 한다.

시유, 과즙과 같이 가열처리로 품질이 손상될 것이 우려될 때 병원균과 부패균을 사멸시키기 위하여 60~65℃에서 30분 또는 68.3℃에서 20분간 살균한다.

저온 살균은 우유의 살균 외에도 크림, 산 발효 음료, 과일 주스, 청량 음료, 된장, 간장, 소스 등에 응용되고 있다.

2) 고온 순간 살균법

고온 순간 살균(high temperature short time, HTST)법은 우유나 과즙처럼 신선미와 비타민 등 영양 성분의 보존성을 위하여 살균하는 법으로 71.1℃ 또는 75℃에서 15초간 살균하는 방법이다.

우유 살균의 경우 〈그림 3-16〉과 같이 살균된 우유는 살균 전의 냉각 원료 우유(raw milk)에 의해 냉각된다.

동시에 원료 우유는 열이 가해지면서 열 교환기(regenerator)를 통하여 살균 과정을 거치므로 다시 냉각하는 과정은 없다.

우유 성분의 열에 대한 변화도 거의 없어 유리한 방법 중의 하나로 이용되고 있다.

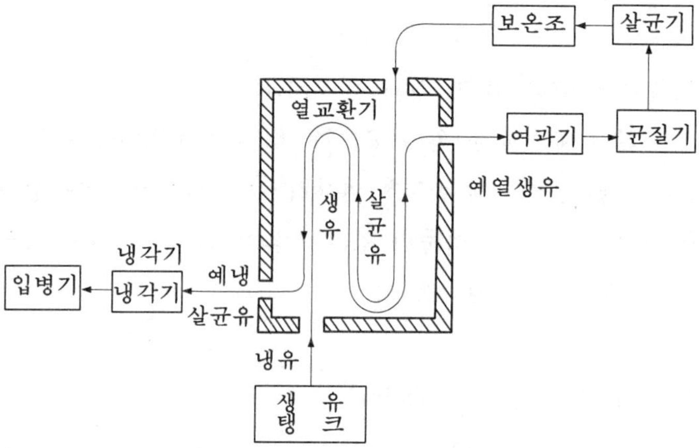

〈그림 3-16〉 HTST 살균 원리

3) 초고온 살균법(ultra high temperature heating method, UHT)

초온균 살균은 130~150℃에서 0.75~2초 정도로 순간적으로 살균시켜 내열성 균의 포자를 완전히 사멸시키는 방법으로 우유 살균에 많이 사용되고 있으며 특히, 우유 성분에는 영향을 주지 않는다.

또 파괴되기 쉬운 vitamin C 등은 저온 살균보다 더 안전하며 신선한 상태로 유지가 가능하다.

이 방법의 개량법으로 스위스에서 개발한 uperozation법(steam injection method)은 우유에 고압 수증기를 불어넣어 순간적으로 150℃로 가열한 후 진공 탱크 속에 우유를 분무하여 급냉과 동시에 수증기 분무 시 들어간 여분의 수증기를 제거시키고 포장하는 방법으로 냉장하지 않고도 수개월간 선도를 유지할 수 있다.

Atomizing in steam법(laquiharre method)은 고온의 수증기 속에 우유를 분무하여 순간적으로 살균하는 방법이다.

4) 포장 살균법(pasteurization in bottle)

우유 살균에 많이 이용되는데 액체를 병에 넣고 96~98℃에서 15분간 가열하는 방법이다.

살균 후의 오염이 없는 것이 장점이지만 누른 냄새와 갈변의 우려가 되고 있으며 포장용기 내의 온도를 정확히 측정하기 어렵고 냉각 가열에 있어서 경제성이 적은 결점이 있다.

5) 열탕 살균법(pasteurization by boiling water)

물은 100℃에서 끓기 때문에 물 속의 수온이 100℃에서 30분간이면 살균되는데 이 방법은 포자를 죽일 수 없기 때문에 완전히 살균하지는 못하지만 병원성 화농균이나 기생충의 알은 쉽게 사멸될 수 있어 식품의 조리는 물론 식기 등 각종 조리 용구 및 기구, 기타 등을 위생적으로 처리할 때 쓰인다.

6) 간헐 살균법(discontinuous steriliation)

100℃ 이상의 온도로 높일 경우 통상 고압 살균기를 사용하지만 포자 형성균이나 *Bacillus*속, *Clostridium*속 등의 내열성균 등의 미생물 포자까지 죽일 수 있는 온도는 120℃ 이상 가열하지 않으면 안된다.

간헐 살균법이란 1일 1회씩 100℃에서 20~50분간 연속 3일을 같은 시간에 반복 가열 살균하는 것을 말한다.

이렇게 하면 내열성 포자는 물론 모든 세균이 완전히 죽어 멸균된다.

7) 증기 살균법(steam pasteurization)

상압에서 끓고 있는 물의 수증기를 이용하여 가열 살균하는 방법이며 Koch살균 솥을 이용하여 물이 끓어서 수증기가 발생될 때 내용물을 넣고 밀폐시켜 100℃로 상승한 후부터 30분간 살균한다.

식품 공장의 대규모 살균에도 이 방법을 이용한다.

8) 건열 살균법(dry steriliation)

습기를 이용한 습기에 대하여 공기를 가열시켜 식품이나 용기를 살균하거나 미생물을 응고 탄화시키는 방법으로 140~160℃에서 30~60분 정도로 건열 건조기(dry oven)에서 가열시킨다.

특히 살균 뒤에도 건조 상태로 유지시키고자 할 때 많이 이용된다.

9) 정치식과 동요식 살균법

통조림의 살균에 이용하는 방법으로 레토르트(retort)에 통조림을 넣고 포화 수증기로 살균하는 방법이 있는데, 일반적인 방식은 고정식 레토르트를 사용하는 정치식 살균이지만, 이와는 반대로 열 전달을 효과적으로 하기 위해 내용물이 담긴 용기 자체를 회전시키거나, 레토르트 전체를 회전시켜 고온 살균을 효과적으로 달성하는 방법을 동요식 살균(agitating sterilization)이라고 한다.

통을 회전시키면 열 전달 효과가 증대되는데 액체 식품의 경우는 회전 속도에 비례해서 가열 속도가 빨라진다.

분당 20회전 정도 회전시키면 중력과 원심력이 같아져서 상부 공극(head space)의 공간이 통조림통의 중심부를 통과하도록 조절하면 가열 침투 속도가 최대로 되어 높은 살균 효과를 얻을 수 있다.

10) 전기 살균법(electro press)

전기 살균법에는 고주파 전장 중에 식품을 놓고 가열하는 방법과 통조림의 뚜껑 바닥에 전극을 접속하고 전류를 통하여 가열하는 방법이 있다.

전기 살균법은 식품의 내부로부터 가열되므로 열의 손실이 적고 온도의 상승이 신속하므로 향미, 색택 등이 우수한 제품이 얻어지나, 증기 가열법에 비하여 현저하게 경비가 많다는 결점이 있다.

11) 상업적 살균법(commercial sterilization)

식품을 가열하면 향미, 색택, 조직이 나빠지고 영양가가 일반적으로 손실되므로 이러한 변화는 받지 않는 것이 좋지만 저장을 장기화시킬 때는 어쩔 수 없이 완전 살균을 해야한다.

그러나 식품의 종류에 따라 다르지만 영양가의 손실이나 기호적인 손실을 막고 품질을 좋게 하려면 판매용 통조림의 가열 살균을 반드시 완전 살균할 필요가 없으므로 위생상 유해하다고 생각되는 세균을 대상으로 가열 살균을 하는 것을 상업적 살균법이라 하며 일반적으로 산성의 과실 통조림에 이 방법을 많이 이용한다.

이 때의 온도는 70~100℃로 살균을 실시한다.

(3) 기타 열 이용

1) 고압, 과열 수증기

식품의 가열 처리는 여러 목적으로 이용되고 있으나 성분의 변화, 조직감의 변화 등으로 품질이 떨어지게 된다.

이를 최소화시키기 위한 방법으로 고압이나 과열을 이용하여 통조림이나 레토르트 식품의 고온 단시간 살균, 액체 식품의 고온 순간 살균, 무균화 포장 등에 응용되고 있다. 즉, 상압에서의 가열에 따른 품질 변화를 막기 위해 열을 이용하지 않고 압력을 증가시키면 압력에 의하여 성분 변화 없이 가공, 살균할 수 있는 1~9,000 기압정도의 고압이 이용된다.

또 포화 수증기를 다시 가열하면 포화 온도보다 높은 온도에서 증기를 발생시킬 수 있는데 이를 과열 수증기(super heated steam)라 하며 고압과 함께 과채류 박피, 식품의 건조, 살균, 팽화 식품 제조 등에 이용된다.

2) 전자기

식품의 가열 처리에서 온도차에 의한 처리의 문제점을 해결해주는 또 다른 방법으로 파장을 이용하는 내부 가열(통전 가열)이 있다.

내부 가열은 1~100㎑의 높은 저주파 영역을 사용하는 저항 가열과 더 높은 주파수를 사용하는 고주파 또는 마이크로파 유전 가열로 나눈다.

저항 가열의 원리는 식품과 전극이 직접 접촉하면 열이 발생되는데 식품에 교류 전류를 흐르게 하면 불안전 전도체인 식품은 전기 에너지를 열 에너지로 전환시켜 내부에서 전기 저항 열이 생기게 되고 이를 이용하는 것이다.

유전 가열의 원리는 식품의 물분자들의 쌍극자 운동에 의한 마찰력으로 가열되는 것으로 식품과 직접적인 접촉이 없어도 가열된다.

저항 가열은 식품의 전기 저항력에 영향을 받는데 일반적으로 식품의 입자 크기 25㎜ 이하의 살균이나 데치기, 탈수와 해동, 추출 공정에 이용된다.

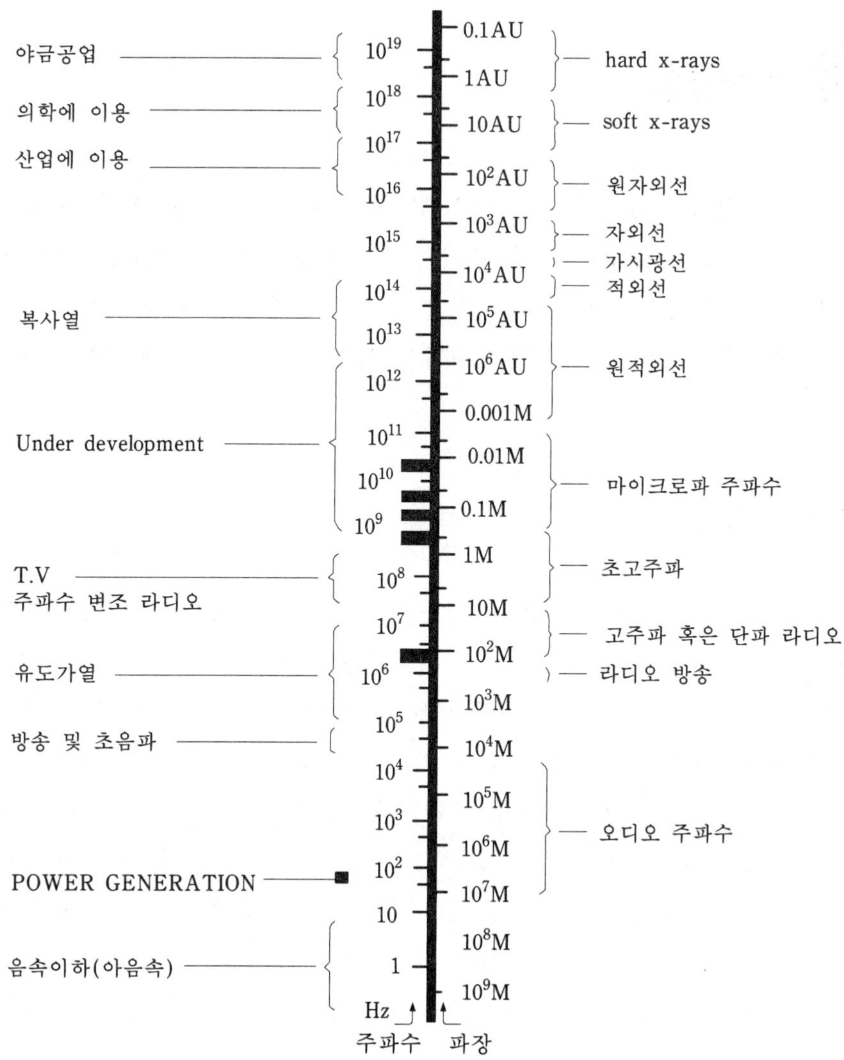

M : Methers, AU : Angstrom(10^{-8}cm) Dielectirc heating bands

〈그림 3-17〉 전자파의 파장과 이용

유전 가열은 코일에 고주파(400㎑~4㎒)전류를 흐르게 하여 코일 속에 식품을 가열하는 방법으로 건조, 살균, 농축, 효소 불활성화 단백질 변성, 미생물 억제, 해동 식품류 등에 이용되며 특히 전자 레인지는 915㎒ 또는 2,450㎒의 주파수를 사용하여 초단파를 발사시켜 식품을 가공 처리하는 방법이다.

그 외에 적외선이나 원적외선을 이용하여 건조, 살균, 숙성, 가공 등으로도 이용한다.

3 저온공정

식품의 저온 처리는 품질 저하를 일으키는 미생물, 효소 작용, 성분 변화 및 생리적 작용 등을 막아주는 일종의 저장과 관련된 가공 공정으로 온도변화에 따른 방법이다.

옛날부터 자연의 기후 조건이나 움 또는 동굴, 얼음 등을 이용한 저온의 저장 방법이 있었으나 19세기에 냉동기가 발명되면서부터 식품에 적용하여 지속적인 발전을 이룩하였다.

(1) 저온의 개념

저온 가공 공정에서 냉장, 냉동의 구분은 어렵지만 일반적으로 온도에 의해 구별을 한다.

냉장(cold storage)이란 15℃ 이하의 온도와 동결 온도 이상의 온도 조건에서 식품을 저장함으로써 미생물의 증식, 생리 작용 및 대사 작용, 성분간의 반응과 변화, 수분의 손실 등을 효과적으로 지연시켜 식품의 저장성을 높여주는 것을 말한다.

식품의 품질은 냉장 중에도 미생물의 활동과 생리적 작용 또는 여러 물리화학적 작용에 의해 손상을 받게 되는데 이는 식품의 특성, 가공 상태 등에 따라 다르다.

예냉(precooling)이란 식품을 생산 직후, 수송 또는 냉장 전에 가급적 빨리, 단시간 내에 일정한 온도 내려주는 것으로 품온은 냉장 온도에 가까운 온도까지 낮춘다.

냉장은 cooling과 chilling으로 구분하여 cooling은 5~15℃의 온도, chilling은 0~10℃의 온도를 의미하기도 한다.

냉동(freezing)은 동결점 이하로 식품의 온도를 낮추는 것으로 일반적으로 -15~-30℃의 온도로 하여 식품의 저온 품질 변화가 대단히 적게 나타나게 하기 위한 방법이다.

그러므로 식품의 유통이나 저장을 목적으로 0~15℃ 정도의 온도에서 식품을 동결점 이상으로 처리하는 것을 냉장, -15~-30℃의 동결점 이하로 처리하는 것을 냉동 저장 유통이라 한다.

한편, 신선한 식품이나 가공 식품이 생산에서 소비에 이르는 동안에 저온에서 취급하며 상온에서 보다 좋은 품질을 유지할 수 있도록 되어 있는 유통 체계를 저온 유통 체제(cold chain system)라 한다. 이러한 저온 유통 체제는 앞으로 모든 식품에 적용되어야 한다.

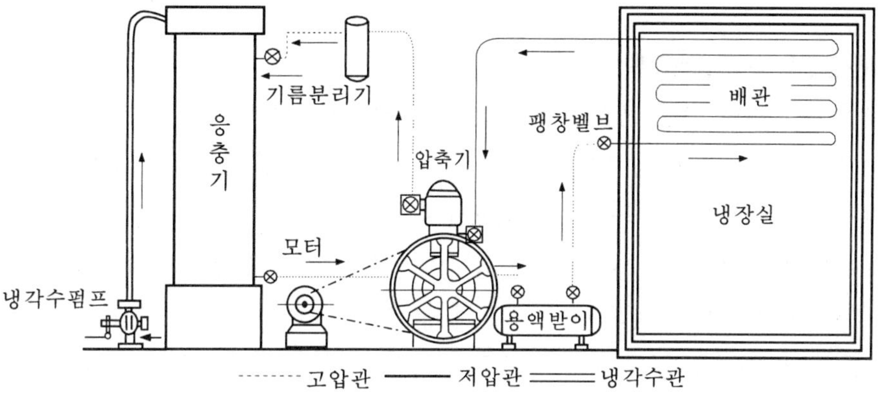

〈그림 3-18〉 냉동 원리와 장치

1) 냉동 이론

온도를 내린다는 것은 열을 제거하는 것인데 이는 융해 잠열, 승화 잠열, 증발 잠열 등을 이용함으로 어떤 식품의 온도(품온)를 내려 동결점 이하로 하여 냉동시키는 방법이다.

즉, 증발 잠열을 이용하는 방법은 산업적으로 가장 널리 이용되는 방법으로 냉동 장치에서 액체와 기체의 상태 변화를 하는 냉매가 융해열을 이용하는 방법은 가장 쉽고 간단하지만 일반 얼음으로는 식품의 품온을 0℃이하로 냉각할 수 없다.

승화열을 이용하는 방법은 dry ice의 승화온도 -78.9℃를 이용하는 것이다.

다른 방법으로는 기한제를 이용하는 법, pelter 효과를 이용한 열전 냉각 또는 전자 냉각법, 기체 팽창에 의한 냉각법 등이 있다.

이 때 온도를 낮추는 고압 액체는 암모니아, freon(CCl_3F, Cl_2F_2, $CHClF_2$, CCl_2F + $CClF_2$) 등을 팽창시키면 기체로 되면서 증발 잠열이 요구되는데 이를 냉매(refrigerant)로 이용한다.

냉동 사이클이란 냉매가 냉동 장치 안에서 압축 → 액화 → 기화 → 압축을 되풀이하면서 열을 제거하는 것인데 냉동 사이클의 이동 경로는 고압의 냉매를 보완하는 수액기

(liquid receiver) → 팽창변(expansion valve) → 증발기(evaporator) → 압축기(compressor) → 응축기(condenser) → 수액기의 순환으로 원하는 온도가 될 때까지 이 과정을 반복하여 열을 제거시킨다.

2) 냉동에서 사용하는 용어

① 동결점(freezing point)

식품을 냉각하면 어느 온도에서 빙 결정이 생기기 시작한다.

이와 같이 식품 중에 빙 결정이 생기기 시작하는 온도를 동결점이라 하는데, 대부분 식품의 경우는 -1~-2℃ 부근이고 어패류의 경우는 대략 -1.7~-2.2℃ 정도이다.

그러나 식품에 따라서는 낮은 것도 있는데 이와 같이 동결점에서 차이가 생기는 것은 식품 중의 용액 부분의 농도가 다르기 때문이다.

또 동결점에서도 동결하지 않는 경우가 있는데, 이러한 현상을 과냉각(super cooling)이라 하며 과냉각 상태는 준안정(metastable) 상태이므로 이 상태가 깨어지면 급속히 동결하게 된다.

② 동결률(freezing ratio)

식품을 동결점 이하로 온도를 내리면 빙결정의 양이 증가한다.

즉, 동결이 진행되는 과정에서는 식품 중에 고체의 얼음과 액상의 물이 공존한다.

이 때 식품의 처음 수분량에 대하여 빙 결정으로 변화한 부분의 비율을 동결률이라 한다.

동결률은 다음 식에 의하여 계산할 수 있다.

$$r(\%) = 1 - \frac{\theta f}{\theta}$$

r(%): 동결률
θf : 식품의 동결점(℃)
θ : 식품의 온도(℃)

이 식에 의하면 빙결점 -1℃의 식품이 -5℃가 되었을 때의 동결률은 80%로 산출된다.

③ 공정점(eutectic point)

식품 중의 수분은 순수한 물이 아니고 각종 염류나 당류를 녹인 용액으로 되어 있다.

순수한 물은 0℃에서 동결하기 시작하여 0℃에서 동결이 끝난다.

그러나 용액의 동결점은 0℃보다 내려가고 그 정도는 용질의 농도에 따라 달라진다.

식품중의 모든 수분이 동결을 완료하려면 상당한 저온이 되어야 하는데, 동결이 완료되는 온도를 공정점이라 한다.

식품의 동결률이 100% 즉, 완전 동결이라고 하는 것은 공정점의 온도로 되었을 때를 말하는 것이다.

예를 들어 묽은 식염수를 냉각할 때 온도의 저하와 더불어 빙결정의 석출이 계속되어 남은 식염수의 농도는 점점 농후하여지나 온도가 -21.2℃가 되면 남은 식염수도 동결하게 된다. 이 때의 식염수의 농도는 22.4%이다.

설탕 수용액의 공정점은 -13.9℃, 농도는 62.4%이다.

식품의 공정점은 그 중에 녹아 있는 염류의 공정점에 의해서 좌우되는데, 염류 중에서 가장 낮은 공정점은 -55℃이므로 근육의 공정점은 적어도 -55℃ 이하라고 볼 수 있다.

④ 냉동 곡선과 최대 빙결정 생성대

식품을 동결하는 경우 식품 내의 임의의 한 점에서 시간의 경과에 따른 온도의 변화 상태를 냉동 곡선(freezing curve)으로 표시하고 있다.

이 점은 온도의 하강이 가장 늦은 중심점을 취하는 것이 보통이다.

일반적인 식품의 냉동 곡선은 〈그림 3-19〉와 같으며 곡선 a~b부분은 식품 중 대부분의 수분이 동결되므로(동결율 80%) 이 범위를 최대 빙결정 생성대(zone of maximum ice crystal formation)라고 한다.

이 지역을 통과하는 동안 냉각력의 대부분은 빙결 잠열을 제거하는데 쓰인다.

식품 내의 대부분의 물이 얼음으로 변하면 냉각력은 다시 품온을 하강시키므로 곡선은 c~d와 같이 급경사를 이룬다. 냉동 곡선 중 최대 빙결정 생성대를 통과하는 시간에 의해 냉동식품의 품질이 결정된다.

즉, 이 지역을 통과하는 속도에 따라 빙결정의 형태, 크기, 분포 등이 결정된다.

냉동할 때 먼저 세포 외부의 체액 중에 빙결정의 핵이 발생하고 이것을 중심으로 빙결정이 형성된다.

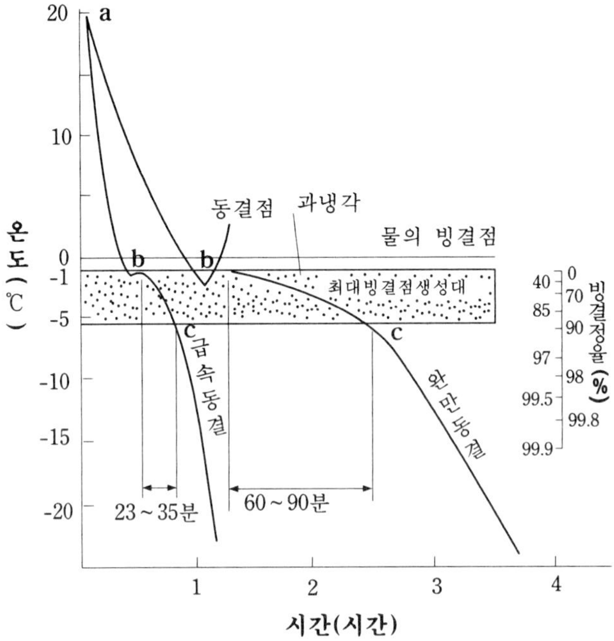

〈그림 3-19〉 식품 냉동 곡선

동결이 급속하게 될 경우는 빙결정의 핵이 성장할 여유가 없으나, 완만할 경우는 조직 내 수분 또는 수증기가 이동되어 빙결정은 성장하게 된다.

이러한 현상은 냉장 기간 동안에도 일어나며 해동할 때 얼음 결정은 녹아서 세포 내로 되돌아가지 못하고 탈수 현상을 일으켜 빙결정에 의해 조직은 기계적 손상을 입게 된다.

최대 빙결정 생성대를 통과하는 시간이 25~35분 이내면 작고 수많은 얼음 입자가 세포의 내부와 외부에 균일하게 형성되고, 조직 내의 수분 이동을 극소화할 수 있기 때문에 동결 식품의 품질에 미치는 영향이 매우 적은데 이것을 급속 동결(quick freezing)이라 하고, 이보다 많은 시간이 소요되면 완만 동결(slow freezing)이라고 한다.

급속 동결이 품질을 유지시켜 주는데 필요하지만 동결 최종 온도를 낮게 유지시켜주는 것도 중요하다.

심온 동결(deep freezing)은 실용적 동결 방법으로 동결의 평균 품온을 -18℃ 이하가 되도록 냉동하여 품온을 그대로 유지시키는 냉동법이다.

〈표 3-8〉 완만 동결과 급속 동결의 차이점

차이점	완만동결	급속동결
1. 최대 빙결정 생성대 통과 시간	35분 이상	25~35분
2. 얼음결정의 크기와 수	큰 얼음결정 소수	작은 얼음결정 다수
3. 동결속도	0.1~1cm/hr	3cm/hr
4. 빙결정의 크기	70μ 이상	70μ 이하
5. 세포의 형태 파손 유무	형태 파손	원형 유지 가능
6. 세포외로 수분이동 빙결정 성장 유무	수분이동 빙결정 성장	수분이동·성장 없음

3) 식품의 냉동에 관련된 용어

공칭 동결 시간(nominal freezing time)은 평균 초온 0℃의 식품의 온도 중심점(thermal center)이 -15℃까지 내려가는데 소요되는 시간을 말한다.

실제는 온도 중심점 대신 중심부의 품온이 측정되게 된다.

예전에는 동결 시간으로 최대 빙 결정 생성대를 중심부가 통과하는데 소요되는 시간을 측정하였다.

식품의 공칭 동결 속도(nominal rate of freezing)는 식품의 온도 중심점을 지나는 전 단면의 두께의 1/2 또는 반경을 ιcm, 공칭 동결 시간을 t라 하면 공칭 동결 속도 v는 다음 식으로부터 구할 수 있다.

$$\nu = \frac{\iota}{t}(\text{cm/hr})$$

즉, 공칭 동결 속도 v는 식품의 표면에서 -15℃의 품온의 부분이 중심으로 향하여 확대되어 가는 속도를 1시간당의 거리 cm로 나타낸 것이다.

이와 같은 -15℃의 전선을 동결 전선(ice front)이라 한다.

식품을 동결할 때 품온의 강하가 가장 느린 점을 온도 중심점(thermal center)이라 하며 온도경사(temperature gradient)가 있다.

식품을 냉각이나 가온을 하지 않는 상태에 두면 식품 내부에서는 열전도가 일어나 최종적으로는 균일한 온도로 된다.

이 때의 품온을 동결 식품의 평균 품온(equalization temperature)이라 한다.

실제의 식품 냉동에 있어서는 냉각도 가열도 되지 않는 단열적 상태로 유지하기는 어려우므로 동결 후 동결 냉장실에 넣어두어 온도가 균일해지는 품온이라 할 수 있다.

한편 식품을 냉각 또는 동결을 할 때는 냉동기나 기타 방법에 의해서 식품이 가지고 있는 열량의 일부를 제거해야 되는데 이때 식품 1kg으로부터 제거할 열량(kcal)을 냉동부하(freezing load)라 한다.

식품 냉동을 할 때에는 식품 자체의 열, 건물이나 장치에 필요로 하는 열, 전등, motor, 작업원 등에 기인하는 열 등도 냉동 부하에 포함시킨다.

이러한 냉동 부하 중에서 식품에 기인하는 것을 원료 냉동 부하(product load)라 한다.

원료 냉동 부하에는 식품 자체의 열량, 용기나 포장의 열량, 식품의 발열량 등이 포함된다. 식품 자체의 열량은 처음 온도 또는 마지막 온도 사이의 enthalpy 차에 의해서 구해진다. 용기나 기타 재료로 포장이 되어 있는 경우는 그것의 감열 또는 잠열의 크기도 계산에 넣어야 한다. 식품의 발열량이라고 하는 것은 호흡하고 있는 과실, 채소류나 발효중의 식품에서 발생하는 호흡열이나 발효열을 말하는데, 이것도 냉동 부하에 가산하여야 한다.

식품의 enthalpy는 식품 1kg의 함유열량을 kcal로 표시한 값(kcal/kg)이다.

식품의 품온이 높을수록 함유 열량이 많아지므로 enthalpy값은 커진다. 또, 온도는 같더라도 잠열의 출입이 있으면 enthalpy의 값은 증감하게 된다.

4) 냉동 관련 단위

냉동 능력은 냉동기의 냉동 능력을 나타내는 것이다.

즉, 냉동기가 단위 시간당 얼마만한 양의 열량을 제거하는 능력이 있는가를 나타내는 것으로, 보통 1시간당의 kcal(kcal/hr)로 표시한다.

그러나 이 값은 냉동 cycle의 온도 조건이 다르면 달라지므로, 그 표준 조건을 냉매의 증발 온도 : -15℃, 냉매의 응축 온도 : 30℃, 팽창변 입구의 액화 냉매 온도 : 25℃로 정하여 그 조건하에서의 능력을 나타낸다.

냉동 톤(ton of refrigeration)은 냉동기의 능력을 나타내는 단위이다.

1 냉동 톤은 0℃의 물 1톤을 24시간에 0℃의 얼음으로 만드는 냉동 능력을 말한다.

0℃의 물을 0℃의 얼음으로 만들기 위해서는 얼음의 용해열과 같은 열을 0℃의 물로부터 제거하여야 한다.

1kg의 얼음의 융해열은 79.68kcal/kg이므로 1,000kg에 대해서는 79,680kcal의 열량을 제거하면 된다. 즉, 1시간당으로 계산하면 79,680/4 = 3,320(kcal/hr)의 비율로 열을 제거하면

된다.

미국에서는 1톤을 2,000파운드로 잡고, 또 1파운드의 얼음의 융해열을 144 B.T.U.로 잡고 있으므로 1 냉동 톤은 3.024㎉/hr가 되며, 우리나라의 1 냉동 톤은 미국의 1.098 냉동 톤에 상당한다.

1 B.T.U.(British thermal unit) = 1파운드의 물을 온도 1°F 상승시키는데 요하는 열량이다.

1 B.T.U. = 0.252㎉. 1㎉ = 3.79 B.T.U.
2,000×144/24 = 12,000(B.T.U./hr) = 3,024(㎉/hr)

제빙 장치가 24시간에 만드는 얼음의 중량을 제빙 능력이라 한다.

실제의 제빙에 있어서는 1 냉동 톤의 능력으로 1일에 1톤의 얼음을 만들 수는 없다. 이것은 용수의 온도가 보통 0℃보다 높고 또 얼음의 온도도 0℃보다 낮은 얼음이 되기 때문이다.

또 외부에서 침투하는 열량도 있다. 따라서 그만큼 여분의 냉동 능력을 필요로 한다.

일반적으로 1일 1톤의 제빙을 하는데는 1.56~1.72 냉동 톤이 필요하다.

〈표 3-9〉 제빙에 필요한 냉동 능력과 원수 온도와의 관계

원수온도(℃)	냉동톤	원수온도(℃)	냉동톤
5	1.44	25	1.67
10	1.5	30	1.72
15	1.56	35	1.78
20	1.62	40	1.84

저빙 능력은 만들어진 얼음을 저빙실에 넣어 저장할 때의 수용량을 톤 수로 표시한 것이다.

쇄빙 능력은 각빙을 파쇄하여 작은 빙편으로 만드는 쇄빙 장치의 능력으로, 일반적으로 1시간당 톤 수로 표시한다.

동결 능력은 1일간에 동결할 수 있는 능력을 톤 수로서 표시한 것이다.

식품 1톤을 동결하는데 필요한 동결 능력은 식품의 종류, 초온, 종온, 동결 장치의 양식 등에 따라 다른데, 특히 동결 시간에 따라 크게 좌우된다.

일반적으로 식품 1톤에 대해서 90,000~120,000㎉의 열량을 제거할 필요가 있으므로

이로부터 소요 동결 능력을 구할 수 있다.

즉, 90,000㎉의 경우 1시간에 동결할 때는 90,000/3,320 = 27(냉동 톤)이 필요하게 된다.

5시간에 동결할 때는 그 1/5인 5.4 냉동 톤, 24시간에 동결할 때는 1/24인 1.1 냉동 톤이 필요하게 된다. 즉, 동결 시간에 따라 소요 동결 능력은 달라진다.

냉장 능력은 냉장실에 수용할 수 있는 식품의 중량을 톤 수로서 표시한 것이다.

식품의 종류, 냉각 방법, 식품의 적재 방법, 통로, 냉장실의 구조 등에 따라서 다르나 냉장실의 용적과 수용되는 식품의 중량과의 관계는 〈표 3-8〉과 같다.

단위 냉장 능력에 대하여 필요한 동결 능력은 냉장 온도, 냉장실의 크기 및 구조, 기온, 냉각양식 등에 따라 다르나, 일반적으로 식품 1톤에 대해서 보면 동결 능력의 1/10 이하이다.

〈표 3-10〉 냉장 수용 능력

냉장실용적(㎥)	수용중량(㎏)
6	2,400
1.5	1,000
1	400

(2) 냉장 및 냉동 방법

1) 냉장법

식품을 냉각할 때는 빠른 냉각을 해야 하며 건조가 되지 않게 하고 냉각 최종 온도는 그 식품의 빙결점에 접근토록 해야 된다.

또한 냉각에서는 저장실내의 상대 습도 조절이 매우 중요하다.

상대 습도를 적절히 조정하기 위하여는 저장실과 식품 사이의 온도차를 적게 해야 된다.

일반적으로 사용되는 냉각 방법은 〈표 3-11〉과 같다.

〈표 3-11〉 냉각 방법의 이용 범위와 장단점

냉각방법	이용범위	장단점
송풍냉각	축육 과일, 채소 달걀 조리식품	식육, 달걀, 조리식품 등 물과 접촉하면 좋지 않은 식품에 이용된다. 습도가 낮아 건조가 일어난다.
냉수냉각	조류 과일, 채소	냉각속도는 송풍보다 빠르다. 무게의 감량이 없고 약간 증가한다.
해수냉각	어패류	냉각속도는 빠르나 짠맛을 준다. 청색의 생선은 변색되지 않는다.
채빙냉각	채소류 어패류 조류	냉각은 가장 빠르고 무게의 감량도 없다. 얼음덩이는 작은 것이 좋다.
감압냉각	채소류	냉각은 빠르나, 다소 중량의 감소가 있다. 엽채류에 적합하다.

식품 냉장의 방법으로 빙장법(icing)은 식품과 가루 얼음을 섞든가, 또는 식품을 얼음물에 담그어 저장하는 방법이다.

이 방법은 극히 간편하고 또 냉각이 빠르며, 어체 표면의 건조를 막을 수 있는 이점이 있다. 반면, 자가소화나 세균의 작용을 완전히 저지시킬 수 없으므로 수일 내지 10일 정도의 보존밖에 할 수 없고 얼음을 사용하기 때문에 부피나 무게가 늘어나며, 얼음이 녹으면 새로운 얼음을 보충하여야 하고 얼음의 무게로 밑 부분이 압박되어 손상을 받는 수가 있다는 단점이 있다.

얼음은 보통 얼음 덩어리를 2~3㎝ 각으로 부수어 사용하나, 약품 얼음, 특수 얼음을 사용하는 수가 있다.

얼음의 사용량은 어종 및 크기, 빙장 기간 등에 따라 다르나, 일반적으로 여름에는 1일 정도의 저장에 어체 무게와 같은 양의 얼음을 사용하고, 2일 이내는 어체 무게의 1.5배, 3일 이내는 약 2배가 필요하다.

겨울에는 1일 이내는 어체 무게의 1/5, 2일 이내는 1/4, 3일 이내는 1/3 정도를 필요로 한다.

소금, $MgCl_2$, $CaCl_2$ 등의 수용액을 동결시킨 얼음을 염수빙(brine ice or minus ice)이라고 하며, 특히 포화 식염수를 동결시킨 것을 공융빙이라 하는데 -21.2℃에서 녹는다. 그러므로 기한제(freezing mixture) 대신에 0℃ 이하의 저온이 필요할 때 사용한다.

또, 드라이아이스가 사용되기도 하는데 드라이아이스는 대기압에서 -78.5℃에서 기화하며, 이때 흡수하는 승화 잠열(latent heat of sublimation)은 132㎉/kg이다.

기화한 가스가 0℃까지 되는 데는 20㎉/kg의 열을 흡수하므로 결국 152㎉/kg의 열을 흡수하는 셈이 된다. 따라서 얼음의 융해잠열 80㎉에 비교하면 드라이아이스가 얼음보다 약 2배의 냉각력을 가진다.

dry ice가 좋은 점은 -80℃ 가까운 저온을 얻을 수 있는 점과, 녹으면 용액이 되지 않고 바로 기화하는 점이다.

또한 기화한 CO_2 가스가 세균에 대하여 억제적으로 작용하므로 식품의 보존성을 높일 수가 있다.

수빙법은 맑은 물, 바닷물, 식염수 등에 가루 얼음을 넣어 온도를 0℃ 내외로 내려 그 속에 어패류를 담가 냉각하는 방법이다.

수빙법은 간단하고 완전한 빙장법이지만 식품의 종류에 따라서는 흡수가 일어나고, 변색이나 표피조직의 손상이 있으므로 상피를 가진 어체나 과피를 가진 과실 등에 이용된다.

2) 액체 질소 냉동법

액체 질소는 대기압 하에서 -196℃에서 증발하는데 이때 흡수하는 증발 잠열은 47.6㎉/kg로서 비교적 적다.

그러나 증발 후의 질소 가스는 -196℃로 극히 저온이므로 0℃까지 승온하는데 흡수하는 열량은 크다. 즉, 질소가스의 비열은 0.24㎉/kg,℃이므로 196℃에서 0℃까지의 감열은 196×0.24=47.0㎉/kg이다. 따라서 액체 질소는 94.6㎉/kg의 열량을 흡수하는 셈이 된다. 이에 비해서 얼음이 0℃에 있어서의 융해 잠열은 80㎉/kg이므로 냉각력은 액체 질소가 얼음의 약 1.2배 정도에 불과하다.

액체 질소는 증발할 때에 -196℃라는 극저온을 얻을 수 있고, 기화한 질소 가스에 의해서 산화를 억제하여 식품의 저장성을 높일 수 있으며, 증발 후의 후처리가 필요 없는 장점들이 있다.

특히 어육 fillet이나 새우 등을 동결할 때 일반 동결법에서는 동결 장치에 맞는 block 형태로 만들어지나, 액체 질소 동결법에 의하면 필요에 따라 개체 한 개씩을 동결할 수 있는 IQF(개체동결 식품, individually quick freeze food)를 만들 수가 있다.

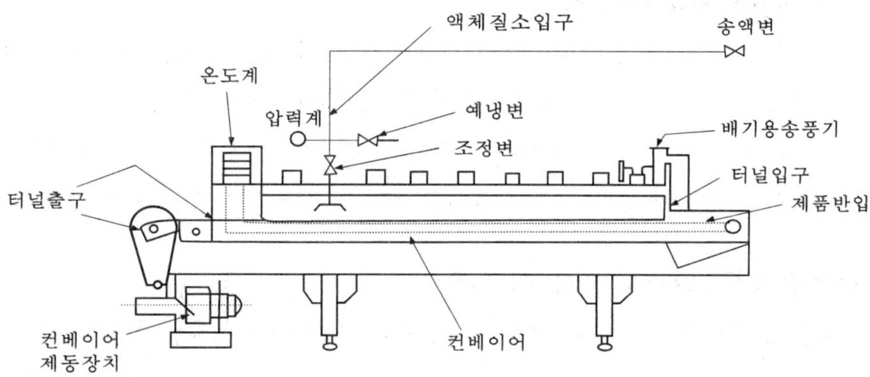

〈그림 3-20〉 액체 질소 냉동기

단, 극저온을 생성하기 때문에 두께가 있는 식품은 균열이 생기기 쉽고, 또 매체의 회수를 할 수 없으므로 경비가 많이 드는 단점도 있다.

3) 냉동 동결법

식품에 이용하는 동결 방법은 〈표 3-12〉와 같이 분류한다.

〈표 3-12〉 동결법의 분류

동결법
- ① 공기동결법
  - ⓐ : Sharp freezing
  - ⓑ : Air blast freezing
- ② Brine동결법
  - ⓐ : 직접접촉법
    - (1) Brine 직접침지법
      - (a) Piqu'e식
      - (b) Ottesen식
      - (c) Bull식
      - (d) Henderson식
    - (2) 적상 bine법 - Taylor식
    - (3) 분무상 brine법 - Zarotschenzeff식
  - ⓑ : 간접접촉법
    - (1) bine tank법
      - (a) Cook 다판식
      - (b) Petterson식
      - (c) Kolbe식
    - (2) 매판법 - Bridseye다판식
    - (3) bine shower식
    - (4) 상하 bine 유통식
    - (5) Belt법 - Birdseye, Zarotoschenzeff식
    - (6) 간이 이동식
    - (7) Gum bag 법

① **공기 동결법(sharp freezing)**

공기 동결실내에 냉각관을 선반 같이 만들어 이 위에 식품을 놓고 냉매가 증발하여 실내 공기온도가 -20~-30℃로 내려가 찬 공기의 대류에 의해 식품을 동결하는 방법이다.

장치가 간단하고 식품을 일시에 많이 수용할 수 있으며, 식품의 크기나 모양에 구애를 받지 않는 점 등의 장점이 있어 널리 이용되고 있으나 냉동품의 품질은 좋은 편은 못된다.

② **반송풍 동결법(semi-air-blast freezing)**

공기 동결 실내에 송풍기를 설치하여 공기를 교반함으로써 동결을 촉진시키는 방법이다.

송풍 속도는 일반적으로 1.5~2㎧ 정도인데, 동결 시간을 공기 동결 때의 약 1/2 정도가 되도록 설계하는 경우가 많다.

송풍의 속도가 1㎧ 이상이 되면 식품이 냉각관에 접촉하여 있지 않아도 동결 시간에는 거의 영향이 없다.

이 장치는 한번에 많은 양의 식품을 처리할 수 있는 것이 특징이며, 결점은 동결 속도가 느려서 식품 표면의 수분이 상당히 증발하는 것과 작업이 비연속적이라는 것이다.

③ **송풍 동결법(air blast freezing)**

터널식의 동결실 내부에 식품을 운반차에 실어 이동시켜 -25~-35℃의 유동 공기를 3~5㎧의 속도로 불어넣어 동결하는 방법이다.

식품의 대소에 관계없이 작업할 수 있으나 시설비가 많이 든다.

아이스크림의 고화, 동결 두부 제조 등에 이용된다.

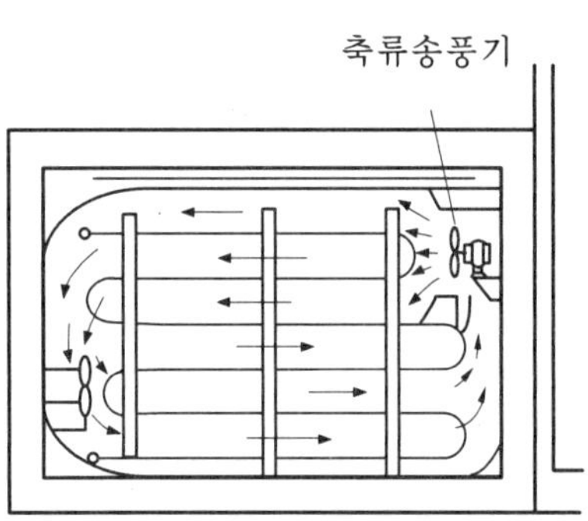

〈그림 3-21〉 반송풍 공기 동결 장치

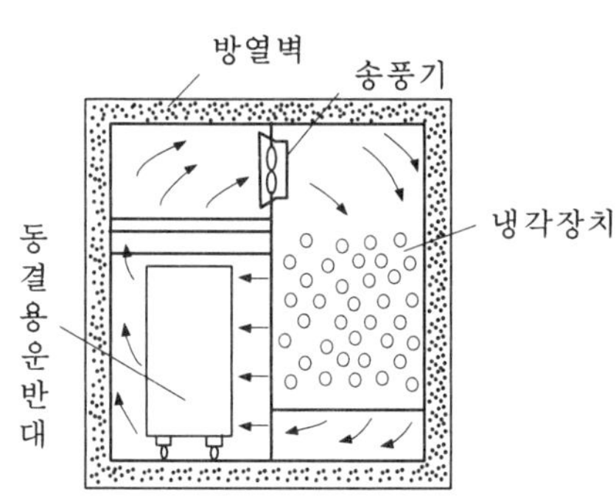

〈그림 3-22〉 송풍 공기 동결 장치

④ **접촉 동결법(contact pressure plate freezing)**

방열 캐비넷 속에 여러 단의 선반상의 동결판이 수직 방향으로 수평하게 상하로 움직일 수 있도록 되어 있어 동결판 사이에 식품을 넣고 상하의 동결판을 접촉시켜 동결한다.

동결판 내부는 일차 냉매 또는 이차 냉매가 흐르며 -30℃ 이하로 냉각된다.

〈그림 3-23〉에서 보는 바와 같이 장치가 소형이며 동결 속도가 빠르다.

뼈달린 고기의 부정형, 대형 식품의 동결은 어려우며 가정용 조리 식품 동결에 많이 이용된다.

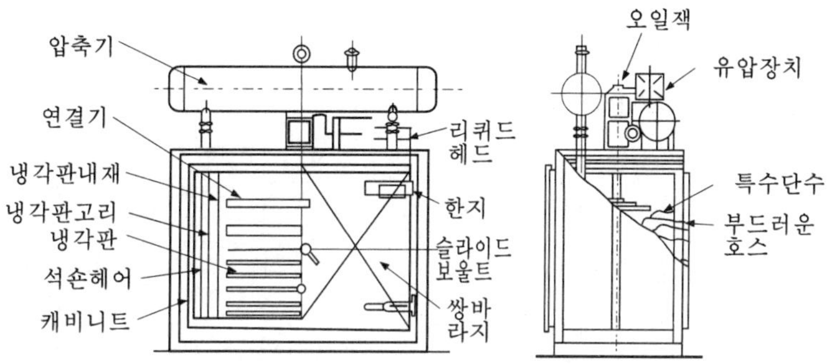

〈그림 3-23〉 접촉 동결 장치

⑤ **침지 동결법(immersing freezing)**

식염수, $CaCl_2$, $MgCl_2$, CH_3OH, propylene glycol 등과 같은 brine은 공정점이 낮아서 일종의 부동액이다.

brine을 -16~-95℃로 냉각하여 여기에 식품을 침지시켜 급속히 동결하는 방법이다.

이 때에 brine이 식품 내로 침입하므로 미리 포장할 필요가 없다.

(3) 냉동식품의 저장과 품질 안정성

우수한 냉동식품을 얻으려면 제조 공정에서의 예냉이나 동결 온도에 주의해야 될 뿐만 아니라 유통이나 저장 중의 온도에도 주의하지 않으면 품질이 저하된다.

이와 같이 냉동식품의 최종 품질은 경과 시간과 냉동식품의 온도에 지배되는데 이 관계를 수학적으로 산출한 것을 TTT(time, temperature, tolerance) 또는 시간 온도 허용 한도라고 한다.

미국에서 오랫동안 연구되어 왔고 식품의 종류, 수송이나 냉장 등의 소요 시간과 여기에 필요한 품온을 밝히고 있다.

일부 식품의 TTT를 보면 〈그림 3-20〉과 같은 직선으로 나타나는데 이것을 품질 유지 특성 곡선(keeping quality characteristic curve)이라 한다.

예를 들면 a는 닭고기의 지육을 -20℃에 저장하면 약 1,000일 저장이 가능하나, -5℃로 하면 약 200일밖에 저장할 수 없다.

관능 검사에서 처음으로 품질저하가 인식될 때의 변화량을 1로 하면, -20℃에서는 1.0/1,000 = 0.001, -5℃에서는 1.0/ 200 = 0.005로서 이 값이 클수록 품질의 변화가 크게 되는 것이다.

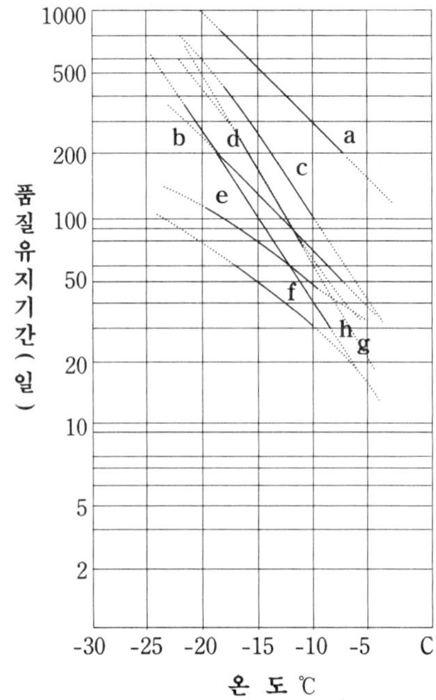

a: 닭고기 b: 포장불량 닭고기
c: 소고기 d: 돼지고기
e: 저지방 어육 f: 지방 어육
g: 완두콩 h: 시금치

〈그림 3-24〉 냉동식품의 품온과 품질유지 기간

이렇게 하여 냉동식품의 생산부터 해동까지의 유통의 각 단계에서 온도와 시간에 대해서 이 값의 총계를 구하여 그 합계량이 1.0을 넘으면 관능검사로 품질의 저하가 인식되는 것이며 1.0 이하이면 품질이 우수하다고 보는 것이다.

예로 냉동대구의 TTT계산은 〈표 3-13〉과 같다.

〈표 3-13〉 TTT의 계산 예

유 통 과 정	품 온	일 수	1일	전 품질 저하량
1. 생산자의 동결저장	-20	150	0.0017	0.0017×150=0.255
2. 생산자에서 소비지 수송	-10	15	0.011	0.011×15=0.165
3. 소비지 소매상 동결보관	-15	120	0.004	0.004×120=0.48
4. 소매상 동결판매	-12	2	0.018	0.018×2=0.036
5. 소비자에게 동결수송	-6	1	0.036	0.036×1=0.036
288일 경과한 시점의 품질 저하량		288	품질 저하량	

신선한 식품이나 가공 식품이 생산자로부터 소비자에 이르는 동안 끊임없이 저온에서 취급되어 상온에서보다 좋은 품질을 유지할 수 있도록 되어 있는 유통 체계를 저온유통 체계(cold chain system)라 한다.

특히 냉동식품의 경우는 TTT의 개념에서 이것의 품질 저하를 막을 필요가 있다.

그러기 위해서는 생산자에서 소비자에 이르는 과정의 냉장 수송, 판매점의 냉장이나 진열장(show case) 등을 통하여 품질유지에 필요한 동결 품온을 유지하지 않으면 안된다.

(4) 해동과 드립

냉동식품은 일반적으로 녹인 후에 사용하는데 동결 전 상태로 되돌리는 과정을 해동(thawing)이라 한다.

냉동식품은 냉장이나 냉동 공정과 같이 해동 공정도 중요하다.

해동이란 단순히 빙결점을 녹이는 것이 목적이 아니라 식품의 수분을 본래의 상태로 복원 되도록 해야 된다.

그러므로 복원은 식품의 해동 속도, 최종 온도 및 해동 방법 등에 따라 결정된다.

동결은 식품 외부부터 얼며 열 전도도가 높아지기 때문에 식품 내・외부의 열 교환이 잘 이루어지지만 해동은 이와 반대로 식품 외부부터 녹으며 열 전도도가 떨어져 해동 기간이 길게 된다.

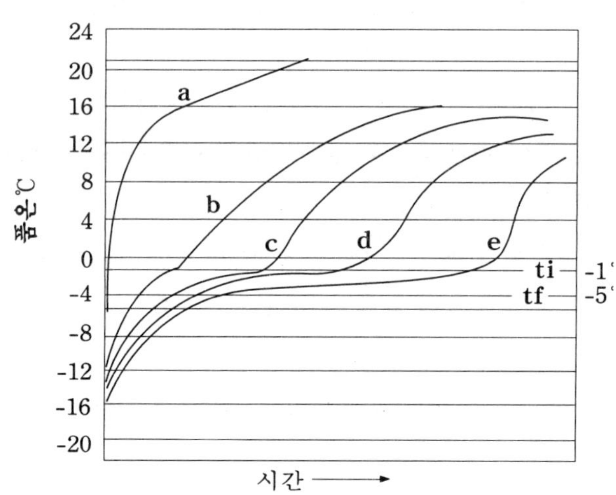

a. 표면에서 0cm　b. 표면에서 0.75cm
c. 표면에서 1.50cm　d. 표면에서 2.25cm
e. 표면에서 3.75cm

〈그림 3-25〉 해동 곡선의 형태

해동 중 식품의 품온 변화를 나타낸 것을 해동 곡선(defrosting curve)이라 하며 동결 곡선의 반대 모양이다.

식품의 해동 방법은 성분 변화, 조직감 등의 변화, 드립(drip) 감소, 선도 저하, 미생물 오염 방지 등을 고려하여 선택해야 된다.

동결 식품의 해동으로는 공기 중이나 액체(물 또는 소금물) 중에서 해동하는 것이 가장 실용적인 방법이나 필요에 따라 저온 또는 고온이 사용되고 있다.

실용적인 해동 방법과 중요한 사용 예를 들면 〈표 3-14〉와 같다.

〈표 3-14〉 해동방법과 사용 예

해동방법	주요한 사용예
공기 중 해동	식육, 어육, 과실
액체 중 해동	어육, 액난
가열해동	조리식품, 채소, 빵, 케이크 등
조리해동	반조리식품, 비이프 스테이크, 햄버그 등
전기(고주파)해동	모든 식품

동결 식품을 해동하면 대부분의 경우 체액이 분리되어 나오는데 이것을 드립(drip)이라 한다. 드립은 유출 드립(free drip)과 압출 드립(expressible drip)의 2종류로 나눌 수 있다.

유출 드립은 해동 중 자연히 또는 약한 압력에 의해 분리되어 나오는 즙액을 말한다.

압출 드립은 유출 드립이 나온 후 1～2kg/㎠의 압력을 가하면 분리되어 나오는 액즙을 말한다. 드립은 체액이므로 여러 가지 성분이 녹아 있다.

따라서 드립의 양이 많게 되면 영양가, 색택, 향미 등을 잃게 되어 품질이 나빠진다.

드립의 발생과 유출기구는 다음과 같이 설명할 수 있다.

① 빙결정에 의한 육질의 기계적 손상설이나 세포조직 손상설(드립의 발생과 유출)
② 체액의 빙결 분리(드립의 발생)
③ 단백질의 변성(드립의 발생)
④ 해동 경직에 의한 근육의 이상적 강수축(드립의 유출)

4 삼투압 이용 공정

삼투압을 이용한 식품의 가공 및 제조는 삼투 작용이 있는 소금, 당, 산 등을 식품과 혼합시켜 유해 미생물의 생육을 억제하여 저장성과 보장성을 높이는 방법이다.

삼투압 식품은 종류가 다양하며 침채류·염장품·육제품 등은 소금을, 잼·젤리 등은 당류를, 초절임 식품은 식초 등을 이용한다.

(1) 소금 이용

1) 소금의 효과

소금은 삼투압 차에 의한 삼투와 확산에 의해 식품에서 미생물의 생육 억제에 의한 보존 효과, 위생성, 맛 부여, 사용의 간편성 등의 장점이 있어 식품의 가공에서 특히 채소류, 어류와 육류 등에서 소금 절임을 많이 이용한다.

소금 절임(salting)이 식품에 저장성 등을 가지게 하는 것은 소금의 삼투 작용(osmosis)에 의해 미생물 세포로부터 탈수 작용은 물론 세포의 원형질 분리를 일으켜 미생물에 적합한 수분활성을 적게 하여 미생물이 생육을 할 수 없게 하고 분비하는 효소의 작용을 억제한다.

또한 소금 용액의 농도가 높아지면 산소의 용해도는 감소시키므로 미생물의 생육을 더 어렵게 하며, 소금의 해리에 의한 염소 이온의 살균력 등에 의해 식품의 보존력을 증대시킨다.

소금과 미생물의 생육과의 관계는 소금의 농도, 미생물의 특성, pH, 온도, 식품의 형태 등에 따라 효과가 다르게 된다.

〈표 3-15〉에서와 같이 일반적으로 세균은 10% 이상이 되면 생육이 억제되는 것을 볼 수 있다. 이와 같은 식염의 항균 작용은 세균에 대한 염수의 고삼투압성을 이용한 것으로 식염은 다른 조미료에 비해서 삼투압이 대단히 크다.

소금에 대한 저항성은 병원균보다는 부패균이 강하고 간균보다는 구균이 강하며 포자 형성이 없는 균보다는 포자 형성이 있는 균이 강하다.

따라서 세균에 있어서 상당히 높은 고농도의 식염 배지나 또는 포화된 식염 용액에서도 잘 생육하는 이런 종류의 균을 식염 세균이라 한다.

소금이 없거나 소금 용액이 낮은 농도에서는 자라지 않는 세균 즉, 고농도에서만 자라는 세균을 호염 세균(halophilic bacteria) 또는 편성 식염 세균이라 하고 식염이 있어도 자라고 없어도 자라는 세균을 내염 세균(halophobic bacteria) 또는 통성 식염 세균이라 하며 2%의 소금용액에 대한 내성의 차에 근거를 두어 분류한다.

〈표 3-15〉 균류의 식염에 대한 저항력

균 명		식염농도 (%)
병원균	*Bacillus tuberculosis*	2.0
질소고정균	*Azotobacter chroococcum*	3.0
부패균	*Streptococcus pyogenes*	5.0
	Bacillus coli communis	9.0
	Proteus vulgaris	9.0
	Bacillus subtilis	9.0
	Bacillus mesentericus vulgatus	9.5
	Bacillus pyocyaneus	10.0
	Bacillus cereus	10.0
	Bacillus mesentericus propioni	10.0
	Bacillus megatherioids	10.0
	Bacillus panis	10.0
	Streptococcus pyogenes	12.0
	Bacillus mesentericus fuscus	12.0~15.0
	Micrococcus botulinum	25.0
독소균	*Clostridium botulinum*	6.0
	Salmonella enteritidis	7.0
병원균	*Vibrio chlerae*	8.0
	Bacillus anthracis	8.8
	Bacillus paratyphus B	9.5
낙산균	*Granulobacter saccharobutylicum*	10.0
효모	*Mycotorula japonica*	11.0
간장세균	*Bacillus soja gasformans*	15.0
된장효모	*Zygopichia miso*	15.0
효모	*Saccharomyces sp.*	15.0
유산균	*Bacterium lactis acidi*	15.0~20.0
간장효모	*Zygosaccharomyces major*	20.0
효모	*Torula sp.*	25.0
황세균	*Thiobacillus dehitrificans*	30.0
곰팡이	*Penicillium*	20~30

2) 소금 절임 방법

소금 절임에 사용하는 소금은 천일염, 암염, 정염으로 암염과 정염은 일반적으로 정제된 오염균이 없는 소금이지만 천일염은 화학적인 불순물과 더불어 내염성의 미생물도 함유하고 있다.

따라서 식품 가공 등에 사용되는 소금은 불순물이 거의 없는 것을 사용해야 된다.

소금 절임 방법에는 마른간법, 물간법, 그리고 개량법이 주로 쓰이며 특수 방법 등도 있다.

① 마른간법

원료 식품에 소금을 직접 뿌려 염장하는 방법을 마른간법(dry salting)이라고 한다.

식품 표면의 수분이나 또는 내부에서 삼출한 수분에 소금이 녹아 포화 식염수를 만들어 덮여있는 상태가 된다.

그러므로 식품 내외의 삼투압 차가 커서 침투와 탈수가 빨리 진행됨에 따라 적은 양의 소금으로도 탈수가 효과적으로 일어난다.

소금의 사용량은 제품의 종류, 절단 방법 등에 따라 다르나 보통 식품 무게의 20~35%를 사용한다.

마른간법의 장점으로는 '소금의 사용량에 비하여 탈수량이 많고 소금의 삼투가 빠르므로 염장 초기의 부패가 적다.' '염장에 특별한 용기가 필요 없다.' '염장이 잘못되었을 때 그 피해를 부분적으로 그치게 할 수 있다.' 등이다.

단점으로는 '소금이 균일하게 침투되기 어려워 품질이 고르지 못하다.' ' 염장 중 식품의 표면이 공기에 접촉되어 있으므로 유지 성분이 산화하기 쉬운 유지 변색(rusting)을 일으키는 결점이 있으나 이것은 항산화제를 사용하면 해결될 수 있다.' '식품 내에 수분이 강하게 탈수되어 외관이 좋지 못하고 수율이 낮은 결점이 있다.' 등이 있다.

② 물간법

원료 식품을 적당한 농도의 소금물에 침지하는 방법을 물간법(brine salting, pickle curing)이라고 한다.

물간법은 삼투압 작용에 의하여 식품 내 수분이 빠져 나오므로 농도를 일정하게 하기 위하여 소금을 수시로 첨가하여야 한다.

또한 장시간 방치하면 염수층이 생기므로 교반을 수시로 실시해야 한다.

물간법의 장점으로는 '소금의 삼투가 균일하여 제품의 품질이 고르다.' '염장 중 공기와 접촉하지 않으므로 유지 성분의 산화가 적다.' '과도한 탈수가 일어나지 않으므로 외관, 풍미, 수율이 좋고, 제품의 짠맛을 조절하기 쉬우며 간이 고루 밴다.' 등이다.

또한, 단점으로는 '염장 중 자주 교반하지 않으면 식품에서 침출한 수분이 박막상으로 식품 표면을 덮기 때문에 소금의 침입과 탈수가 방해되어 염장 초기에 부패하는 수가 있는데 이는 소금물의 농도가 낮을 때 심하고 또, 어육을 묽은 소금물에 침지할 경우 소금은 침입하지만 탈수는 일어나지 않고 역으로 물이 흡수되는 경우도 있다.' 등이다.

③ 개량법

개량 물간법은 염장용기 또는 탱크에 식품을 한 층씩 마른 소금을 뿌려 재우고 식품을 쌓아 올린 후 내림 뚜껑을 하여 적당한 방법으로 가압하면 식품으로부터 침출된 수분에 의해 포화식염수가 형성되어 물간법으로 한 것과 같게 되는 염장 방법이다.

염장이 두 단계로 이루어 질 때 처음 염장을 가염지(presalting)라 하고 두 번째 염장을 본염지라고 한다.

어육의 경우 방혈을 목적으로 가염지를 하는 수가 많다.

어패류의 경우는 가염지에 의하여 대부분의 수분을 제거하여 염장 초기의 변질을 억제하고 본염지의 염장효과를 높이는 데 목적이 있다.

개량 마른간법은 최초 소금물로 가염지를 하여 식품에 부착한 세균 및 식품 표면의 점질물 등을 제거한 후 마른간법으로 본염지를 하여 염장효과를 높이는 방법이다.

기온이 높은 계절 또는 선도가 불량한 것을 염장할 때 그 변패를 막는데 효과적인 방법이다.

이 개량 염지법은 물간법과 마른간법의 단점을 보완한 것으로 '염장 초기에 부패를 일으킬 염려가 없다.' '소금의 삼투가 균일하다.' '외관이나 수율이 좋다.' '유지변색을 막을 수 있다' 등의 장점이 있다.

④ 특수 방법

소금물 주사법은 형태가 큰 축육의 염지에 쓰이는데, 이는 담그는 기간이 길고 그 사이에 내부에서 변질되기도 쉬우며 때로는 세균이 번식하여 부패되는 경우도 있다.

이와 같은 경우에 염지 기간을 1/3 이내로 단축시키고 균일하게 염지가 되도록 염장하는 방법을 소금물 주사법(brine injector method)이라 한다.

이 방법은 햄, 베이컨의 제조에 이용되어 왔으며 종류로는 근육 주사법(stitch pumping method)과 맥관 주사법(vascular pumping method)이 있다.

근육 주사법은 가장 오래 전부터 이용되어 왔으며 〈그림 3-26〉에서 보는 바와 같이 염지액(pickle) 주사기에 물 100, 소금 29~30, 초석 2~5의 배합된 액을 넣고 〈표 3-16〉과 같이 중량에 따라 〈그림 3-27〉의 방법으로 근육 중심부에 주입하는 것으로 염지 기간이 1/3로 단축된다.

〈표 3-16〉 pickle의 주사량

고기의 부위	중량(kg)	pickle량(g)	고기의 부위	중량(kg)	pickle량(g)
ham	5.4~6.3 6.3~7.2 7.2이상	150 225 300	sholder	4.5~5.4 5.4~6.3 6.3~7.2 7.2~9.9 9.9~16.7	225 300 375 450 525
sholder butt	2.3~2.7 2.7~3.6 3.6~5.8	150 225 300			

또, 맥관 주사법은 Morgan법이라고도 하는데 생축을 도살·박피하고 흉부를 절개하여 좌심실로부터 대동맥 속에 주사침을 장치하고 좌심실에는 구멍을 뚫어 혈압과 같은 압력으로 혈관 내에 주입하여 염지하는 것으로 3~4분 만에 전신의 혈관 내에 퍼지게 된다.

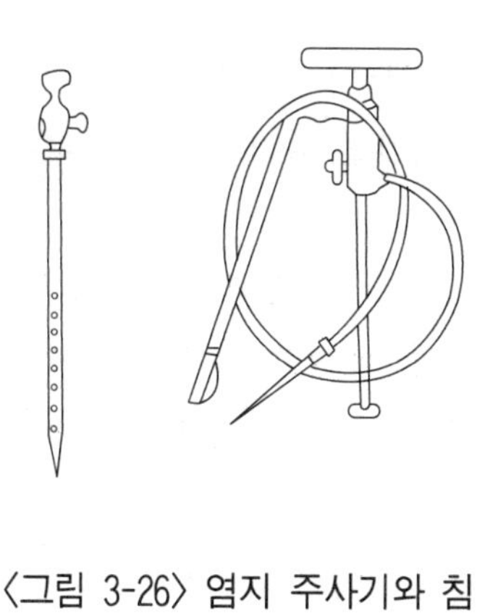

〈그림 3-26〉 염지 주사기와 침

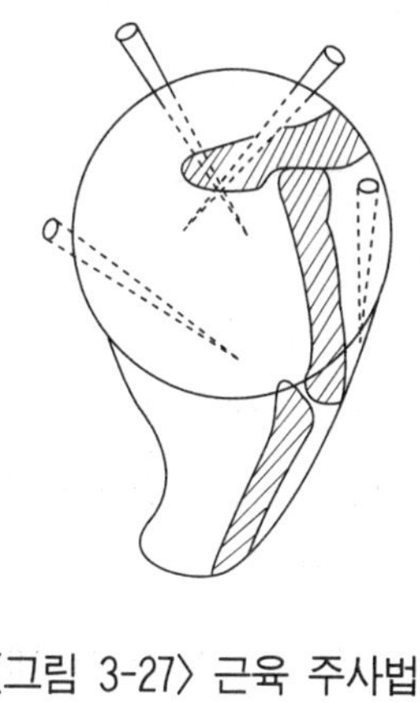

〈그림 3-27〉 근육 주사법

주사 후에 이것을 해체하고 냉각하여 다시 마른간법으로 염지한다.

따라서 염지가 균일하고 삼투가 아주 빠른 장점을 가지고 있으나 혈관의 상처가 일부 있어도 모세혈관 내의 침투가 완전치 못한 것이 단점이다.

주로 햄 제조에 이용되는데 주사량은 육류량의 8~10% 정도면 된다.

변압 염지법은 공기가 완전히 밀폐된 용기에 식품을 넣고 용기 내를 감압하여 식품 조직 내에 있는 기체를 배제한 다음 소금물을 주입하여 염지하고 다음에 용기 내를 가압하여 소금의 삼투를 신속하게 하여 염장 기간을 단축하는 급속 염장법의 하나이다.

용기 제작이나 처리 공정에 시설비가 많이 들어 어육의 염장에는 거의 이용되지 않고 햄 제조에 주로 사용되고 있으며 염장 일수를 1/3 이하로 단축할 수 있다.

압착 염지법은 마른간법으로 염지한 다음 물간법으로 염지하여 소금의 삼투를 완료시키고 염수에서 건져내어 적당히 가압하여 과잉의 염분을 수분과 함께 압출시키는 방법이다.

이렇게 하면 소금 맛이 적은 맛 좋은 제품을 얻을 수 있어 풍미를 목적으로 일부 제품에 이용되며 대량 생산에는 부적당하다.

(2) 당류 이용

식품에 당류를 첨가하면 삼투압 차에 의하여 미생물들이 이용할 수 있는 수분 활성도를 감소시킴으로써 미생물의 성장을 억제시키는데 이 방법을 당장법(설탕 조림법, sugaring)이라 하며 삼투작용과 비슷하다.

당은 소금에 비해 삼투압이 낮아 식품 내부로의 삼투가 잘 되지 않는다.

따라서 원료 식품을 묽은 당액이나 물로 삶아서 조직을 연화시킨 후 농도 짙은 당액에 침지한다.

또한 가용성 고체 성분(soluble solids)이 65% 또는 그 이상으로 농축되고 또 상당량의 산을 함유하고 있는 식품을 가열 처리하면 식품을 장기간 저장할 수가 있다.

당류의 용해도와 수분 활성도는 〈표 3-17〉에서와 같이 당의 종류와 삼투 속도의 관계가 동일하지 않다.

동일한 농도에 있어서 용액 내의 당(sugars)의 삼투압은 당의 분자량(molecular weight)이 적을수록 크다.

한 용액의 수분 활성도는 삼투압의 증가에 따라 감소하므로 포도당, 과당과 같은 단당류는 소당류인 설탕보다 저장력이 크다.

〈표 3-17〉 여러 가지 수용액의 용해도와 최저 수분 활성도

용액의 종류	용해도 한계(%W/W)	최저 수분활성도
설탕	67	0.86
포도당	47	0.92
전화당	63	0.82
설탕+전화당(37.6:62.4)	75	0.71
NaCl	27	0.74

그러므로 설탕을 65% 함유하고 있는 당조림(preserve)이 그 일부가 전화당(invert sugar)으로 되어 있는 동일한 65%의 당조림보다 곰팡이의 발생이 더 쉽다.

일반적으로 미생물은 당의 농도가 50% 이상이 되면 생육이 억제되나 내삼투압성 효모는 80% 이상에서도 생육이 가능하다.

대부분의 미생물은 생육 최저 수분활성도가 세균 0.91, 곰팡이는 0.80, 효모에서는 0.85 정도로 알려져 있다.

내삼투압성 효모인 *Saccharomyces rouxii*는 수분 활성도가 0.81인 당조림에서도 발견된다.

미생물 성장에 요구되는 수분 활성도의 값은 pH, 온도, 산소 분압 등 환경 인자에 의해 영향을 받으므로 잼, 젤리 등과 같이 유기산이 존재하면 저장성은 향상된다.

특히 과일류의 농축 당조림은 제조 과정 중 pectin산이 필요한데 젤리의 경우 pectin의 종류(water soluble pectin, insoluble pectic acid, protopectin, pectic substance 등)에 따라 다르나 pectin의 최적 농도는 1.0%이고 산도는 pH 3.2이며 당 농도는 67.5%가 최적으로 산과 더불어 저장성이 증가된다.

당류를 이용하는 식품 가공에는 잼, 젤리, 마아말레이드, 가당 연유, 과일 버터, 과일 설탕 절임 등이 있다.

(3) 산의 이용

수소 이온(pH) 농도가 낮은 초산, 젖산, 구연산 등을 이용하여 식품을 저장하는 방법을 산장법(초침법, 초절임법, pickling)이라 한다.

산에 의한 미생물의 생육 억제는 수소 이온에 의한 세포의 응고에 의한 것으로 미생물의 생육, 억제 및 사멸은 식품의 pH에 따라 영향을 받는다.

일반적으로 세균은 pH 4.5 이하, 효모는 pH 4.0 이하, 곰팡이는 pH 3.0 이하에서 생육이 억제되지만 미생물의 종류에 따라 다르게 된다.

또 산에 대한 미생물 생육 억제는 같은 pH에서도 산의 종류에 따라 초산, 젖산, 구연산 등의 유기산이 황산, 염산 등의 무기산보다 효과가 크며 산과 소금, 산과 당, 산과 식품 보존제 등을 혼합하여 사용하면 더욱 효과가 높아진다.

이 저장법을 많이 이용하는 식품으로는 오이, 마늘, 김치, 죽순, 청태콩, 양배추 등의 채소류와 토마토 등의 과일류, calpis 등의 젖산 음료 및 탄산 음료, 어육의 초 침지 식품 및 육류 등이 있다.

5 진공 이용 공정

진공 기술을 식품 가공 공정에 이용하는 것은 식품의 품질 변화 없이 장기간 보관할 수 있기 때문이며 진공으로 조작하는 데는 비교적 많은 에너지를 필요로 한다.

식품 가공에서 진공을 이용하면 식품에서 특정 물질의 정제 및 제거 효과 또는 특정 물질 첨가의 효과가 있으며 식품 내부의 구조 변화가 쉽고 식품을 안정화시킬 수 있는 효과 등이 있다.

진공 기술의 식품 가공에의 이용은 냉각, 저장, 증류, 해동, 농축, 건조 및 튀김 등 다양하다.

(1) 진공 이용 방법

1) 진공 냉각

진공 냉각은 농산물 특히, 수확 후 호흡 등의 생리 작용을 일으키는 식품을 진공에서 최소의 장애를 일으키지 않는 온도까지 신속히 냉각시켜 살아있는 상태에서 선도를 유지시키는 것이다.

수확 직후의 이러한 처리를 예냉(precooling)이라 하며 방법으로는 강제 통풍 냉각, 냉수 냉각, 진공 냉각 등이 알려져 있으며 과일, 채소류 등의 수확 후 생리 작용이 있는 물질의 상품 가치, 선도 유지, 안정성 등을 목적으로 실시되고 있는 방법이다.

진공 냉각의 원리는 낮은 압력에서 식품 중의 수분을 증발시켜 수분이 식품의 증발 잠열을 빼앗는 것을 이용하는 방법으로 다른 예냉 방법보다 냉각 속도가 빠르다.

〈표 3-18〉은 진공 예냉과 강제 통풍을 비교한 것이다.

진공 냉각의 냉각 효율은 식품 종류, 포장 용기, 식품 양, 압력, 냉각 시간, 수분 손실 등에 따라 다르다.

〈표 3-18〉 진공 예냉식과 강제 송풍 예냉식의 비교

항 목	진공예냉	강제통풍예냉
냉각시간	20~30분(낮 동안 운전 가능)	5~20시간
냉각온도의 균일성	중심부까지 균일	불균일 용기의 구멍, 틈, 풍향, 쌓는 방법, 창고 내의 장소에 따라 차이가 크게 난다.
국부동결, 건조	완전히 생기지 않는다.	냉풍에 직접 닿기 때문에 일어나기 쉽다.
적응품목	엽채류가 최적, 근과채류도 운전방법을 조절하면 가능	거의 대부분 적응할 수 있다.
가공비용	싸다(운전시간 짧다.)	비싸다(운전시간 길다)
설비비 및 면적(하루당 처리량을 똑같이 한 경우)	싸다. 설치면적이 좁아서 집하장을 넓게 사용할 수 있다.	비싸다. 설치면적이 몇 배나 되기 때문에 집하장이 좁아진다.
보냉고	별도로 보냉고 필요	겸용 가능

2) 진공 저장

일반적으로 곡류의 저장법은 수확 후 건조한 장소에서 저온으로 저장하며 신선한 과일이나 채소류는 저온 및 가스 저장 등의 방법을 사용한다.

최근에는 진공 저장을 저온, 감압(진공), 고습, 일정의 환기 조건에서 실시하므로 채소류 및 과일을 신선하게 보존하는데 진공 저장은 저온, 환기, 감압, 고습의 4가지 조건으로 냉장 저장 능력을 증가시키는 효과를 나타낼 수 있다.

저온 또는 감압으로 저장하면 채소와 과일은 호흡 억제와 추숙 억제 등의 효과가 있으며 채소와 과일의 최적 농도 유지, 세균의 번식 방비 억제, 고습에 의한 채소와 과일의 무게 손실 억제 등의 효과도 있다.

이와 같이 진공 저장은 저장 기간이 길고 냉장, 가스 저장보다 수배의 저장 능력을 가지고 있는데 영양분 파괴도 없고 냉장에 비해서 무게 감소도 없이 저장할 수 있다.

특히 고습도에서 저장하면 저장 후 변색이 없을 뿐만 아니라 저장 설비도 적게 든다.

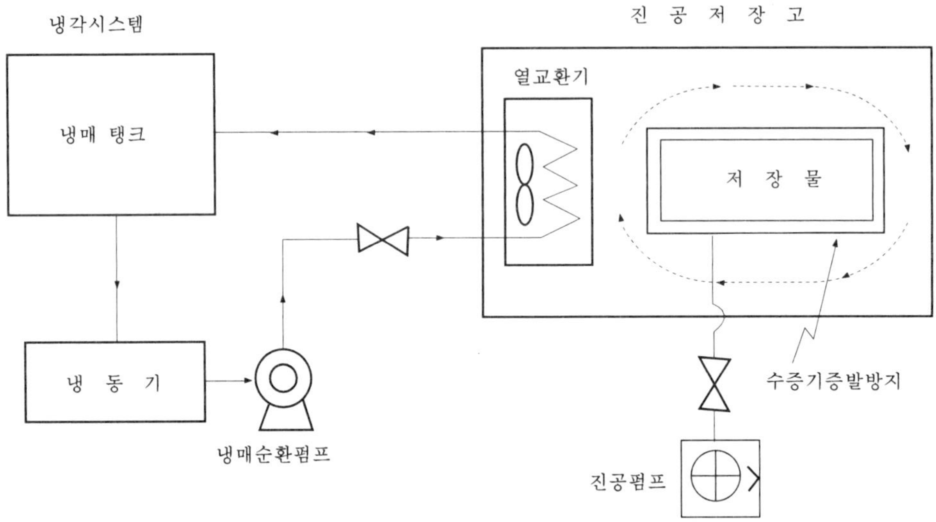

〈그림 3-28〉 진공 저장의 원리

3) 진공 증류

열에 불안정한 물질이나 일반 증류에서 분리가 어려운 물질 등을 진공에서 증류 조작하면 보다 쉽게 분리되어 이를 식품 가공에 이용하고 있다.

진공 증류는 낮은 압력에서는 증발 온도가 낮아지기 때문에 열에 약한 물질의 증류가 가능하며 분리 효율이 높고 증발, 농축 과정에서 공기와 접촉하기가 어렵기 때문에 산화 등의 변질이 적게 된다.

진공 증류는 진공 농축, 진공 탈취 및 탈기와 같은 원리로 이용되며 최근에는 기능성 물질의 정제 등에 이용되고 있다.

4) 진공 해동

진공 냉각은 식품을 진공에서 내부의 물을 증발시킬 때 증발 잠열을 빼앗아 가는 것을 이용하는 냉각이며, 진공 해동은 진공에서 가열한 동결된 식품의 수증기를 동결품의 표면에 응축시켜 해동하는 방법이다.

냉동식품을 해동할 때는 본래 식품의 맛, 향, 색, 조직의 변화를 막아야 되기 때문에 해동 시간의 단축과 위생적인 고려 등이 요구된다.

이를 해결하기 위하여 동결 식품을 진공에서 저온의 수증기와 접촉시켜 물을 증발시키면 해동 중의 품질 변화 억제, 미생물 혼입 등이 적게 되며 해동 시간을 짧게 할 수 있다.

또한 해동시키기 어려운 것들은 마이크로파나 열풍 등을 병행·이용하면 더 효과적이다.

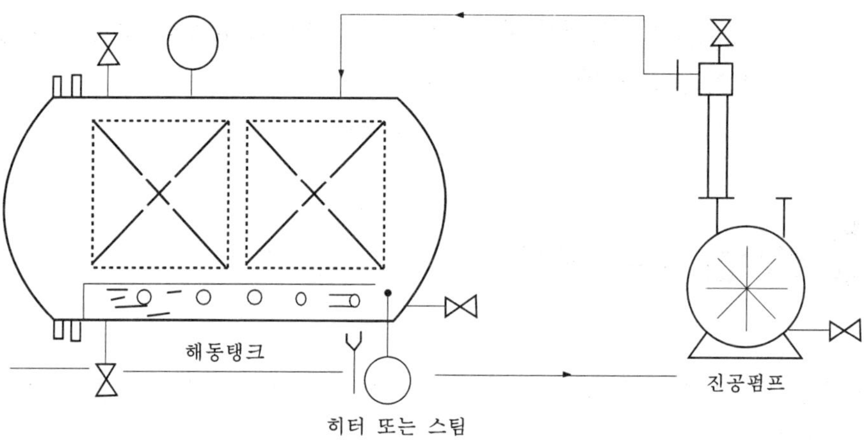

〈그림 3-29〉 진공 해동의 개념

5) 진공 튀김

식품의 건조 방법으로 식용 유지를 이용하여 식품을 튀김으로써 수분을 제거하는 방법이 있는데 진공에서 식용 유지와 식품을 가열하면 수분을 2~3%까지 조절시킬 수 있다.

일반적으로 대기압에서 식품을 튀기려면 식용 유지의 온도가 120~200℃가 되는데 진공에서는 100℃ 정도에서도 튀김이 가능하다

이처럼 진공 건조는 낮은 온도에서 튀기기 때문에 원료의 맛, 색, 향 등이 그대로 유지되며 진공에서 물의 증발속도가 커져 튀김하는 동안에 탈수와 증발이 빨리 일어나 조직이 다공질화가 되어 식감이 좋아진다.

또한 일반 튀김은 튀길 때 식용 유지의 산화가 잘 일어나는 반면 진공 튀김은 온도가 낮고 산소의 접촉이 적기 때문에 산화 억제 효과도 있다.

진공 튀김은 식품의 종류, 성질, 수분량, 당류 및 특수 성분 등을 고려하여 튀김 조건을 맞춰야 된다.

진공 튀김 식품은 다공질의 조직감이 좋은 제품을 가공할 수 있으나 유지가 들어 있기 때문에 포장에 신경을 써야 된다.

6) 기타

진공 건조나 진공 튀김 전후에 물질 내부까지 용액을 침수시키거나 무균 처리하기 위하여 실시하는 조작을 진공 첨가라 한다. 이 외에도 진공 이용 식품에 혼합이나 교반하는 가공 조작이 있으며 발효조에서 미생물과 원료를 교반이나 발효시켜 효율이 높은 유용물질 생산에 쓰이는 진공 발효 등이 있다.

6 방사선 이용 공정

식품 가공 공정에서 방사선의 이용은 식품의 보존, 저장, 가공 등의 효율적인 활용을 위하여 사용되는 공정이다.

식품의 방사선 조사는 발아 억제, 숙도 지연, 살균 및 살충 등을 목적으로 하여 이를 식품 조사(food irradiation)라고 한다.

(1) 방사선 이론

1) 방사선의 종류

방사선은 식품 조사뿐만 아니라 의료용 기구 및 포장 용기의 살균과 멸균 등에 넓게 이용되고 있다.

방사선에는 〈표 3-19〉에서 보는 바와 같이 그 종류가 매우 다양하나 국제적으로 식품 조사나 방사선 살균에 이용되는 방사선은 Co-60과 Cs-137에서 방출되는 감마선, 에너지가 10 MeV 이하의 전자선, 에너지 5 MeV 이하의 X선으로 한정되어 있다.

이들 중 γ선과 X선은 매우 단파장의 전자파로서 우리 일상 생활에서 쉽게 이용되고 있는 microwave나 라디오파 그리고 자외선, 가시광선, 적외선 등과 같은 부류에 속하는 에너지이다.

특히, γ-선은 투과력이 강하여 식품을 포장한 상태로 처리할 수 있어 2차 오염을 막을 수 있고 식품의 품온 변화가 없어 성분 변화나 외관의 변화를 방지하며 잔류성 문제가 없고 환경 조건의 영향도 받지 않는다.

식품 조사에 이용하는 γ-선은 대부분이 Co-60에서 발생하는 것이다.

그리고 전자선은 γ-선에 비해 투과력이 약하여 활용 범위가 제한되어 있으나 곡류의 살충, 표면 살균, 의료 제품 및 제약 등의 분야에 일부 실용화되고 있고 γ선에 비해 많은 원료를 처리할 수 있는 장점을 가지고 있다.

〈표 3-19〉 방사선의 분류

<table>
<tr><td rowspan="11">방사선</td><td rowspan="2">전자방사선</td><td>X선(제동X선, 특성X선 등 원자핵외의 현상에 따라 방출)</td></tr>
<tr><td>γ선(원자핵에너지상태의 변화에 따라 방출)</td></tr>
<tr><td rowspan="8">전하를 가진 입자선</td><td>β-선(원자핵에서 방출되는 전자)</td></tr>
<tr><td>β-선(원자핵에서 방출되는 양전자)</td></tr>
<tr><td>전자선(가속기에서 만들어짐)</td></tr>
<tr><td>α-선(원자핵에서 방출되는 헤리움원자핵)</td></tr>
<tr><td>양자선(가속기에서 만들어짐)</td></tr>
<tr><td>중양자선(가속기에서 만들어짐)</td></tr>
<tr><td>각종 중이온 및 중간자선</td></tr>
<tr><td>전하를 갖지 않은 입자선</td><td>중성자선(원자로, 가속기 등에서 만들어짐)</td></tr>
</table>

2) 방사선의 단위

식품이나 생물체에 대한 방사선의 조사량에 대한 에너지 단위는 국제 단위계(SI)를 사용하고 있다.

어떤 물체에 대한 방사선의 흡수 선량(absorbed dose) 단위는 그레이(Gy)가 사용되며 1 Gy는 100 rad이고 1 joule/kg에 해당된다.

1 rad(radiation absorption dose)는 피 조사체의 조사와 관계없이 물질 1g 당 100erg의 방사

선 에너지를 흡수하였을 때를 말하며(1 rad=100 erg/g), 식품 조사에서는 조사량으로 rad가 주로 사용되었으나 최근에는 Gy(1 kGy=1000 Gy)로 대체되었다.

통조림 식품의 살균을 목적으로 한다면 50 kGy 정도의 선량이 필요하다.

이것은 식품 1 g이 $5×10^8$ erg의 에너지를 흡수한 것이 되며 1 cal는 4.18×107 erg이므로 식품 1 g에는 12 cal의 열량이 흡수된 것으로 인하여 12℃ 정도의 온도상승이 일어나지만 외부로 열이 발산되는 것을 생각하면 식품의 실제적인 온도상승은 거의 문제가 되지 않는다.

방사선을 방출하는 방사능의 양을 나타내는 단위로 Ci(curie)가 사용되어 왔으나 국제 방사선 단위 측정 위원회(ICRU)의 권고에 따른 국제 단위계(SI)의 방사능력은 방사능 자체를 기본으로 한 새로운 Bq(becquerel) 단위가 사용되고 있다.

〈표 3-20〉 방사선에 관한 단위

항목	기호	정의	비고
조사선량	C/kg	공기 1kg중에 1C의 이온을 만드는 γ(X)선의 량	국제단위
	R		
흡수선량	Gy	1kg당 1J의 에너지 흡수가 있을 때의 선량	국제단위
	rad		
선량당량	Sv	흡수선량(Gy)×선량계수×수정계수	국제단위
	rem	흡수선량(rad)×선량계수×수정계수	
방사능	Bq	1초간에 1개의 붕괴	국제단위
	Ci	1초간에 3.7×107개의 붕괴	
방사선의 에너지	eV		

3) 방사선의 생물학적 작용

방사선과 물질의 상호작용으로 방사선이 물질을 통과할 때 물질의 원자, 원자단 및 분자를 전리시켜 이온을 생성하는 방사선이 있는데 이와 같은 방사선을 전리 방사선(ionizing radiation) 또는 이온화 방사선이라 하며 식품 조사에 이용되는 γ선, 전자선 및 X선 등이 이에 포함된다.

식품 조사와 관련한 전리 방사선의 생물학적 작용 기작은 직접 작용설 즉, 표적설(target theory)과 간접 작용설(indirect action theory)이 있다.

직접 작용설은 생물체의 세포나 그 밖의 표준 물질에는 방사선에 대하여 감수성이 강한 부분(DAV 등)으로 존재하여 여기에 방사선 에너지가 직접 전리를 일으켜 생물학적 변화를 일으키는 작용이다.

식품 중의 색소나 비타민, 지방, 단백질의 변화도 이온화 방사선이 이것들에 직접적으로 충돌하기 때문에 일어난다고 설명한다.

간접 작용설은 생체 내 세포 중 대부분을 차지하는 물이나 또는 성분이 전리 작용으로 세포에 필요한 물질이나 구조에 2차적으로 화학적 변화를 주어 간접적인 영향을 미친다는 학설이다.

지금까지 밝혀진 전리 방사선의 데옥시리보헥산(DNA)에 대한 작용은 방사선 조사량이 적을 경우 DNA구조 중에서 염기 부분에 선택적으로 작용하여 부분적인 손상을 주며, 방사선 조사량이 많을 경우에는 그 가닥의 일부가 절단되는 것이라고 알려져 있다.

이와 같은 손상에서 회복하는 과정에는 DNA polymerase나 연결 효소(ligase) 등의 작용으로 정상적인 구조로 환원하게 된다.

(2) 방사선 조사

1) 방사선 조사의 식품에의 이용

방사선 조사 식품의 안전성에 대한 평가는 만성적 건강 장애를 포함한 안정성(toxicalogical safety)과 영양학적 적격성(nutritional adequacy) 그리고 미생물학적 안정성(microbiological safety)의 3가지를 종합적으로 검토하여 평가한다.

일반적으로 FAO/WHO/IAEA에서 10 kGy이하로 조사된 식품의 안정성에는 문제가 없다는 결론에서 식품 가공 공정에 쓰이고 있다.

방사선의 식품 조사는 발아 억제, 해충 제거, 식품의 보존성 연장, 과일・채소류의 숙도 지연, 식중독 억제와 살균 등에 이용되는데 각각의 목적에 따라 조사선량의 크기로 저선량 조사, 중선량 조사, 고선량 조사로 나눈다.

〈표 3-21〉과 같이 1 kGy이하의 저선량 조사는 감자, 양파, 마늘 등의 발아, 발근 억제와 살충을 목적으로 이용된다.

중선량 조사는 1~10 kGy의 선량으로 처리하여 저선량 조사의 효과뿐만 아니라 과일, 채소류, 육류, 어류 등의 부착 미생물의 살균에 의한 품질 저하를 막아주며 저장성도 향상시켜준다.

고선량 조사는 50 kGy까지 조사선량을 높여 살균을 목적으로 식품에 존재하는 모든 미생물을 완전 살균하는 것이 가능하나 방사선의 부반응에 의한 품질의 변화가 심한 식품이 많고 살균선량 정도에서는 식품 조직 중에 존재하는 산소를 불활성화 시킬 수는 없다.

〈표 3-21〉 방사선처리법과 소요선량

처리법	처리 용도	조사선량(kGy(Mrad))
저선량조사(1 kGy 이하)	근채류의 발아억제 기생충, 곤충의 살멸 곡류, 건조과일의 살충 육류중의 기생충의 살멸 종자의 발아억제	0.05~0.1(0.005~0.01) 0.1~0.5(0.01~0.05) 0.01~1(0.001~0.1)
중선량조사(1~10 kGy) 냉장과 병용시 저장성 연장	표면에 부착된 미생물의 발아억제 식품(동결난 등) 및 사료 중의 *salmonella*의 제거 어패류의 저선량조사 과일, 채소류의 저선량조사	1~10(0.1~1.0) 2~5(0.2~0.5) 5이하(0.5이하) 5이하(0.5이하)
고선량조사(10~50 kGy)	과일, 채소류의 완전살균 육, 어패류의 완전살균	10~30(1.0~3.0) 30~50(3.0~5.0)

따라서 미생물을 완전 살균시켜도 잔존 효소에 의한 저장 중의 자기소화가 일어나기 때문에 식품으로서의 가치가 떨어지는 수가 많다.

현재까지는 베이컨과 같은 특정 식품에 한정되어 있으며 완전 살균 선량에 의한 부반응 방지법의 확립이 요구된다.

식품에 방사선을 조사하면 미생물을 사멸시키는 동시에 식품 성분에도 여러 가지 영향을 준다.

선량을 증가시켜 살균 효과를 상승시킨 만큼 부반응(side reaction, side effect)에 의한 식품 품질의 변화가 일어난다.

그러나 방사선 조사를 하였을 때 일종의 물리적, 화학적 방법에 의하여 이들 부반응이 방지되는 경우도 있다. 따라서 이러한 부반응 방지법을 적절히 활용하면 보다 높은 선량의 방사선 조사가 가능하게 되며 조사 식품의 저장성도 현저하게 향상시킬 수가 있다. 〈표 3-22〉는 중요한 방사선 부반응 방지법을 나타낸 것이다.

〈표 3-22〉 방사선조사에 의한 부반응 방지법

저선량조사	동결상태로 조사, 식품 중에 생성된 유리기의 이동방지
탈산소	진공, N_2 gas 치환 등으로 산화방지, 지방이 많은 식품에 유효
유리기수용체의 첨가	조사에 의해 생성된 유리기가 다른 분자와 결합하기 전에 첨가한다. 조사취 등을 억제 식물단백질의 가수분해물, 비타민C, 소스류, 향신료, niacine, 토마토주스, 토마토페이스트, 활성탄 등
방사선 감수성의 향상	미생물의 radiosensitivity를 향상시킨다. 약품의 첨가(비타민 K5, 나프톨유도체, 할로겐화합물, 향신료 등)
조사증류	조사취가 휘발성의 경우는 조사 중에 증류하여 제거한다.
가열병용	방사선과 가열을 병용처리한다. 미생물의 포자가 방사선처리에 의해 내열성을 잃는 것을 이용한다. 식품의 변질을 일으키지 않을 정도의 조사로 대부분의 미생물을 사멸시키고 나머지 포자를 가벼운 열처리로 살균한다.

2) 방사선 조사 식품

방사선 조사 식품에 관한 규격 및 시설에 관한 규정은 식품 조사를 안전하고 효율적으로 실시하기 위한 기본 지침으로 여러 나라에서 법 규제와 함께 국제 규정으로 실행하고 있다.

지금까지의 식품 조사는 40여 개국에서 200여개의 서설이 2,300여종의 식품군에 여러 목적으로 조사 처리되고 있으며 점차 증가 추세에 있다

우리나라는 식품 공전과 식품 위생법에 방사선 조사 식품의 규정을 정하여 관리하고 있으며 현재 식품의 발아 억제, 살충, 살균 및 숙도 조절의 목적으로 식품에 지정된 선량 이하의 방사선으로 1회만 조사할 수 있도록 되어 있다.

우리나라에서 허용된 품목은 18개 품목으로 주로 가공식품 원료들이 조사 처리되고 있으며 제약 및 의료용품에서도 방사선 조사 방법을 이용하여 살균을 한다.

〈표 3-23〉 방사선 조사식품의 허가국과 허가품목

미국(55)	쌀, 밀, 배, 향신료, 조미건조채소, 건포도, 자두, 감자, 사과, 밀 가공품, 귤, 여지, 마늘, 닭고기, 샤롯, 부분 가금육, 딸기, 토마토, 파파야, 견과류, 뿌리 및 괴경, 건조완두콩, 건조살구, 건조과일, 가금육(생 or 냉동), 복숭아, 살구, 붉은 건포도, 과일, 옥수수분말, 건조버섯, 대추야자, 커피콩, 돼지고기, 코코아콩, 버섯, 허브, 밤, 두류, 건조콩, 체리, 망고, 옥수수, 곡류분말, 건조대우, 채소, 건조효소제제, 건조채소, 포도, 식물성식품, 구근류, 적육

영국(47)	쌀, 밀, 곡류분말, 배, 건조버섯, 샤롯, 망고, 딸기, 버섯, 양파, 건포도, 자두 어육, 토마토, 밀 가공품, 견과류, 귤, 옥수수, 조미건조채소, 건조채소, 부분가금육, 과일, 사과, 새우, 냉동해양식품, 여지, 마늘, 포도, 건조어육, 건조두류, 건조과일, 체리, 닭고기, 대추야자, 건조살구, 붉은 건포도, 조미료, 어패류, 살구, 가금육, 복숭아, 건조완두콩, 나무딸기, 건조대추, 향신료
프랑스(41)	곡류, 곡류녹말, 가금육, 동물혈병, 건조완두콩, 동물혈장, 난백, 동물피, 개구리다리, 허브, 건조야채, 곡분, 대추야자, 딸기, 건포도, 건조무화과, 켐버트치즈, 아라비아껌, 닭고기, 감자, 양파, 마늘, 카제인, 샤롯, 옥수수, 향신료, 곡류후레이크, 건조야채, 조미용건조야채, 부분가금육, 곡류씨앗, 마늘분말, 새우, 건조버섯, 난백, 건조대추, 건조와일, 양파분말, 건조살구
네덜란드(20)	곡류후레이크, 두류, 건조과일, 허브, 향신료, 가금육, 조미건조용야채, 개구리다리, 아라비아껌, 건조야채, 부분가금육, 건조완두콩, 대추야자, 닭고기, 건조버섯, 건조인디안, 대추, 건포도, 새우, 두류, 환자식

〈표 3-24〉 국내방사선 조사식품의 허가품목의 현황

품목	조사목적	허가선량	허가일자
감자, 양파, 마늘	발아, 발근억제	0.15이하	1987.10.16
밤	발아, 발근억제	0.25이하	1987.10.16
버섯(생 및 건조)	살충, 숙도조정	1.0이하	1987.10.16
가공식품 제조원료용 건조식육·어패류 분말	살충, 살균(위생화)	7.0이하	1991.12.14
된장, 고추장, 간장분말	살충, 살균(위생화)	7.0이하	1991.12.14
조미식품용 전분	살충, 살균(위생화)	5.0이하	1995.5.19
가공식품 제조용 원료건조채소류	살충, 살균(위생화)	7.0이하	1995.5.19
건조, 향신료 및 이들 조제품	살충, 살균(위생화)	10이하	1995.5.19
효모, 효소식품	살충, 살균(위생화)	7.0이하	1995.5.19
알로에분말	살충, 살균(위생화)	7.0이하	1995.5.19
인삼(홍삼포함)제품류	살충, 살균(위생화)	7.0이하	1995.5.19
2차 살균이 필요한 환자식	살충, 살균(위생화)	10이하	1995.5.19

제4장

식품 재료

모든 식품의 소재가 되는 식품 재료는 가장 적당한 식품으로 만들기 위한 선택의 과정에서 자세한 지식 없이는 목적 달성에 이르지 못하는 중요성을 가지는 물질이다.

식품 재료는 식생활에 이용되는 방법에 따라 여러 가지로 구분할 수 있으나 식이(diet)를 구성하는 재료를 의미한다.

그러므로 뚜렷한 특성으로 설명할 수는 없으나 가공품으로 만들 때 그 식품의 가치나 특성, 가공적성, 영양, 저장 및 유통 등이 충분히 고려되어야 된다.

식품재료는 종류와 특성이 다양하고 여러 식품으로 이용되기 때문에 여러 가지 식품재료에 대한 생산 산지, 형태와 성분, 생물학적 또는 이화학적 성질에 따른 올바른 이해로 식품의 조리, 가공, 저장 등의 이용에 적절한 지식을 활용해야 된다.

1 식품 재료의 종류

식품 재료는 기원이나 성질 등에 따라 여러 가지 방법으로 분류가 되어 나누지만, 가공, 저장 기술, 합성 기술 등이 발달됨에 따라 새로운 식품들이 형성되고 있어 이에 대한 재료의 중요성이 더욱 강조되고 있는 실정이다.

일반적인 식품의 분류 방법은 식량자원의 생산 방식에 따라 분류하는 것으로 동·식물성, 자원, 생산지 등에 의해 분류하지만, 편의상 〈표 4-1〉과 같이 분류한다.

영양학적 분류로는 단백질 식품군(어육류 및 콩류), 탄수화물 식품군(곡류 및 서류), 지방질 식품군(유지류), 무기질 식품군 및 비타민 식품군으로 구별하며 열량소, 구성소, 조절소로 구분하는 경우도 있고 녹황색 채소군, 담색 채소군, 단백질군, 비타민과 무기질군 등으로 구분되기도 한다.

기타로 식품재료의 가공 방법, 주·부식의 개념, 특수성, 산업 별로 구분되는 경우도 있다.

〈표 4-1〉 식품재료의 분류

- 식물성 식품재료
  - 곡류
  - 두류
  - 서류
  - 채소류
  - 과일류
  - 버섯류
  - 해조류
- 동물성 식품재료
  - 육류
  - 우유류
  - 알류
  - 어패류
- 기타
  - 소금
  - 향신료
  - 유지류
  - 기호식품류
  - 벌꿀류
  - 기타

2 식물성 식품 재료

(1) 곡 류

곡류(cereals)는 화본과(Gramineae)에 속하는 작물로 열매(씨)를 식용으로 하는 식물로 미곡, 맥류, 잡곡류로 쌀, 보리, 밀, 호밀, 귀리, 옥수수, 조, 기장 등과 메밀 등이 있다.

우리나라를 비롯하여 동양에서는 대부분이 쌀을 주식으로 재배하고 있으며 유럽, 미국 등지에서는 밀이 주식으로 재배되며 중요한 식량 자원의 위치를 차지하고 있다.

우리나라는 옛날부터 쌀, 보리, 조, 기장, 콩을 오곡이라 하여 신에게 바치는 귀중한 물건으로 여겼고 특히 쌀은 중요한 농작물로 전체 섭취 열량의 약 35%를 차지하며 단백질 섭취의 약 20%를 공급하는 곡물이다.

곡류의 식품가치로는 탄수화물이 많고 단백질의 조성이 좋고 대량 생산이 쉬우며 수송이 용이하고 가격도 비교적 싸다.

또한 1차 가공으로 주식으로 할 수 있을 뿐만 아니라 2차 가공식품의 원료로 이용성이 높으며 가축의 사료로 이용함으로써 동물성 단백질의 생산에도 이용된다.

우리나라는 곡류 중심의 식생활 때문에 곡류 중에서 쌀의 단위 면적 당 생산량은 증가하고 있으나 경지면적의 감소로 자급율이 점차 떨어지고 있으며 다른 곡류의 생산량 감소와 소비량 증가 때문에 밀, 옥수수 등은 외국의 수입에 의존하고 있는 실정이다.

1) 쌀(*Oryzae sativa L.*)

쌀은 밀, 옥수수와 함께 세계 3대 작물 중 하나이며 열대 지방이 원산지로 인류 문명의 발생지인 인도 앗삼 지역에서는 기원전 약 3,800년대, 중국 운남 지역에서는 기원전 3,000년대에 벼가 재배되었다고 추정된다.

우리나라의 벼는 황하 유역을 거쳐 육로로 만주→압록강→대동강→한강 이남지역, 해상 경로는 산둥반도→여순반도→대동강→한강지역의 경로로 유입되었으리라 추정되며 재배 시기는 삼국시대 이전으로 알려져 있다.

① 품종과 형태

벼의 품종은 아프리카 일부에서 재배되는 *Oryzae glaberrima steud*와 아시아 지역의 *Oryzae sativa* L.로 구별되며 7000여종이 있다.

아시아 지역의 품종은 indica type과 javanica type의 남방계 품종과 우리가 선호하는 japonica type으로 나눈다.

우리나라에서는 japonica type의 벼를 주로 재배하고 있으며 다수확을 위해 1971년부터 통일벼라는 3원 교배종을 재배하기로 하였으나 탈립성, 내냉성, 남방계종 미질 등으로 지금은 거의 재배되지 않는다.

벼는 경작하는 방법에 따라 밭벼와 논벼로 나뉘고 전분의 성질에 따라 멥쌀(non-glutinous rice)과 찹쌀(glutinous rice)로 나눈다.

〈표 4-2〉 벼의 품종에 따른 특징

	자포니카형(japonica type)	인디카형(indeca type)
벼의 키	키가 작은 편	키가 큼
쌀의 형태	쌀알이 둥글고 단단함	쌀알이 길고 부스러지기 쉬움
점성	호화시켰을 때 점성이 강함	호화시켰을 때 점성이 거의 없음
호화온도	65~67℃	70~75℃
amylose함량	17~27%	27~31%

벼는 화본과(禾本科)에 속하며 1m 정도 크기로 자라고 여러 마디로 이루어져 있는 포기로 나뉘어 진다.

우리나라의 벼 생산량은 10a 당 600kg 정도로 다른 나라보다 2~5배 정도 많이 생산한다.

벼는 영과(穎果, anarista)로 여러 개가 맺어지며 각 1개씩의 종자를 갖고 이 벼알은 겉껍질과 안껍질로 이루어져 있으며 겉껍질을 벗긴 쌀알을 현미(brown rice)라 하고 벗겨진 껍질은 왕겨라 한다.

즉, 벼는 도정(milling)을 하면 왕겨와 현미가 되고 현미는 쌀겨층(과피, 종피, 호분층)과 배유(전분층) 그리고 배아로 이루어져 있으며 쌀겨층을 없앤 것을 백미라 하는데 쌀겨층을 얼마나 남기느냐에 따라 7분도미, 5분도미 등으로 나누며 쌀겨층을 완전히 제거하면 정백미라 한다.

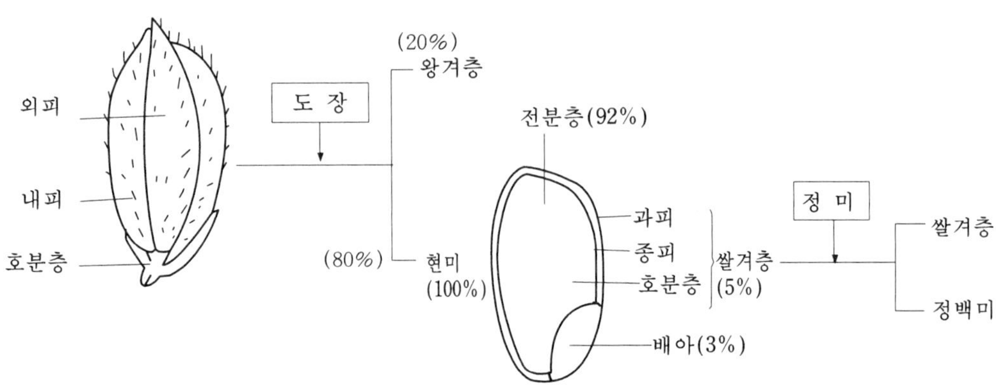

〈그림 4-1〉 벼의 구조

현미의 쌀겨층에는 섬유질이 많아 조직을 단단하게 하고 조리하였을 때 소화가 잘 되지 않는다. 그래서 쌀의 소화율을 좋게 하고 기호성을 높여 식품의 가치를 높이기 위한 것이 도정의 목적이다.

도정하는 방법은 기계적, 화학적 방법이 있으나 기계적인 방법이 주로 이용되고 있다.

② 성분

현미의 호분층에는 탄수화물, 지방질, 단백질 등이 많이 들어 있으며 현미를 도정하면 단백질, 지방질, 비타민 등이 감소되고 전분질이 상대적으로 증가한다.

〈표 4-3〉 쌀의 성질 비교

	멥쌀	찹쌀
amylose	20%	0%
amylopectin	80%	100%
요오드반응	청남색	적갈색
비중	1.13정도	1.08정도
점도	적다	멥쌀의 2배 정도
색도	반투명	유백색
호화온도	65℃ 정도	70℃ 정도
단백질	6.5~7%	8.5~9%

배유는 거의 전분질로 이루어져 있으며 배아에는 단백질, 지방질뿐만 아니라 비타민류 특히 비타민 B군과 E가 들어있어 주식으로 이용을 하기 위한 도정할 때 배아를 남기는 것이 바람직하다.

쌀의 주성분인 탄수화물은 70~80% 정도이며 전분질이 대부분을 차지하고 그밖에 dextrin 1%, 당질, 섬유질 등이 있다.

쌀 전분질은 구형 또는 타원형으로 크기가 2~8μ로 매우 적은 편이며, 구성은 멥쌀이 amylose와 amylopectin이 20:80 정도이고 찹쌀은 거의 amylopectin으로만 되어 있다.

또한 멥쌀은 찹쌀보다 당질과 dextrin이 적게 들어 있어 단맛이 적다.

단백질은 8~10% 정도 들어있으며 쌀 단백질의 80% 정도는 oryzenin(쌀 glutelin)이며 그밖에 globulin(3~6%), albumin(1~3%), prolamine(2~3%) 등이다.

쌀 단백질의 아미노산 조성은 〈표 4-4〉와 같으나 lysine, tryptophane, threonin 그리고 methionine 등이 부족하지만 단백가(protein score)는 78로 곡류 단백질 중에서는 우수하다.

지방질은 현미에 3%, 백미에 1% 정도로 적은 양이지만 쌀겨 층에는 20% 정도 들어있어 이용성이 높다.

쌀겨 층의 기름을 용매 추출하여 얻은 기름을 미강유(米糠油)라 하며 이 쌀겨기름은 상온에서는 불투명하지만 30~40℃가 되면 투명해진다.

요오드가는 100 정도의 반건성유이지만 lipase가 많이 들어있어 추출에 어려움이 있으며 착유시간이 늦어지면 산패가 급격해지고 수율과 가치가 떨어진다.

지방산 조성은 oleic acid(45%), linoleic acid(30%), palmitic aicd(20%) 등의 순이다.

〈표 4-4〉 쌀의 아미노산 조성(백미)

(단위 mg/100g)

아미노산	함량	아미노산	함량
aspartic acid	650	methionine	170
treonine	240	isoleucine	290
serine	340	leucine	570
glutamic acid	1300	tyrosine	280
proline	310	phenylalanine	370
glycine	320	lysine	250
alanine	390	histidine	180
cysteine	160	arginine	550
valine	430	tryptophane	-

※ 농촌진흥청 식품성분표 (1996)

회분은 현미 1.3%, 백미 0.6% 정도이며 P는 현미 300mg%, 백미 150mg% 정도로 가장 많이 들어 있다. 그 다음으로 K는 현미 250mg%, 백미 120mg%, Ca은 현미 40mg%, 백미 6mg% 정도 들어있다.

비타민 A는 거의 들어있지 않고 비타민 C와 D는 없다. 비타민 B군과 E는 비교적 많으며 특히, 배아에 많고 쌀겨 층에도 들어 있으나 배유에는 거의 없다.

그밖에 쌀에는 여러 효소가 들어있으며 peroxidase는 신선도를 측정하는 지표가 된다.

③ 용도

쌀은 거의 90% 이상이 주식으로 이용되고 있으며 그밖에 주조용, 과자류, 떡류, 식혜류, 장류, 엿 등에 이용되고 있다.

쌀겨는 미강유의 원료, 가축의 사료, 절임용 재료, 비타민 B_1 제조, 제과용 등에 이용된다.

쌀의 영양 강화나 가공품을 만드는 방법으로 파보일드 쌀(parboilded rice)은 비타민 B_1의 보강, 호화경도 증진, 저장성 향상 등을 위해 벼를 냉수에서 1일간 침지시키고 다시 60~70℃의 물로 10~15시간 침지시킨 후 건져내어 100℃에서 30분간 증자하여 건조기에서 건조 후에 도정한다.

피복 쌀(permixed rice)은 비타민류의 강화를 위해 70℃ 이상의 물에서 15% 젤라틴 또는 카제인 용액에 비타민 B_1 150mg, 비타민 B_2 35mg, 피로인산철 570mg을 녹여 쌀 100g에 피복하여 건조시킨다.

코팅 쌀(coated rice)은 외관과 풍미는 높이고 방충과 저장성 등을 향상시키기 위해 glucose, corn syrup, 규산마그네슘, 유기산칼슘 등을 백미에 피복시킨 것이다.

침지 쌀(soak or digestin rice)은 쌀의 비타민 B_1, B_2, 아미노산 등을 강화하기 위해 이들을 묽은 초산 용액으로 하여 침지시킨 다음 가열하여 표면을 호화시킨 것으로 침지 쌀 1g에 비타민 B_1 1.5mg을 유지토록 한다.

팽화 쌀(puffed rice)은 쌀을 호정화시켜 소화가 잘 되도록 고압으로 가열하여 급속히 분출시킨 것이다.

α-쌀은 쌀 본래의 맛을 유지하거나 인스턴트 식품으로 편리하게 하기 위해 80~120℃에서 감압하여 급속 탈수 건조시키는 것으로 수분함량이 10% 이하가 되게 한다.

최근의 우리나라 쌀 가공품은 〈표 4-5〉와 같다

〈표 4-5〉 우리나라 쌀 가공품의 종류

제 품	내 용
즉석건조쌀밥	뜨거운 물만 부으면 단시간 즉석 복원이 가능토록 한 레저, 비상식량용 편의 식품
즉석쌀죽	쌀의 모양을 그대로 살리면서 조리시간이 단축된 인스턴트 전통 쌀죽
쌀국수	쌀을 40~50% 혼합하여 가공한 즉석대체용 면제품
증숙면	쌀을 30%정도 혼합하여 기름에 튀기지 않고 쪄서 건조한 즉석면으로 떡국의 맛을 내는 인스턴트면
압출면	쌀 100%를 압출 가열 처리하여 제조한 면류, 쫄면, 냉면 타입의 제품
현미플레이크	현미의 영양분을 손상시키지 않고, 가공하여 아침식사용으로 먹기 좋게 제조한 주식대체용 편의 식품
즉석식혜	전통식혜의 산업화, 일반화가 가능하도록 전통의 맛이 보존된 음료
쌀고기	쌀 30%를 콩과 혼합하여 압출성형으로 조직화시킨 인조고기
즉석미숫가루	쌀가루의 용해성을 부여하여 제조한 편의식품

2) 밀(*Triticum acevin* L.)

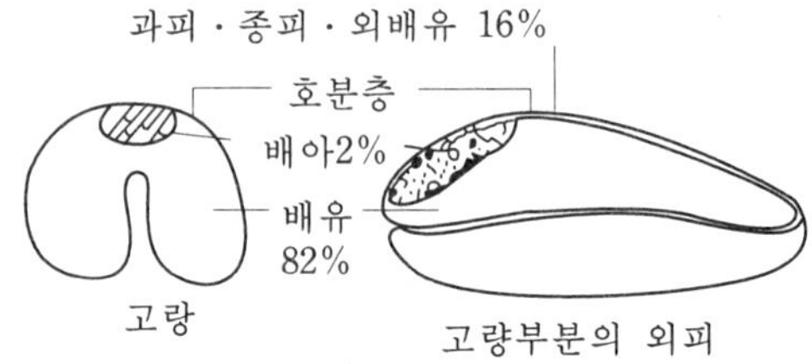

〈그림 4-2〉 밀의 구조

밀(Wheat)은 아프가니스탄 지역에서 카스피해 연안까지가 원산지로 알려져 있으며 BC 4000년 전부터 이집트에서 재배되었다고 한다.

밀은 온대나 한대 지역에서 잘 자라며 기후에 대한 적응력이 강한 식물로 세계에서 가장 많이 이용되고 있는 식량 중 하나이다.

① 품종과 형태

밀은 품종이 많으며 우리나라에서도 재배되고 있으나 소비량은 거의 수입에 의존하고 있는 실정이다.

밀은 파종시기에 따라 겨울 밀(秋小麥)과 봄 밀(春小麥)로 나누며 입질에 따라 연질밀과 경질 밀로 구별한다.

〈표 4-6〉 밀의 배유에 의한 분류

구분	성질
유리질	밀 알의 단면이 반투명하고 경질을 나타내며 단백질 양이 11% 이상으로 많다. (경질밀)
분상질	밀 알은 불투명하고 백색이며 연질을 나타내며 단백질 양이 9% 이하이고 전분질량이 많다. (연질밀)
중간질	단백질 양이 9~11% 정도로 경질밀과 연질밀의 중간정도이다.

또한 마카로니, 스파게티 등을 만드는데 적합한 듀럼밀(durum wheat)은 유리질이며 대부분 캐나다에서 생산된다.

과자나 튀김용으로 주로 쓰이는 웨스턴 화이트(western white), 오스트레일리아(australia) 등의 연질밀도 재배되고 있다.

밀은 1~2년 생 초본으로 마디가 있으며 이삭은 보통 6줄이고 약 20마디로 되어 있고 밀알은 타원형이고 복부에 종구(groove)가 있으며 배유, 배아, 과피의 중량 비율은 82 : 2 : 16 정도이다.

밀의 배유는 부스러지기 쉬우므로 도정을 할 수 없고 제분(밀가루)하여 이용한다.

② 성분

밀의 탄수화물은 70~75% 정도이며 대부분이 전분질이고 amylose와 amylopectin은 25: 75 정도이다. 그밖에 sucrose, glucose, fructose, raffinose 등의 당류와 pen- tosan, cellulos e 등도 있다.

전분입자는 냉수에는 녹지 않으나 끓는 물에서는 입자가 팽윤하며 가열하면 입자가 파열된다.

밀은 단백질이 7~15% 정도 들어 있는데 점탄성을 가진 gluten이 80% 정도이고 그밖에 albumin, globulin 등이 있다.

Gluten은 고분자량인 glutenin이 탄성을, 저분자량인 gliadin은 신장성을 나타내며 이것이 밀가루의 기능 특성을 나타낸다.

밀 단백질의 아미노산 조성은 매우 불균형하여 glutamic acid, leucine, proline, arginine 등은 많고 lysine, histidine, cystine, tryptophan 등이 적으며 특히, lysine은 제1제한 아미노산이다.

밀 단백질의 단백가는 47 정도로 낮아 영양 강화가 필요하다.

밀의 지방질은 2% 정도이다. 과피와 호분층에 30%, 배아 50%, 배유에 20% 정도 들어있고 oleic acid, linoleic acid, palmitic aicd 등이 많으며 비타민 E와 스테롤류(sterols)도 있다.

밀은 지방질이 적으나 밀가루를 저장하면 산화를 일으키며 밀가루의 숙성에도 관여한다.

회분 양은 1.5~2% 정도 들어있는데 회분에 따라 밀가루의 품질을 평가하는 기준으로 삼는다. K와 P가 많고 S, Mg 등도 있다.

밀가루의 회분 즉, 밀기울의 양에 따라 회분 0.5% 이하를 1등급, 0.5~1.0%는 2등급, 1.0% 이상은 3등급으로 한다.

비타민도 B_1, B_2, E 등이 약간 들어있으며 비타민 B군은 호분층과 배아에 많고 배유부에도 쌀과 다르게 많이 들어있고 비타민 E는 특히, 배아에 많이 들어있다.

밀에는 amylase, protease, lipase, phosphatase 등 여러 종류의 효소가 있고 tyrosi- nase는 tyrosine을 산화시켜 밀가루의 빛깔을 나쁘게 한다.

또한 밀가루 색은 배유의 색, 밀기울, 입도 등에 따라 영향을 받는다.

배유의 carotenoid계 색소, 밀기울의 flavonoid계 색소인 tricin 등이 있어 탈색시켜야 된다.

③ 용도와 밀가루 품질

제분한 밀의 70% 정도가 밀가루로 이용되어 제면, 제과, 제빵용 등으로 널리 쓰이고 있으며 그 외에 장류, 주류, 조미료의 원료 등에 이용된다.

밀기울은 가축 사료 등으로 많이 이용된다.

밀가루의 품질은 밀의 종자 특성에 따라 결정되며 제분공정에서의 조건에 따라서도 달라진다. 즉, 밀가루는 밀을 분쇄하며 숙성, 표백, 개량 등에 따라 품질이 달라지는데 글루텐의 양과 질에 의해 좌우되며 밀가루의 입자크기와 색깔도 밀가루의 품질을 결정한다.

〈표 4-7〉 밀가루의 등급과 용도

종류	등급	성분(%)				글루텐성질	원료밀	용도
		단백질	수분	회분	입도			
강력분	1 2 3	11이상 12〃 13.5〃	15 14.5 14.0	0.55 0.756 1.40	5.0 5.0 5.0	가루의 굵기가 거칠고 강하다.	유리질	제빵
준강력분	1 2 3	10.0〃 11.0〃 12.0〃	14.5 14.0 13.5	0.55 0.75 1.40	5.0 5.0 5.0	약간 강하다	유리질	제면
중력분	1 2 3	8.8〃 9.0〃 10.0〃	14.5 14.0 13.5	0.50 0.70 1.30	5.0 5.0 5.0	가루가 곱고 약하다	중간질	제면 다목적
박력분	1 2 3	8.0〃 9.5〃 10.5〃	14.0 13.5 13.0	0.50 0.70 1.30	3.0 3.0 3.0	아주 곱고 약하다	분상질	과자 비스킷

밀가루의 품질은 편의상 단백질 함량에 따라 강력분, 준강력분, 중력분 및 박력분으로 구분한다.

밀가루의 제빵 적성 실험을 하는 방법으로는 밀가루를 반죽하여 반죽 형성 능력과 형성된 반죽의 점탄성을 측정하는 farinograph, 점도 변화에 따른 전분질의 호화온도와 제빵에서의 α-amylase의 역가를 측정하는 amylograph, 일정 경도의 반죽의 신장도와 인장 항력 즉, 발효에 의한 팽창 성질을 측정하는 extensograph 등이 있다.

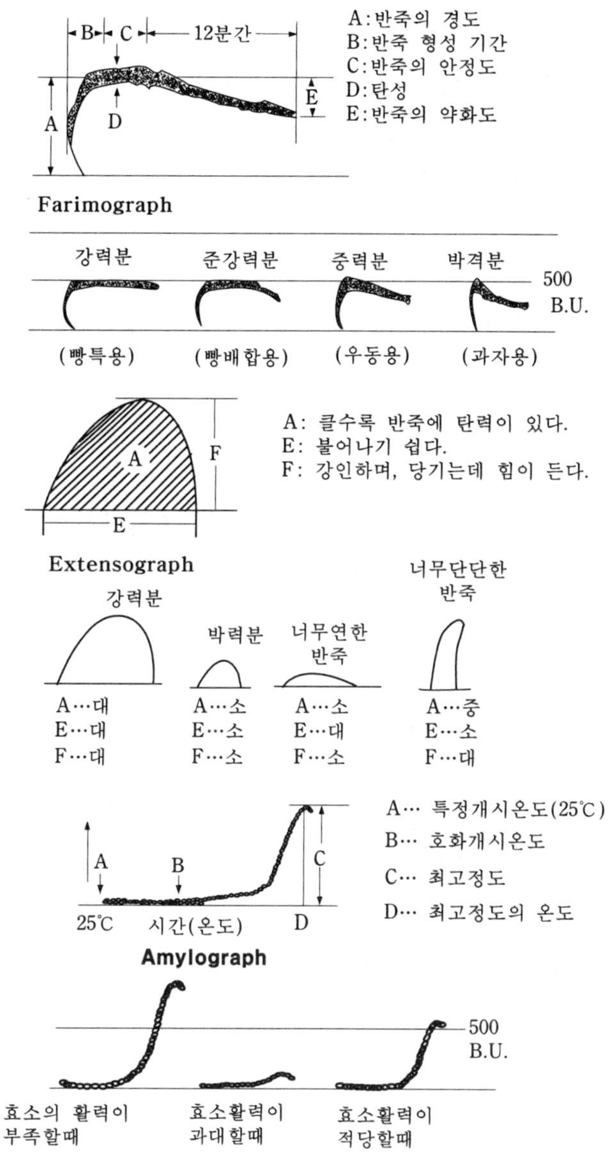

〈그림 4-3〉 Farinograph, Extensograph, Amylograph의 구조도

3) 보리(*Hordum, vnlgare* L.)

보리(Barley)의 원산지는 밀과 비슷한 중앙아시아 지역으로 7,000~10,000년 전부터 재배되어온 가장 오래된 곡류 중의 하나이다.

우리나라는 중국을 거쳐 삼한시대 이전부터 재배되었던 것으로 알려져 있으며 세계 여러 곳에서 재배되고 있다.

① 품종과 형태

품종이 대단히 많으며 파종시기에 따라 가을에 심어 초여름에 수확하는 가을보리(秋播大麥), 이른봄에 심어 여름에 수확하는 봄보리(春播大麥)로 나눈다.

또 보리는 성숙 후에 겉껍질과 씨가 밀착되어 분리되지 않는 겉보리(皮麥, coverde or hulled barley), 겉껍질이 씨에서 잘 분리되는 쌀보리(裸麥, made or unhulled barley)로 나눈다.

보리는 밀과 비슷한 형태이지만 키가 작고 이삭의 배열 형태에 따라 6조 대맥, 4조 대맥, 2조 대맥으로 나뉘며 6조 대맥은 식용, 사료용 등으로 이용되고 2조 대맥은 맥주 제조용 등으로 이용된다.

씨의 모양은 밀과 비슷하며 배쪽에 종구(홈, groove)가 있고 홈에는 저자(basalbriste)라는 깃털 모양의 깃이 있다.

겉보리는 부피, 과피, 호분층, 배유, 배아로 되어 있으며 부피는 두꺼운 각질로 되어 있다. 겉보리의 부피는 10~15% 이고, 배유는 70~80%, 과피 10%, 배아 2% 정도이고 쌀보리는 배유 80%, 과피 18%, 배아 2% 정도이다.

그러나 밀과는 다르게 배유 부분이 단단한 조직을 이루고 있기 때문에 제분이 어렵고 도정을 하여 식용할 수 있다.

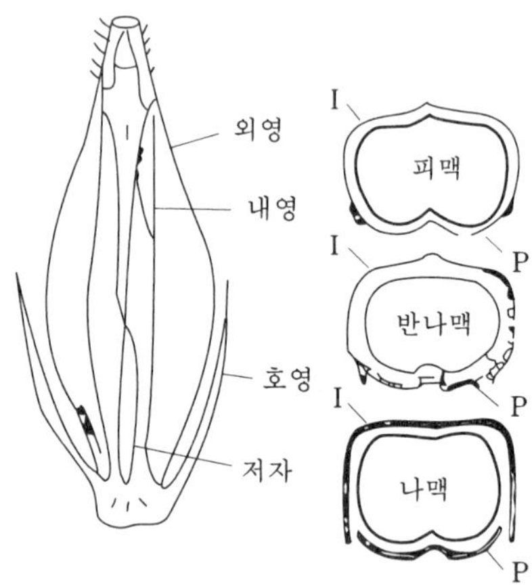

〈그림 4-4〉 보리의 구조

② 성분

겉보리와 쌀보리의 성분차이는 거의 없으나 겉보리에는 쌀보다 섬유질이 많아 소화율이 떨어진다.

보리의 탄수화물은 70~75% 정도이고 이중 60% 정도가 전분질이며 amylose는 28~30% 정도로 쌀보리가 약간 적은 편이다.

보리의 전분입자는 25μ정도 크기이며 온도 상승과 수분 흡수에 따라 팽윤되고 호화된다.

한편, 2조 대맥은 전분질량이 75% 이상이고 단백질량이 10% 정도로 작아 맥주 제조용에 적합하며 6조 대맥은 전분질량이 적고 단백질량이 12% 이상으로 식용, 장류 제조용 등에 적합하다.

보리의 단백질은 10% 정도로 배유에 80% 정도 들어있고 hordin이 대부분이고 glutelin으로 되어 있으며 소량의 globulin과 albumin 등이 있다.

또한 보리에는 gluten이 없어 제빵이나 제면에 단독으로 사용할 수 없다.

아미노산 조성은 lysine이 제한 아미노산이며 threonine, tyrosine이 적고 쌀에 비교해 leucine과 phenylalanine은 많은 편이다.

보리의 단백가는 밀과 비슷하다.

보리의 지방질은 2% 정도이며 배아에 많이 들어 있고 쌀보리가 약간 많이 들어 있으며 회분은 1~3%로 P와 Ca가 쌀, 밀보다 많으며 비타민 B1은 배아에 0.2~0.3mg% 들어 있고 다른 성분들은 쌀, 밀과 비슷하다.

③ 용도

보리는 우리 식생활에서 쌀 다음가는 주곡으로 널리 이용한 주요 영양원이나 서양에서는 주로 사료용으로 이용된다.

보리는 구조상 고랑이 있어 여기에 함유된 섬유질 때문에 소화율이 떨어지고 맛을 저하시킨다. 이것을 보완하기 위해 활맥이나 납작보리로 이용하기도 한다.

보리는 장류, 제과, 복합제분 등으로 쓰이며 볶아서 보리차, 미싯가루 등을 제조하고 엿기름(맥아)을 제조하여 식혜, 술, 엿, 소화제 등의 원료로 이용한다.

한편, 2조 대맥은 연질보리로 전분질이 많고 단백질이 적어 맥주 원료로 이용하는데 맥주용 보리는 발아율 95% 이상, 발아력 80% 이상의 장맥아로 만들어 맥주 제조에 쓴다.

4) 옥수수(*Zea mays* L.)

잡곡류인 옥수수(corn, maize)는 남미 안데스 지역이 원산지로 컬럼부스에 의해 유럽으로 전파된 후 쌀, 밀 다음으로 많이 생산되는 작물로 기후, 환경에 적응력이 강하다.

우리나라에는 고려시대에 중국 또는 원나라에서 전달된 것으로 알려져 있다.

① 품종과 형태

옥수수는 1년 생 초본으로 10~25마디를 가지며 중간마디에 2~5개의 암술대에서 8~20개의 배열로 종자를 맺는다.

옥수수 열매(씨)는 품종에 따라 형태, 성질, 크기 등이 특성을 나타내지만 그 내부의 조직 구조는 곡류와 비슷하다.

옥수수 종자는 백색, 황색, 적색, 자색, 청색 등 다양한 색을 띠는데 백색, 적색 등은 과피에, 자색, 청색 등은 호분층에 그리고 황색 등은 호분층과 배유에 존재한다.

배유는 단백질이 들어 있는 유리질 부분의 경질 배유, 전분질이 많은 분상질 부분의 연질 배유로 되어 있다.

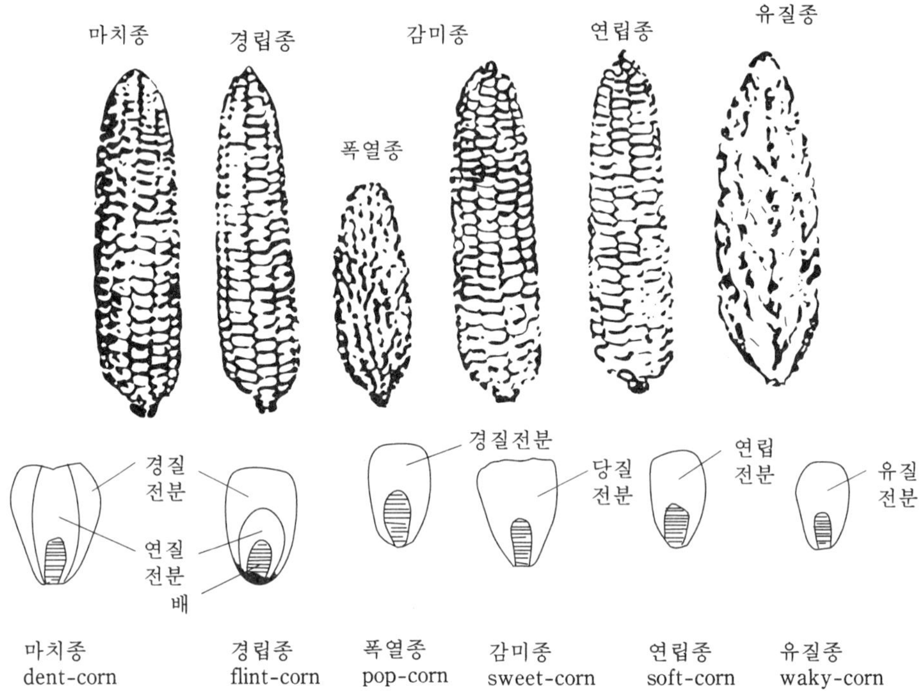

〈그림 4-5〉 옥수수의 품종 특성

② 성분

옥수수의 탄수화물은 70% 정도로 대부분이 전분질이며 amylose는 25% 정도로 백색을 띠고 있고 그 용도가 매우 넓다.

단백질은 10% 정도로 이중 zein이 50% 정도이고 glutenin이 35% 정도이며 lysine, trypthophan이 매우 적으며 단백가는 42로 곡류 중 영양가가 제일 낮다.

옥수수의 지방질은 4~5%로 대부분이 배아에 들어있고 배아의 30% 정도이다.

배아로부터 추출한 옥배유는 황색을 띠는 투명한 반건성유로 지방산조성은 linoleic acid 60%, oleic aicd 25%, palmitic acid 10% 정도이며 stearic acid는 거의 없고 비타민

E가 300~350mg%로 많이 들어있으며 황색계통의 옥수수에는 비타민 A의 전구물질인 cryptoxanthine이 들어있다.

회분은 1% 정도로 P와 Fe가 많으며 Ca는 다른 곡류에 비교해 매우 적으며 비타민 B군은 비슷한 수준이지만 niacine이 적어 주식으로 하면 펠라그라(pellagra)라는 피부병의 일종을 일으키는 것으로 알려져 있다.

③ 용도

동양과 아메리카, 아프리카 등 일부지역에서는 중요한 주식으로 이용되고 있으며 유럽에서는 가축 사료용으로 이용된다.

옥수수는 종류가 다양하기 때문에 이용성도 높은 편으로 경립종, 감미종 등은 찌거나 구워 먹거나 통조림으로 만들며 폭열종은 팝콘으로 이용한다.

일반적으로 옥수수 전분(corn starch)은 15μ 정도의 입자로 쌀보다는 크지만 매우 크기가 작고 전분 중 가장 흰색을 띠고 흡습성이 적다.

〈표 4-8〉 옥수수의 몇 가지 가공품

종류	방법 및 이용
corn flake	종자를 마쇄하여 전분분해효소(엿기름)로 일부 당화시켜 압출 성형이나 튀겨서(α화) 편평하게 하여 건조 후 식사 대용으로 한다.
corn meal	분쇄하여 껍질과 배아를 분리한 후 밀가루와 혼합하여 제과, 제빵용으로 이용하거나 soup 등을 만든다.
corn starch	전분질을 제조하여 제과, 제빵, 전분 이용가공, 포도당, 주조용, 호료, 냉동제품, 조리제품 등에 이용한다.
pop corn	폭열종으로 고압 팽창시켜 팽화하면 여기에 조미료, 기름 등을 넣어 간식용 등에 이용한다.

또한 호화하였을 때 점도가 안정하고 접착성, 흡착성 등이 강하다. 이를 이용하여 corn flake, soup, 제과·제빵, 시럽, 주류 등 다양한 용도로 쓰인다.

공업용으로는 전분 및 포도당 제조, 풀(호료)로 가공하며 배아에서는 옥배유를 제조하여 식용, 글리세린의 원료 등으로 이용한다.

기타 옥수수 줄기, 잎, 수염 등은 가축 사료, 건축재료, 민간 약용 등으로 이용된다.

5) 기타 곡류

① 호밀(*Secale cereale* L.)

호밀(rye)은 남서아시아 원산으로 우리 나라에서는 1920년대 독일에서 도입하였다.

종자는 밀보다 가늘고 길며 배유는 유리질이다.

성분은 밀과 비슷하지만 단백질이 12% 정도로 많은 편이며 gluten은 적고 비타민 B군이 풍부하다.

빵을 만들면 흑색을 나타내어 흑빵이 되며 저장성이 높다.

그밖에 냉면, 주조용, 장류용, 누룩 및 사료용으로 쓰이고 맥각(ergot)은 약용으로 이용되기도 한다.

② 귀리(*Avena sativa* L.)

귀리(oat)는 중앙아시아가 원산지이며 우리나라에는 고려시대 원나라의 말먹이로 재배되기 시작하였다.

종자는 호밀보다 작으며 종구(groove)가 있고 끝에 털이 나있다.

전분질이 주성분이며 단백질이 13%, 지방질이 5% 정도이고 쌀과 비슷한 조성을 나타낸다.

오트밀(oat meal)로 만들거나 죽, 밥, 누룩, 장류 등에 이용하지만 가축 사료로 많이 쓰인다.

③ 수수(*Sorghum vulgare* PERS.)

수수(great millet)는 아프리카가 원산지이며 우리나라에는 중국으로부터 전파되었고 환경 적응이 강하다.

종자는 구형이나 약간 납작한 모양을 하며 과피의 색이 여러 가지 있고 백색 이외는 tannin을 함유하고 단단하여 식용으로 할 때는 정맥을 잘 해야 한다.

전분질이 75%, 단백질 9% 정도로 쌀과 비슷하지만 전분질은 호화율이 낮아 소화가 잘 안된다.

비타민 A가 풍부하고 비타민 B군도 많은 편이다.

그러나 청산 등의 배당체가 들어있어 주의해야하며 주조용, 죽, 엿, 과자 등에 이용되고 포도당 제조에도 쓰인다. 또 사료로 많이 이용한다.

사탕수수는 설탕의 원료로 사용되고 있다.

④ 메밀(*Fagopyrum esculentum* MOENCH)

메밀(buck wheat)은 여귀과에 속하며 시베리아가 원산지로 우리 나라에는 송나라 때 도입되었고 생육기간이 짧다.

종자의 내부는 과피 안에 가루모양의 배아가 있고 배유 안에 S자형의 떡잎이 두 개 들어있으며 외부 색은 갈색~흑색이며 특징 있는 삼각형을 하고 있다. 과피는 광택이 있고 단단하며 벗겨지기 쉽다.

성분으로 전분질이 73%, 단백질 13% 정도이며 아미노산 중 lysine, threonine, tryptophan 등이 쌀, 밀보다 많이 들어 있어 영양가가 높고 소화흡수도 좋다. 또 비타민 B군이 풍부하며 특히, rutin(비타민 P)이 있어 혈관의 저항력을 높이는 효과도 나타낸다.

가루로 하여 메밀국수의 재료로 많이 쓰이며 만두, 묵, 과자 등에 이용한다.

그밖에 기장(common millet)은 오곡으로 오래 전부터 재배된 곡류로 조와 비슷하지만 털이 없고, 크기는 조의 배 정도이며 황색을 띠고 있다.

주성분은 전분질이고 단백질은 13% 정도이지만 소화율은 좋지 않다.

제분하여 떡, 과자 등에 이용하거나 사료로 쓰인다.

조(italian millet)는 강아지풀이 원종으로 오곡 중에 하나이다. 열매(씨)는 구형~타원형이고 곡류 중 가장 작아서 천립중량이 2g에 불과하다.

피(barnyard millet)는 고대로부터 구황작물로 재배된 것으로 인도지방이 원산지이다.

열매(씨)는 조와 비슷하지만 약간 큰 편이고 성분은 쌀과 비슷하지만 쌀에 적은 필수아미노산 특히, tryptophan이 많이 들어있다. 이용은 조와 비슷하다.

〈표 4-9〉 곡류의 영양성분

종류		열량 kcal	수분 (%)	탄수화물(%)		단백질 (%)	지방질 (%)	회분 (%)	칼슘 (mg)	인 (mg)	비타민(mg)		
				당질	섬유질						B_1	B_2	niacin
쌀	현 미	354	11.0	77.8	0.4	7.2	2.5	0.5	5	111	0.12	0.09	1.6
	추 정	357	11.3	79.3	0.7	6.8	1.4	0.5	11	103	0.15	0.06	4.9
	찹 쌀	344	13.2	43.8	-	8.7	1.2	1.1	32	-	0.06	0.12	6.1
보리	겉보리	331	13.8	68.2	2.9	10.6	1.8	2.7	43	360	0.31	0.1	5.5
	쌀보리	341	14.0	70.4	0.7	10.2	2.0	0.9	40	140	0.18	0.07	2.5
밀		350	11.8	69.0	2.5	12.0	2.9	1.8	71	390	0.11	5.0	0
옥수수		364	10.3	69.8	2.7	12.1	4.0	1.1	7	250	0.2	0.07	3.5
메 밀		275	11.8	64.1	6.5	12.9	2.4	2.3	36	34	0.32	0.16	2.0
호 밀		331	12.5	72.3	1.2	10.5	1.5	1.0	26	330	0.47	0.20	1.7
수 수		336	12.0	73.9	0.4	9.5	2.6	1.1	6	210	0.10	0.03	3.0
조		355	10.6	73.2	0.8	9.7	4.2	1.4	11	184	0.40	0.10	4.5
기 장		357	12.6	70.4	0.4	11.5	3.8	3.8	11	245	0.40	0.05	3.2
귀 리		313	12.5	54.7	10.6	13.0	6.2	3.0	55	320	0.30	0.10	1.5
피		370	12.0	72.4	0.8	9.8	3.7	1.3	12	270	0.05	0.03	2.0

(2) 감자류

감자류는 땅밑 줄기나 뿌리의 일부가 커져서 덩이줄기 또는 덩이뿌리로 되어 전분질이나 기타 탄수화물을 저장하는 것을 식용으로 하는 작물로 쌀이나 잡곡류의 대용으로 널리 쓰인다.

근채류(뿌리채소류)에 포함시키기도 하지만 식량 자원으로 가치가 높게 평가되는데 생산이 쉽고 단위 면적 당 생산열량이 높다.

또한 탄수화물 공급원으로 중요한 전분 원료로서 주식이나 간식으로 이용되며 전분질은 세포에 보관되어 있으며 저장성이 높은 편이다.

영양적으로는 무기질 특히 칼슘(Ca), 칼륨(K) 등이 많으며 비타민 C도 다른 작물에 비해 많고 곡류에 부족한 lysine, threonine 등의 함량이 많다.

그러나 수분함량이 높아 저장성이 떨어지고 부피가 커서 수송 등이 불편하고 성분은 품종, 재배법, 기후, 저장방법 등에 따라 큰 차이를 나타낸다.

우리나라에서는 감자, 고구마가 주로 재배되고 있으며 그밖에 감자류로는 카사바, 돼지감자, 곤약, 참마, 토란 등이 있고 식용이나 주정원료, 사료 등에 쓰인다.

1) 감자(*Solanum tuberosum* L.)

감자(potato)는 안데스 산맥이 원산지로 17세기말에 유럽에 전파되었으며 우리 나라는 이조 순조 때(1824년) 만주에서 도입되었다.

감자는 가지과에 속하는 1년 생 초본으로 덩이줄기(괴경)에 전분을 축적한다.

① 품종과 형태

감자의 품질은 고구마와 달리 전분질이 많고 당분은 적으며 분상질을 나타내지만 전분질이 16% 이하인 것은 단백질이 많고 점질을 가진다.

점질의 감자는 가열하면 희고 불투명해지고 작은 입상 조직을 나타낸다.

덩이 줄기는 품종에 따라 구형, 타원형, 원통형 등 다양하며 겉껍질은 매끄럽거나 그렇지 않은 것이 있고 색은 백색, 홍색, 황색, 적색 등을 나타내며 7~8개의 눈을 가진다.

덩이 줄기의 내부에도 피층이 있고 그 안에 수심부는 외수와 내수로 되어 있으며 내수부는 별 모양으로 수분이 많으며 투명도가 높다.

일반적으로 표피 2.5% 피층 8.5% 수심부 89%로 되어 있다.

감자의 저장은 1~3℃에서 습도 85~95%를 유지하는 것이 좋으며 -1℃이하에서는 냉해를 받는다. 식용 감자는 덩이 줄기의 겉껍질이 매끄럽고 눈이 얕으며 백색 또는 황색의 분상질이 좋다.

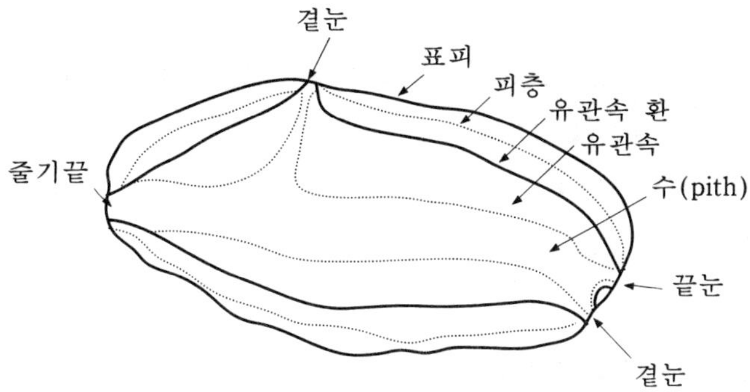

〈그림 4-6〉 감자의 구조

② 성분

감자의 성분은 곡류와 달리 수분이 70~80% 정도이며 전분질 15~25%, 단백질 1.5~2.5%, 지방질 0.1~0.2%, 섬유질 0.3~0.7%, 회분 0.5~1% 정도이다.

감자는 고구마에 비교하여 당분과 섬유질이 적으나 단백질은 많은 편이다. 그러나 저온으로 저장하면 전분질은 감소되어 당분이 증가하여 단맛이 커진다.

단백질의 60~70%는 tuberin이라는 globulin이며 단백가는 60 정도이고 아미노산은 영양적으로 매우 우수하지만 함황 아미노산이 적다.

무기질은 칼륨이 가장 많고, 칼슘은 아주 적으나 곡류에 비교해 풍부하며 비타민은 비타민C가 많고 비타민 B군도 많아 비타민 공급원으로 중요하다.

감자에는 배당체인 solanine($C_{45}H_{73}O_{15}N$)이라는 독성성분이 들어있는데 녹색의 표피에 30~50㎎%, 새싹(눈) 부근에 80~100㎎% 들어있으며 solanine은 30㎎% 이상 먹으면 복통, 위장장애, 현기증 등의 중독 증상을 일으키지만 solanine은 껍질을 벗기거나 가열하면 어느 정도 분해된다.

효소는 polyphenoloxidase, tyrosinase 등이 있고 감자 껍질을 벗기면 흑색으로 변하는 것은 tyrosine이 tyrosinase에 의해 melanin 색소로 변하기 때문이며 이것을 막으려면 아황산 처리나 가열 처리를 해야 된다.

③ 용도

주식이나 간식 또는 부식용 등으로 많이 쓰이며 엿, 떡, 전분질 원료의 가공 식품으로 이용하기도 하고 주정용, 사료용 등으로도 이용된다.

감자 전분은 전분질 입자의 크기가 15~150μ 정도로 매우 크며 당면, 과자, 주정용, 공업용 등에 쓰인다.

머쉬드 포테이토(mushed potato), 감자 플레이크(potato flake) 등으로도 이용되며 α-전분이나 oblate도 만든다.

감자칩은 분상질로 당분이 많은 품종을 골라 적당 크기로 자르고 기름에 튀긴 스넥 식품의 대표적 가공품이다.

2) 고구마(*Ipommea batatas* L.)

고구마(sweet potato)는 중앙아메리카의 열대지방이 원산지이며 컬럼부스에 의해 유럽으로 전파되었으며 우리나라는 이조 영조 때(1763년) 조엄에 의해 대마도에서 도입되었다.

고구마는 덩이뿌리에 전분질을 축적하며 단위 면적 당 전분 생산량이 최고이며 기후조건에 강한 작물이다.

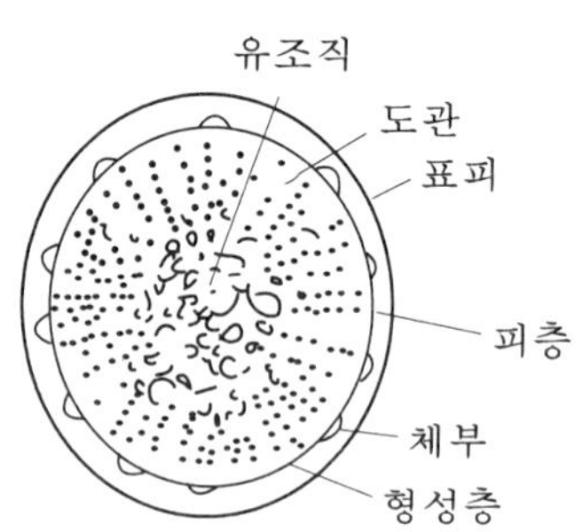

〈그림 4-7〉 고구마의 단면

① 품종과 형태

고구마는 메꽃과의 온·열대성 다년생 덩굴 초본으로 뿌리 일부에 전분질을 축적하는 특징이 있으며 품종에 따라 색, 맛, 수분함량, 전분질량, 저장성 등이 달라진다.

고구마는 감자와 비슷하게 분상질과 점질이 있으며 분상질 고구마가 전분이 많고 단맛이 있어 식용으로 주로 쓰이며 점질 고구마는 전분 제조, 절간용 고구마, 사료 등에 쓰인다.

고구마의 형태는 타원형, 원통형, 구형 등이 있고 색깔과 육질 등은 품종에 따라 다양하게 나타낸다.

고구마는 표피와 피층의 외부 구조와 내부의 유세포가 뭉쳐져 있으며 그 가운데 목질의 도관이 흩어져 있다.

표피는 콜크 층으로 여러 색소를 함유하고 있어 고구마 껍질의 색을 나타내며 피층에는 탄닌 등이 들어있어 절단하면 갈색으로 변한다.

또한 유세포의 중앙 부근은 전분질로 이루어져 있다.

고구마의 저장은 병균방지와 저장성 향상을 위하여 31~35℃, 습도 90%에서 4~6일간 처리(curing 처리)한 후 12~13℃에서 저장한다.

② 성분

고구마의 성분은 품종, 재배, 저장 등에 따라 변화가 많으나 일반적으로 수분 65~80%, 전분질 15~30%, 단백질 0.5~3%, 섬유질 0.8~1.2%, 회분 0.5~1.0% 정도이다.

고구마의 탄수화물은 감자보다 당분이 많아 3~5% 정도이며 섬유질이 많아 소화운동에 자극을 주어 변비에 효과가 있으나 장내 미생물에 의한 가스발생의 원인이 되기도 한다.

단백질은 70% 정도가 ipomaein이라는 globulin이며 lysine, treonine은 많으나 함황아미노산이 적게 들어 있다.

지방질은 매우 적으며 무기질은 K가 가장 많고 P, Ca 순으로 곡류에 비교하여 P가 많다.

비타민 B군과 C가 많으며 특히, 황색 고구마에는 carotene이 많이 들어 있다.

고구마의 특수 성분으로 상처 부분이나 절단하였을 때 나오는 우유 같은 액체는 jalapin($C_{34}H_{65}O_{16}$)이 0.15~0.20% 정도 들어있으며 산화되면 흑색으로 변한다. 또한 polyphenol 화합물이 있어 산화가 잘된다.

고구마는 가열하면 단맛이 좋아지는데 이는 amylase에 의한 것이고 maltose, polyphenolase 등의 효소가 있다.

고구마에 흑반병이 생기면 독특한 향과 쓴맛이 있으며 독성을 나타내고 연부병이 걸리면 상품 가치가 없어진다.

③ 용도

고구마는 주식이나 간식으로 쓰이기도 하고 고구마 칩, 엿, 과자, 전분 원료, 주정 원료 등으로 이용한다.

또한 절간 고구마를 만들어 주정용으로 이용하기도 한다.

고구마의 전분 입자는 15~50μ 정도로 감자보다 작으며 용도는 감자와 비슷하다. 기타 공업용, 의약품 또는 화공약품 등으로도 이용한다.

(3) 기타

토란(taro)은 천남성과에 속하는 다년생 초본으로 원산지는 인도지방이며 하천변이나 논에서도 재배가 가능하다.

토란은 덩이줄기(괴경)에 전분질을 축적하며 전분이 70% 정도이고 무기질은 K가 가장 많다.

특수 성분으로 검질 물질은 galactan이고 아린 맛은 homogenetisic acid이다.

토란은 덩이줄기 이외에도 잎, 줄기 등도 채소로 이용한다.

돼지 감자(jersalem artichoke)는 국화과에 속하는 다년생 초본으로 덩이줄기에 주성분인 inulin이 15% 정도 들어 있으며 전분질은 없다.

인체 내에서는 inulin을 소화시킬 수 없고 냄새가 있어 생식 등으로는 이용하지 못하며 gractose, 알콜용, 사료 제조 등에 이용된다.

곤약(elepant feet)은 천남성과의 다년생 초본으로 구형의 지하경으로 주성분은 glucomannan이 10% 정도 들어있으며 인체 내에서 소화되지 않아 증량제나 diet식품에 이용된다.

참마(yam)는 마과에 속하는 다년생 초본으로 영양가가 높으며 특히, diastase가 많으며 점질 물질은 mutin이다.

즙으로 먹거나 밀가루 등과 혼합하여 면류나 과자류 등으로 이용한다.

카사바(cassava)는 브라질 원산의 초본으로 뿌리줄기(괴근)에 전분질을 축적한다.

열대지방의 주요 식량원이고 tapioca 전분의 제조 원료로 용도가 매우 많다.

〈표 4-10〉 서류의 성분

종 류	에너지 Kcal	수분 (%)	단백질 (%)	지방질 (%)	탄수화물(%)		회분 (%)	칼슘 (mg)	인 (mg)	철 (mg)	비타민(mg)			
					당질	섬유소					B_1	B_2	나이아신	C
감자 생것	80	78.1	1.5	0.2	18.5	0.5	1.2	3	62	1.6	0.17	0.04	1.2	18
고구마 생것	128	66.3	1.4	0.2	30.3	0.9	0.9	24	54	0.5	0.06	0.05	0.7	25
분말 곤약	333	9.8	2.9	0.1	80.0	1.6	5.6	55	150	2.0	0	0	0	0
돼지 감자	69	81.2	1.9	0.2	15.0	0.5	1.2	13	55	0.2	0.07	0.05	1.7	12
산마	95	73.5	5.1	0.7	18.7	0.9	1.4	27	53	0.2	0.10	0.02	0.4	9
토란 생것	58	83.2	2.5	0.2	12.3	0.8	1.0	27	45	0.5	0.08	0.03	0.8	7

(3) 콩류

콩과(Leguminosae)의 작물로 우리나라에서는 콩, 땅콩, 팥, 강낭콩, 녹두, 완두 등 다양하다.

콩류는 성분 차이에 따라 콩, 땅콩 등과 같이 단백질과 지방질이 주성분인 것, 팥, 녹두 등과 같이 탄수화물과 단백질이 주성분인 것, 그리고 채소류의 가치를 갖는 풋콩, 강낭콩 등으로 구분하기도 한다.

콩류는 재배 기간이 짧고 땅심을 높여주며 수확 후 저장, 운반 등이 쉽다.

또한 종류가 다양하며 단백질과 지방질이 풍부하여 곡류의 아미노산 보충 효과와 식용 유지, 식품 공업 등에 널리 쓰인다.

무기질의 공급원뿐만 아니라 비타민 B군이 풍부하고 특히 싹을 틔우면 비타민 C도 풍부하게 생성한다.

특수성분으로 saponin, lecithine, tannin 등이 있다.

이러한 점에서 곡류를 주식으로 하는 우리에게 지방질, 무기성분, 단백질 등의 중요 공급원, 그리고 저렴하고 경제적인 영양원으로 장류, 두부류, 전분 제품, 식용유지 산업 등의 식품공업에 원료 및 재료로 유용한 작물이다.

콩류는 수확 후 수분 11% 이하에서 저장 온도가 낮고 습도가 낮은 통풍이 잘되는 곳에 저장을 하면 1년 정도 성분 변화가 거의 없이 보관할 수 있다.

1) 콩(*Gycine max*, MERF.)

콩(大豆, soybean)은 중국의 북부지방이 원산지이며 인도, 일본, 우리 나라 등에서 매우 중요한 곡류로 취급된다.

미국은 1920년대에 콩을 재배하기 시작하였으며 대두유를 생산하기 위한 수단으로 품종을 개량하여 오늘날 유지공업뿐만 아니라 최대의 콩 생산국으로 되었다.

미국에서 개량한 콩은 지방질이 많아 유지원료에 적합하며 우리나라, 중국, 일본 등의 콩은 단백질이 많아 두부, 장류 등의 원료에 적합하다.

① 품종과 형태

콩은 생육기간에 따라 조생종, 중생종, 만생종으로 나누며 콩의 색깔에 따라 흰콩, 누런콩, 푸른콩, 밤콩, 붉은콩, 검은콩 등 다양하게 나눈다.

우리나라의 콩은 흰콩과 누런콩이 대부분이다.

콩은 콩과의 1년 생 초본으로 꼬투리(pod)안에 2~3개의 콩알을 가지며 〈그림 4-8〉과 같이 2개의 자엽(떡잎)과 자엽 사이의 배아 그리고 껍질로 구성되어 있으며 그 구성 비율은 약 90 : 8 : 2 정도이다.

껍질의 표면은 각피층(cuticula)으로 되어 있으며 물을 통과시키지 않고 묽은 산이나 알칼리에도 녹지 않는다.

또한 조섬유질이 많고 세포막은 hemicellulose로 되어 있어 소화가 되지 않는다.

콩은 가공처리하지 않고 그대로 식용할 수 없는데 이것은 콩의 비린 맛, 낮은 소화 흡수율, 특수 유해물질 등이 있기 때문이다.

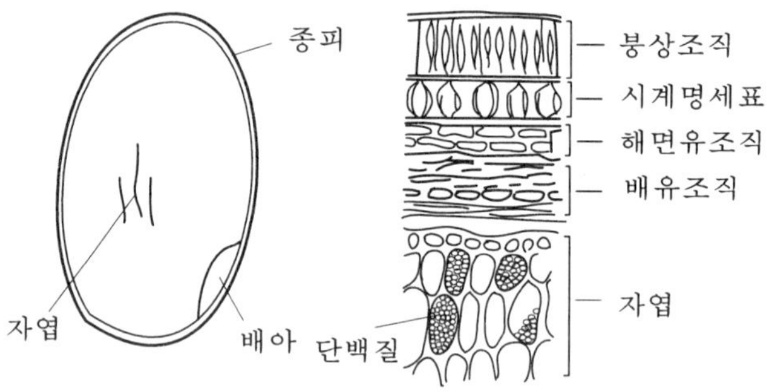

〈그림 4-8〉 콩의 구조와 조직도

② 성분

콩의 탄수화물은 약 20% 정도이며 껍질에는 조섬유질이 많이 들어 있다.

자엽에는 sucrose, starchyose, raffinose 등이 들어있고 세포막에는 hemicellulose 등이 들어있다.

미숙한 콩에는 전분질이 많으나 성숙한 콩에는 1% 이하로 다른 곡류에 비교해 특이하며 sucrose 이외의 탄수화물은 소화가 거의 되지 않는다.

유지 공업에서 중요한 콩의 지방질은 우리 나라산 등은 15~20%, 미국산은 20~40% 정도 들어있고 반건성유로 지방산 조성은 linoleic acid, oleic acid, linolenic acid, palmitic aicd 순이다.

콩의 단백질은 40% 정도이며 globulin인 glycinin이 85% 정도로 주성분을 이루고 그 외에 albumin, proteose, 비단백태 질소 등으로 구성되어 있다.

Glycinin은 16종의 아미노산으로 구성되어 있고 특히 lysine, leucine이 많아 곡류의 보충 효과가 있으나 methionine, tryptophan 등은 부족하다.

비타민 B군이 특히 많고 비타민 A, D, E가 비교적 많으며 비타민 C는 거의 없으나 싹이 트면 매우 많아진다.

무기질은 4~5% 정도로 K가 가장 많고 P, Mg, Ca 등이 많으나 P는 약 60~70%가 phytin 형태이다.

콩의 특수 성분으로는 trypsin의 활성을 저해시키는 trypsin inhibiter, 적혈구의 응고를 촉진시키는 hemaglutinin, saponin 등이 들어있어 소화 흡수가 어려우나 가열하면 활성을 잃는다.

또한 콩의 풋내는 lipoxigenase의 활성에 의한 것이다.

③ 용도

콩의 식품으로서의 재료적 가치는 매우 다양하다.

우리나라 조미료 중에서 없어서는 안될 장류 즉, 간장, 된장, 고추장, 청국장 등의 원료로 중요하며 콩단백질(glycinin)을 응고시켜 만든 두부 및 비지도 빼놓을 수 없는 식품이다.

콩나물, 두유, 과자, 콩가루, 인조버터, 대용커피 등으로의 이용뿐만 아니라 유지산업에서의 대두유와 탈지대두를 이용한 인조육, 소시지, 제과・제빵, 도우넛, 아미노산 간장, 농축단백 등 식품 가공에서 버릴 것이 없을 정도이다.

동물 사료로 생초, 건초, 깻묵 등과 비료 등으로 쓰인다.

공업용으로는 비누, 잉크, 고무, 방수제, 화장품, 도료, 유화제, 살충제, 세척제 등과 의료용, 생약용 등으로 다양하게 이용되고 있다.

2) 땅콩(*Arachis hypogaea* L.)

땅콩(peanut)은 브라질이 원산지로 우리나라에는 이조 정조 때(1778년) 중국에서 도입되어 호콩이라고도 하며, 땅속에 열매를 맺어 땅콩 또는 낙화생이라고도 한다.

① 품종과 형태

땅콩은 모래땅이나 척박한 땅에서도 잘 자라는 1년 생 초본으로 줄기의 형태에 따라 직립형, 중간형, 포복형으로 나눈다.

땅콩은 꽃이 핀 후 꼬투리가 땅속으로 들어가 열매를 맺으며 꼬투리 1개에는 1~3개의 알맹이를 가지며 알맹이는 전체의 약 50% 정도이다.

꼬투리를 벗긴 알맹이는 콩과 비슷하지만 껍질(종피)은 갈색으로 볶으면 잘 벗겨진다.

자엽은 담황색이고 자엽의 세포에는 탄수화물, 지방질, 단백질이 들어 있으며 자엽 사이에 배아가 있다.

② 성분

땅콩의 탄수화물은 10~15% 정도로 콩류 중에 가장 적게 들어 있으며 대부분이 전분질이고 galactose, pentosan 등이다.

단백질은 25% 정도이며 대부분이 globulin이며 albumin은 적다. 아미노산은 lysine, arginine 등은 많으나 함황아미노산은 적다.

땅콩의 지방질은 45~50% 정도로 콩류 중에서 가장 우수한 식용 유지이며 지방산 조성은 oleic acid와 linoleic acid가 주성분이고 linolenic acid, arachidic acid가 많은 것이 특징이다.

비타민은 비타민 B군 중에서 B_1과 niacin이 많으며 A, D, C는 거의 없다.

무기질은 K와 P가 많으며 Ca는 P보다 훨씬 적게 들어있다.

땅콩은 껍질을 벗겨두면 산화되기 쉽고 재배나 저장을 잘못하면 미생물 번식에 의해 aflatoxin을 생성시킬 수 있다.

③ 용도

땅콩은 알맹이를 볶거나 삶아서 식용하는 이외에 땅콩 버터(peanut butter)를 만들며 착유하여 올리브유 대용으로 쓰거나 마가린 제조에도 이용한다.

비누, 페인트, 플라스틱, 접착제 등의 공업용으로도 이용하며 탈지박은 제과, 제빵, 장류 등에 쓰이고 줄기, 잎, 겉껍질 등도 사료, 비료, 합성 섬유, 건축 자재 등에 쓰인다.

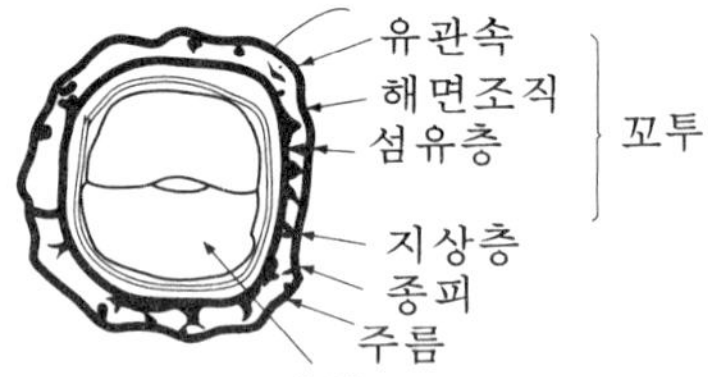

〈그림 4-9〉 땅콩의 단면 내부구조

3) 팥(*Phaseolus angularis* W.)

팥(small red bean)은 중국이 원산지로 재배는 콩과 비슷하지만 재배 기간이 짧다.

꼬투리는 가늘고 길며 10개 정도의 알맹이는 품종에 따라 크기가 다르나 콩의 1/4~

1/5 정도이다.

알맹이, 껍질의 색에 따라 붉은팥, 푸른팥, 검정팥, 얼룩팥 등으로 구별하며 영양성분도 차이를 나타낸다.

팥의 탄수화물은 50~60%로 비교적 많으며 전분질이 40% 정도이고 단백질은 20% 정도로 globulin이 대부분이고 지방질은 1% 내외로 적으며 불검화물이 있어 실온에서 흰색의 침전을 형성한다.

비타민 B_1이 많으나 그 밖의 비타민은 다른 콩류에 비해 적은 편이며 무기질은 K, P가 많고 Ca, Na는 적게 들어있다.

특수 성분으로 0.3% 정도의 saponin이 있으며 껍질에는 cyanidin 배당체가 있어 앙금 등을 만들 때 금속 이온과 반응하여 암색화가 된다.

팥은 죽, 잡곡 등으로 쓰이며 떡, 제과, 제빵, 팥고물, 양갱 등의 제조에 이용된다.

4) 녹두(*Phaseolus radiatus* L.)

녹두(green gram, mung bean)는 인도의 야생종을 중국, 우리 나라 등지에서 재배한 역사가 오래된 작물 중의 하나이다.

녹두는 콩과에 속하는 일년생 초본으로 토지와 기후에 적응력이 강하며 콩이나 팥보다 생육 기간이 짧다.

녹두알은 거친 털이 난 꼬투리에 10~15개 들어있으며 색깔은 녹색을 띠고 있다.

녹두는 탄수화물이 45% 정도이며 단백질은 20% 정도이나 지방질은 1% 정도로 매우 적다. 탄수화물은 당질이 많고 pentosan, dextrin, galactan, hemicellulose가 많아 점성이 있고 아미노산은 leucine, lysine이 풍부하지만 methionine, tryptophan이 적다.

녹두는 중국 고유 식품인 당면의 주원료이며 청포(녹두로 만든 묵), 빈대떡, 녹두죽, 떡고물, 숙주나물 등에 이용하며 신경통의 민간요법에도 쓰인다.

5) 완두(*Pisum sativum* L)

완두(pea)는 인도 북부가 원산지이며 우리 나라는 중국을 거쳐 재배가 시작되었고 꽃의 색과 꼬투리의 단단한 정도에 따라 자화 경협종과 백화 연협종으로 나눈다.

완두의 꼬투리는 편평하고 미숙할 때는 녹색이며 성숙하면 대부분이 담황갈색에 5~6개의 완두콩이 들어 있고 완두콩은 구형으로 표면이 매끈한 것과 쭈글거리는 것이 있으며 색은 백색, 녹색, 갈색 등으로 단색인 것과 얼룩무늬 색이 있다.

완두는 채소용, 통조림용, 꼬투리용 등으로 쓰이는데 미숙한 완두는 청완두(green peas)라 하며 알맹이가 고르고 녹색에 광택이 있고 수분이 많으며 단맛을 낸다.

성숙한 완두는 탄수화물 50~60%, 단백질 20%, 지방질 25% 정도이며 단백질은 대부분이 globulin이고 Ca, P와 비타민 B군이 풍부하다.

완두는 직접 식용하거나 죽을 쑤어 먹으며 간장, 된장의 원료, 과자 등에 쓰이고 어린 꼬투리는 반찬으로 이용되며 청완두는 통조림용으로 쓰인다.

6) 강낭콩(*Phaseolous vulgaris* L.)

강낭콩(kidney bean)은 페루가 원산지이며 콩의 모양이 신장처럼 생겼고 줄기의 모양에 따라 덩굴형, 직립형, 중간형으로 나눈다.

강낭콩도 이용 면에서 완두와 비슷하여 채소용, 꼬투리용, 완숙용으로 구분하며 원통 모양의 꼬투리에 5~10개의 콩이 들어있고 보통 백색이다.

완숙된 강낭콩은 탄수화물이 50~60%, 단백질이 20% 정도이고 지방질은 적으나 lecithine이 많이 들어있다.

단백질은 대부분이 globulin이며 아미노산은 lysine, leucine, tryptophan, threonine이 많다.

비타민 B군도 많으며 청산 배당체가 들어 있어 식용할 때는 조심해야 된다.

강낭콩은 직접 식용하거나 앙금, 양갱 등에 이용되며 어린 꼬투리는 채소로 이용하기도 한다.

〈표 4-11〉 콩류의 영양성분

콩 류	열 량 kcal	수 분 (%)	단백질 (%)	지방질 (%)	당 질 (%)	섬유소 (%)	회 분 (%)	칼 슘 (mg)
콩	38.3	9.2	41.3	17.6	22.6	3.5	5.8	127
강낭콩	333	10.3	20.2	1.8	60.9	3.2	3.6	92
녹두	305	15.3	21.2	1.0	54.9	3.5	3.8	189
완두	352	13.4	21.7	2.3	54.4	6.0	2.2	65
팥	310	14.5	21.4	0.6	56.6	3.7	3.2	124
땅콩	536	8.5	23.4	45.5	18.1	2.2	2.3	64

콩 류	인 (mg)	철 (mg)	나트륨 (mg)	비타민A (Iu)	B_1 (mg)	B_2 (mg)	나이아신 (mg)	C (mg)
콩	490	17.6	6	.	0.60	0.17	3.2	0
강낭콩	317	6.7	1	.	0.30	0.20	1.8	0
녹두	471	3.4	5	120	0.03	0.14	2.1	0
완두	360	5.0	1	400	0.72	0.15	2.5	0
팥	413	5.2	4	.	0.56	0.13	1.8	0
땅콩	221	2.6	2	0	1.09	0.13	17.8	8

(4) 채소류

채소류(vegetables)는 주로 부식용으로 쓰이는 초본 식물을 말하며 감자류, 콩류 등도 채소류에 포함시키기도 한다.

채소류의 재배 역사는 오래되었으며 종류와 품종이 매우 많다.

이용되는 부위에 따라 근채류, 엽채류, 경・인경채류, 과채류, 화채류 등으로 구별하며 영양적 특성, 온도 적응성, 재배 방법 등에 의해 분류하기도 한다.

채소류는 저장 중에 생리 작용과 증산 작용 그리고 후숙 등에 의해 신선도가 떨어지고 중량 감소, 조직 파괴, 성분 변화 등을 나타내기 때문에 채소류의 종류에 따라 적당한 온도와 습도를 유지시켜 주어야 한다.

채소류는 종류에 따라 차이는 있지만 일반적인 특징으로 수분 함량이 많고 연한 섬유질과 펙틴질이 있어 부드러운 감촉과 정장 작용을 한다.

또한 즙액이 많고 특유한 맛과 향을 가지고 있어 식욕을 증진시키며 여러 색소에 의해 색감이 뛰어나며 종류에 따라 특수 성분을 가지는 것도 있고 향신료로서의 가치도 있다.

대부분의 채소류는 비타민 A, B_1, B_2, C, niacin이 풍부하지만 칼로리는 매우 적다.

무기질로 K, Ca, Fe 등이 많아 곡류나 육류의 보충효과와 무기질의 결핍을 막아주는데 중요한 역할을 한다.

일부 채소류에는 양질의 단백질과 전분질이 풍부하여 영양학적 가치가 높고 기능성 식품의 효과가 있다.

〈표 4-12〉 이용 부위에 따른 채소류의 분류

구 분	채 소
엽채류	배추, 양배추, 상추, 시금치, 미나리, 쑥갓, 머위 등
근채류	무, 당근, 우엉, 연근, 생강, 감자, 고구마 등
경・인경채류	파, 양파, 마늘, 땅두릅, 죽순, 아스파라거스 등
과채류	토마토, 오이, 호박, 고추, 참외, 가지, 딸기 등
화채류	꽃양배추, 브로콜리, 콜리플라워 등

1) 엽채류

이용 부위가 지상부의 줄기나 잎으로 생식용, 절임류, 삶은 것, 향신료 등으로 구분할 수도 있다.

배추(*Brassica pekinensis Rupr*, chinese cabbage)는 중국 북부가 원산지로 우리나라에서는 무우와 함께 가장 중요한 채소 중에 하나로 김치 재료로 많이 쓰인다.

배추 품종은 포기를 만드는 형태에 따라 결구종, 반결구종, 불결구종으로 나눈다.

배추의 성분은 다른 채소와 비슷하게 칼로리가 낮으며 비타민 A, C가 풍부하다.

단백질 조성은 좋으나 함량이 적으며 탄수화물은 반정도가 환원당이고, 섬유소가 많아 소화 작용에 도움을 주며 무기질은 Ca가 많고 K, Cl, Na 등도 들어 있다.

배추의 저장은 0~3℃에서 95% 정도의 습도로 하며 주로 김치 재료로 이용하고 기타 생식용으로도 쓰인다.

양배추(*Brassica oleracea* L. *var. captitata* L.)는 유럽이 원산지로 로마인들은 영양식으로 이용하기도 하였다.

양배추는 겉잎이 녹색인 것과 자색인 것이 있고 녹색인 것은 속잎의 85%가 백색 부분으로 된 것을 이용한다.

양배추의 탄수화물은 대부분이 포도당이고 단백질이 많은 편이며 lysine이 많이 들어 있고 비타민 A, C와 무기질 Ca, K, S 등이 많으며 수산(oxalic acid)이 없어 Ca 공급원으로 가치가 있다.

또한 함황 화합물이 있어 열을 가하면 불쾌한 냄새가 나지만 끓이면 없어진다.

양배추는 초절임(pickle), 젖산 발효 시킨 sourcriut, 샐러드 등으로 쓰인다.

시금치(*Spinacia oleracea* L. spinach)는 암수가 다른 1년 생 초본으로 페르시아가 원산지이며 봄, 가을에 파종하는 시기에 따라 품종이 다르다.

시금치의 뿌리는 담홍색이며 줄기의 밑둥은 홍색이고 줄기 잎은 어긋나게 있고 잎의 모양은 삼각형, 타원형, 원형 등이 있다.

시금치는 단백질이 많으며 동물성 단백질 조성과 비슷하여 영양가가 높으며 곡류에 부족한 lysine, thyptophan, methionine이 많이 들어 있다.

비타민 A, C, 엽산 등이 많으며 무기질은 Ca 이외에 Fe도 많아 조혈 작용을 하지만 유기산으로 수산이 많아(0.2~0.3%) Ca의 흡수를 저해시킨다.

시금치는 나물, 국거리, 통조림용, 기타 요리 등에 쓰이며 삶으면 영양성분 파괴가 있어 찌는 것이 좋고 요리할 때 변색 방지를 하려면 소금 등을 넣거나 뚜껑을 열면 효과가 있다.

상추(*Lactyca sativa* L. lettuce)는 유럽이 원산지로 잎 상추와 결구 상추가 있다.

밑둥 잎은 타원형이며 줄기가 짧고 잎이 많이 생기는 결구형이 많이 재배된다.

상추는 다른 채소와 달리 lyosine, valine이 많으며 탄수화물은 포도당이 대부분이고 비타민 C는 적고 Ca가 많으며 Fe도 많다.

상추의 줄기를 자르면 흰 유액이 나오며 쓴맛이 나는데 이것은 lactucin, lectycopocrin으로 최면 작용이 있고 향기 성분은 알파아미노낙산 황산염이며 감칠맛은 아데닐산이다.

상추는 꽃대가 나오기 전 잎은 생식용으로 이용하거나 샐러드용으로 많이 쓰인다.

그밖에 지중해 원산인 쑥갓(garland chrysanthemum)은 비타민 A, C가 많으나 비타민 C 파괴효소가 있으며, 미나리(water dropwart)는 비타민 A, C, B, 무기질 Ca, P, Fe가 많으며 독미나리에는 시쿠톡신이 들어있다.

셀러리(celery)는 독특한 향인 sedanolide, sedanil이 있고 파슬리(parsley)의 향은 apiol, penene이며 특히 파슬리는 튀겨도 비타민 A, C의 파괴가 거의 없다.

〈표 4-13〉 엽채류의 일반성분

종 류	열량 kcal	수분 (%)	단백질 (%)	지방질 (%)	탄수화물(%)		회 분 (%)
					당질	섬유소	
배 추	13	94.3	1.3	0.2	2.4	0.7	0.6
양배추	31	90.6	1.4	0.2	7.3	0.8	0.6
시금치	30	89.4	3.1	0.5	5.2	0.8	1.0
상 추	18	93.0	1.3	0.2	3.5	0.7	1.3
부 추	21	91.4	2.9	0.5	2.8	1.1	1.3
미나리	16	93.0	1.5	0.1	3.3	1.0	1.1
쑥 갓	21	91.0	3.5	0.1	3.2	1.4	0.9
파슬리	31	87.6	3.2	0.5	5.4	1.4	1.9
셀러리	12	94.8	0.7	0.1	2.7	0.9	0.8
케 일	16	92.3	2.9	0.4	1.6	1.2	1.6

종 류	인 (mg)	철 (mg)	칼 슘 (mg)	비타민(mg)			
				베타카로틴μg	B_1	B_2	C
배 추	59	0.3	51	56	0.05	0.06	46
양배추	26	0.4	38	20	0.04	0.04	29
시금치	29	2.6	40	3640	0.12	0.34	60
상 추	36	2.1	56	2190	0.07	0.08	19
부 추	34	2.1	47	3094	0.11	0.18	37
미나리	45	2.0	24	1500	0.06	0.12	10
쑥 갓	47	2.0	38	3755	0.07	0.14	18
파슬리	60	1.5	206	2940	0.17	0.24	139
셀러리	35	0.2	56	210	0.02	0.02	10
케 일	45	1.2	320	1817	0.14	0.25	84

2) 근채류

이용되는 부위가 뿌리인 근채류는 엽을 이용하는 경우가 있는데 무(*Raphanus sativus* L. radish)의 원산지는 지중해 연안으로 추정되고 우리 나라에서는 배추와 함께 2대 채소중의 하나로 겨자과에 속하는 1년 생 초본이다.

무의 품종은 여러 가지가 있으며 뿌리의 모양과 크기는 종류에 따라 다르지만 수확하는 시기에 따라 봄 무, 여름 무, 가을 무로 나눈다.

김장과 단무지에는 가을 무가 쓰여지고 봄, 여름 무는 뿌리뿐만 아니라 잎도 이용하는 열무가 재배되기도 한다.

무의 단백질은 거의 비단백태이고 lysine 함량이 높고 비타민 C가 많이 들어있는데 특히 푸른 껍질 부위에 많고 잎에는 carotene이 많다.

무에는 amylase, amidase, glycosidase 등 효소가 많으며 무의 특유한 매운 맛과 향기 성분은 methylmercaptan과 sinigrine의 분해된 mustard oil이다.

무는 비타민과 무기질이 풍부하고 amylase, 섬유소인 리그닌이 있어 소화와 정장작용이 있다.

무는 저장하기가 쉬운 편이지만 당분 감소와 싹트는 것, 바람드는 것을 막기 위해 저온 다습하게 해주어야 한다.

무는 김치, 단무지, 국거리, 나물, 무말랭이, 장아찌 등에 쓰인다.

당근(*Oancus sarota* L. *var. sativa* Dc. carrot)은 미나리과에 속하며 원산지는 아프가니스탄이고 우리 나라에서 재배된 것은 그리 오래지 않으나 비타민 A의 공급원으로 매우 중요하다.

뿌리는 심부와 피층부로 되어 있으며 심부는 약간 거칠고 각질화가 되기 쉽고 피층부는 치밀한 육질이다.

당근은 수분이 85% 정도로 다른 채소류보다 적은 편이며 탄수화물 중 당질은 sucrose가 많아 단맛을 낸다.

비타민 A는 β-carotene으로 채소 중에서 가장 많이 들어 있으며 비타민 C를 파괴하는 ascorbic acid oxidase가 많아 비타민 C가 많이 들어 있는 무 등과 같이 섭취하면 비타민 C를 파괴시킨다.

당근에는 α-pinene이 들어있어 독특한 향미를 나타내며 잎에 비타민 C, Ca, 단백질 중 lysine, threonine이 많아 영양가가 좋다.

당근은 날 것, 김치, 샐러드 등에 이용하거나 서양요리, soup 등에 쓰이고 쥬스로도 활용하며 잎을 조개, 생선요리에 쓰면 쑥갓, 미나리 등보다 더 맛과 향을 낼 수 있다.

생강(*Zingiber officinale* Rosc. zinger)은 인도, 말레이시아 등이 원산지로 우리 나라에서는 고려시대부터 재배되었고 덩이 모양의 뿌리 줄기로 노란색이며 독특한 향과 매운 맛이 있다.

생강은 대부분이 전분질이고 소량의 단백질, 섬유소 펜토산, 무기질 등이 들어있으며 매운 맛을 내는 성분은 zingerone, zingerol과 shogaol 등이며 향기 성분은 citral, linalol 등이다.

생강의 저장은 다른 근채류보다 까다로운데 일반적으로 지하 움 저장이나 30~33℃, 상대 습도 90~95%에서 7~8일간 curing하여 10~13℃, 포화 습도에서 저장한다.

생강은 향신료로 널리 쓰이며 얇게 썰어서 꿀, 설탕 등에 재어 만든 편강, 생강차, 커리 가루, 생강술, 건위제 등의 약제에 쓰인다.

그밖에 연근(indian lotus)은 니코틴 해독 작용을 하며 우엉(burdock)은 inulin이 주성분이고 순무(turnip)는 붉은 색으로 무와 비슷하고 감자, 고구마, 토란 등도 근채류에 분류하기도 한다.

〈표 4-14〉 근채류의 성분

종 류	열 량 (Kcal)	수 분 (%)	단백질 (%)	지방질 (%)	탄수화물(%)		회 분 (%)
					당질	섬유소	
한국무	18	94.3	0.8	0.1	3.8	0.6	0.4
당 근	34	89.5	1.1	0.1	7.8	0.8	0.7
근 대	16	92.8	2.3	0.3	2.3	0.8	1.5
도라지	83	75.6	1.7	0.4	19.6	1.8	0.9
생 강	53	83.3	1.5	0.2	12.3	1.6	1.1
순 무	31	90.3	1.4	0	7.0	0.6	0.7
연 근	67	80.2	2.1	0.1	15.6	0.8	1.2
우 엉	64	80.3	3.1	0.1	14.2	1.3	1.0
종 류	**칼슘 (mg)**	**인 (mg)**	**철 (mg)**	**비타민(mg)**			
				베타카로틴㎍	**B_1**	**B_2**	**C**
한국무	26	23	0.7	46	0.03	0.02	15
당 근	101	110	3.6	61	0.11	0.54	21
근 대	82	45	2.1	2682	0.06	0.14	18
도라지	39	34	2.2	0	0.08	0.13	12
생 강	13	28	0.8	0	0.03	0.04	5
순 무	50	39	1.4	0	0.06	0.09	17
연 근	22	67	0.9	0	0.12	0.01	57
우 엉	56	72	0.9	0	0.04	0.06	3

3) 경 · 인경채류

파(*Alkium fistulosum* L. welsh onion)는 중국의 서부가 원산지이지만 내한성, 내서성이 강하여 시베리아부터 열대 지역까지 널리 재배된다.

주로 한대 지방에서는 굵은 파를, 열대 지방에서는 잎파가, 온대 지방에서는 겸용이 재배되고 있다.

파는 우리 식생활에 깊은 관여를 하고 있으며 영양 가치가 높아 이용도도 높다.

파는 다년생 초본으로 보통 2~8개 정도로 갈라진 포기를 하며 비늘줄기를 만들지 않고 뿌리와 엽초부 그리고 엽신부로 되어 있으며 엽초부는 땅속에서 최고 유연하고 엽신부는 관을 이루고 있으며 40~75㎝ 정도이다.

파는 자극적인 냄새가 매운맛을 내는데 함황물질로 소화액의 분비를 촉진시키고 진정제나 발한제로 쓰인다.

또한 조리할 때 다른 식품의 좋지 않은 냄새를 없애주며 가열하면 자극성이 없어지고 단맛으로 변하여 맛을 조화시켜 주는데 이 성분들은 alicin이다.

파는 탄수화물과 단백질이 많으며 비타민 A, C, B군도 풍부하다.

양파(*Allium cepa* L. onion)는 서아시아가 원산지로 재배 역사는 오래 되었지만 우리나라에서는 19세기에 미국과 일본에서 전해졌으며 독자적으로 육종하여 재배면적이 점차 넓어지고 있다.

백합과의 다년생 초본으로 지하부의 비늘줄기(인경)가 둥근 모양을 비대해져 외부가 백색, 적갈색, 자색으로 건조한 피막을 만들며 식용하게 된다.

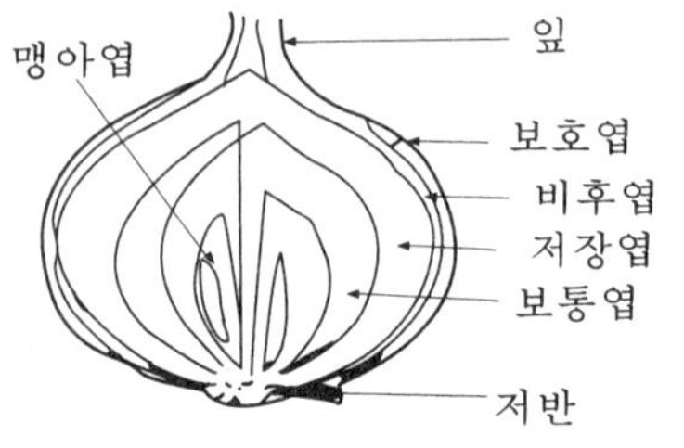

〈그림 4-10〉 양파의 구조

잎으로 구성된 양파의 구조는 외부로부터 보호엽, 비후엽, 저장엽, 맹아엽, 보통엽 등의 형태가 다른 종류로 되어 있다.

양파의 성분은 탄수화물이 많고 단백질, 비타민도 비교적 많으나 비타민 A는 거의 없다.

탄수화물은 galactan, xylan, pentose, hemicellulose 등이 주로 있으며 성숙할수록 glycose, fructose가 많아지며 단맛이 있게 된다.

특유의 자극 성분은 황화 allyl류이며 양파의 껍질의 적갈색 quercetin으로 산패 방지 효과와 고혈압 예방에 효과가 있다.

마늘(*Allium sativum* L. garlic)은 세계적으로 재배 역사가 오래되었으며 우리 나라의 단군 신화에서도 나오는 우리의 고유한 채소류 중의 하나로 우리의 식생활에서 중요한 위치를 차지하고 있다.

지하부의 비늘 줄기는 담황색, 적자색, 백색 등의 껍질에 싸인 내부는 5~6개의 조그만 비늘 줄기가 방사 형태로 모여있으며 지상부의 잎은 어긋나게 나오고 밑둥은 통 모양의 집으로 되어 있고 줄기를 싸고 있다.

꽃줄기는 곧게 자라며 끝 부분에 담자홍색의 꽃을 여름철에 피운다.

마늘의 성분은 탄수화물 20%, 단백질 3.5%, 지방질 0.5%, 섬유질 1%, 회분 13.5%, 비타민 C 등이 들어 있으며 아미노산은 glutamic acid를 포함하여 15종이 들어있다.

자극성 성분은 황화 allyl류로 allicin이 2.5%로 들어있다.

allicin은 비타민 B_1과 결합하여 allithiamin으로 되어 장내 세균에 의해 분해가 되지 않아 흡수가 좋다.

마늘은 우리나라의 식생활에서 여러 용도 특히 향신료가 많이 이용되고 있으며 소스, 육가공 제조 등에도 이용되고 요즈음은 분말 제품과 냄새를 없앤 제품 등으로 만들어 이용한다.

그 밖에 부추(chinese leek)는 동남아 원산지의 다년생 초본으로 파와 비슷하지만 S, Fe, 비타민 A, B_2, C가 특히 많고 맛과 향이 특이하다.

염교 또는 락교(scallion)는 중국원산의 다년생 백합과 초본으로 지하의 비늘 줄기를 주로 이용하지만 전체를 채소로 이용하기도 한다. 비늘줄기는 발효시켜 반찬으로 이용한다.

지하의 줄기 부분을 식용으로 하는 것을 경채류라 하는데 아스파라거스(*Asparagus officinalis* L. *var. altilis.* L.)는 지중해 지방이 원산지로 우리 나라에서는 수출을 위주로 하여 재배된 채소로 백합과의 다년생 초본으로 150여종이 자생되고 있으나 식용되는 것은 1종뿐이다.

어린 줄기는 식용하는데 녹색인 것과 백색인 것이 있고 녹색은 가용 성분이 많고 조직이 연하여 조리에 쓰이며 백색은 통조림용으로 쓰인다.

단백질과 탄수화물이 비교적 많으며 비타민 C, carotene, rutin 등이 있으며 특수 성분으로 asparagine과 asparaginic acid가 있다.

죽순(*Phyllostachys hetero cycle* MIFF, *var pubescens* OHWI)은 대나무의 어린 줄기로 맹종죽이 유명하며 죽순의 성장이 빠른 것은 tryptophan에서 형성된 indol-3-acetic acid 때문이다.

4~5년생의 어린 줄기를 식용으로 하는데 외피는 담갈색이며 포탄형으로 밑둥을 자르면 순백색이고 윤이 나는 신선한 것이 좋다.

죽순은 단백질 2.5% 탄수화물 3%로 영양가는 거의 없으나 18종의 아미노산이 있고 serine이 가장 많다.

죽순의 맛은 glutamic acid 등의 아미노산과 당류, 유기산 등이 조합되어 나타난다.

아린 맛은 oxalic acid와 homogentisilc acid에 의한 것이며 10%의 미강(쌀겨)을 물에 넣고 껍질 째 삶으면 없어진다.

또한 통조림으로 제조할 때 혼탁은 tyrosine에 의해 나타난다.

〈표 4-15〉 경, 인경채류 성분

종 류	열 량 (Kcal)	수 분 (%)	단백질 (%)	지방질 (%)	탄수화물(%)		회분 (%)
					당 질	섬유소	
대 파	26	91.1	1.5	0.3	5.5	1.0	0.6
쪽 파	25	90.3	2.0	0.2	4.7	1.0	0.8
양 파	34	90.1	1.0	0.1	8.0	0.4	0.4
마 늘	120	64.0	9.2	0.2	24.2	0.8	1.6
염 교	52	86.2	0.6	0.1	12.6	0.3	0.2
죽 순	13	93.0	3.3	0.3	0.7	1.6	1.1
아스파라거스	12	94.6	1.9	0.1	1.9	0.9	0.6

종류	칼슘 (mg)	인(mg)	철(mg)	비타민(mg)			
				베타카로틴μg	B_1	B_2	C
대 파	81	35	1.0	775	0.06	0.09	21
쪽 파	96	24	1.1	638	0.05	0.09	18
양 파	16	30	0.4	0	0.04	0.02	8
마 늘	14	199	1.0	3	0.20	0.10	9
염 교	6	15	0.2	0	0.03	0.02	10
죽 순	14	77	1.1	17	0.16	0.06	7
아스파라거스	22	61	0.5	321	0.12	0.13	5

4) 과채류

딸기(*Fragaria grandoflora* ENRN, strawberry)는 남아메리카 지역이 원산지로 우리나라에는 20세기에 들어온 숙근성 초본이며 품종은 햇볕에 대한 반응성, 휴면 처리 정도 등의 생태적 특성에 따라 촉성형, 난지형, 한지형, 중간형, 가공용 등으로 구별한다.

열매는 적색이고 표면에 검은색의 작은 씨가 있다.

맛은 달고 시며 향기가 좋다. 딸기의 단맛은 glucose, fructose, sucrose 등이고 신맛은 malic acid, citric acid, tartaric acid, 비타민 C 등에 의해 나타난다.

딸기의 색은 anthocyan계의 fragarin이며 열에 약하여 가공할 때는 쉽게 탈색이 된다.

딸기는 주로 직접 식용에 쓰이며 잼, 젤리, 아이스크림, 술, 과자 등의 가공품으로 이용하는데 잼류를 만들 때는 pectin을 첨가시켜 주면 매우 좋은 제품을 만들 수 있다.

딸기의 저장성은 아주 약하기 때문에 장기간 저장을 하려면 0℃에서 24시간 정도 예냉 후 -9℃ 이하의 저온에서 저장한다.

토마토(*Lycopersium esculentum* MILL., tomato)는 칠레, 안데스 지역이 원산지로 가지과에 속하는 1년 생 초본이며 크기에 따라 분리하기도 하지만 색에 의해 적색계, 도색계, 황색계로 구별한다.

토마토는 탄수화물이 많고 비타민 A, C, 무기질은 Ca이 많으며 ascorbic acid oxidase 억제 물질을 가지고 있다.

색소는 적색계는 주로 lycopene 계통이고 다른 것은 carotene류이며 lycopene은 20~30℃의 맑은 날에 많이 생기며 저온 다습하면 carotene류의 홍색이 짙어진다.

과채류 중에서 pectin이 가장 많은 편이며 단맛과 신맛이 있고 고유한 향을 가진다.

토마토는 생식하거나 샐러드, 쥬스, puree, catchup 등으로 많이 이용되고 미숙과는 pickle 등으로 이용한다.

오이(*Cucumis sativus* L., cucumber)는 히말라야 지방이 원산지로 박과의 1년 생 덩굴형 초본으로 온실, 하우스 등에서 재배하여 연중 출하되고 있다.

열매는 원통 모양으로 15~30cm의 길이에 겉에 작은 가시와 돌기를 가지고 있으며 마디마다 열리는 마디 오이와 불규칙하게 열리는 종류로 구별한다.

오이 성분은 단백질이 우수하며 칼슘, 철, 비타민 C가 풍부하고 색은 엽록소이며 특유한 오이 향은 오이 알콜인 2-6-nonadienol이고 쓴맛은 terpene 배당체인 cucur-bitacin이다.

Cucurbitacin은 열에 대해 안정성이 있고 수용성이지만 식초 등을 첨가하면 없어지는데 일반적으로 꼭지 부분에 많고 재배 기간 중에 질소 비료의 과다 사용이나 고온이고 일조량이 높을 때 쓴맛을 더 나타낸다.

오이에는 비타민 C가 많으나 다른 종류의 비타민 C와 혼합하면 ascorbic acid oxidase가 많아 비타민 C를 파괴시키지만 식초나 간장 등을 섞으면 이런 작용을 막을 수 있다. 오이는 독특한 맛과 향이 있기 때문에 생식용, 김치용, 장아찌, 피클, 샐러드 등에 다양하게 쓰이며 피부 보호제로도 이용된다.

가지(*Solanum melongene* L., egg plant)는 가지과의 1년생 초본으로 인도가 원산지이다.

열매의 모양은 구형, 장형, 달걀형이며 색은 흑자색이 많고 백색을 띠는 것도 있다.

과채류 중 영양가가 가장 낮으나 민간 요법에 많이 쓰이고 특수 색소로 anthocyan 계의 nasnin(자색), hyacin(황갈색) 등이 있고 생으로 먹을 때는 alkaloid와 무기염류 등에 의해 아린 맛이 나며 polyphenol류가 많아 절단하면 쉽게 갈변한다.

가지 절임류를 제조하면 젖산균에 의해 산성화되고 색소는 적색으로 변하는데 명반이나 철분이 있으면 청자색을 띠게 된다. 또한 나물이나, 가지찜, 절임류 등에 이용된다.

우리나라의 향신료를 대표하는 고추(*Capricum annuum* L., red pepper)는 남아메리카가 원산지로 우리나라에는 1614년 일본에서 전래된 것으로 알려져 있다.

고추는 용도에 따라 고추, 풋고추, 그리고 매운 맛이 없는 피망(piment)으로 분류하는데 말린 고추는 흰 부분이 없고 껍질이 두껍고 씨가 적은 것, 꼭지가 단단히 붙은 것, 빛이 맑고 진하며 윤이 나는 것이 좋다.

고추의 성분은 각 영양분이 골고루 들어 있으며 특히 비타민 A, C가 많다.

고추의 매운 맛 성분은 capsicine이고 고추의 색이 빨간 색으로 변하면 매운 맛을 나타낸다.

고추는 고추장, 김치 양념, 실고추 등으로 널리 쓰이며 육류, 핫소스, 카레, 소시지 등으로도 이용되고 그밖에 건위제, 외용약, 피부 미용제 등으로 이용된다.

호박(*Cucurbita spp.*, pumpkin)은 박과의 1년 생 덩굴형 초본으로 종류가 다양한데 일반적으로 고온 다습한 지대에 적응된 중앙 아메리카와 멕시코 열대 지방이 원산지인 동양계(*C. moishata* D.), 페루, 볼리비아, 칠레 북부지방에 적응된 서양계(*C. maxium* D.), 북아메리카 서부와 멕시코 북부 지방이 원산지인 페포계(*C. pepo* L.) 등이 있다.

우리나라에서는 동양계 호박인 애호박, 다다기 호박 등이 재배되고 있으며 덩굴이 뻗지 않는 페포계 호박인 주키니 호박이 재배되고 있다.

동양계 호박은 과육이 황색이고 육질은 점질인 것이 많고, 서양계 호박은 녹말이 많아 완숙된 것을 이용하며 저장성도 크다. 그리고 페포계는 녹색을 띠고 있어 애호박으로 쓰인다.

호박은 품종에 따라 열매의 크기, 모양, 색깔 등이 다양하다.

우리나라에서 생산되는 동양계 호박은 탄수화물을 주성분으로 하여 칼로리가 높으며 황색인 것일수록 carotene이 많아 비타민 A의 효력이 크며 비타민 C도 많다.

특수 성분으로 겉껍질 부분에 ascorbic acid oxidase의 활성 효소가 있어 비타민 C를 파괴시키기도 한다.

〈표 4-16〉 과채류의 성분

종류	열량 (Kcal)	수분 (%)	단백질 (%)	지방질 (%)	탄수화물(%)		회분 (%)
					당질	섬유소	
마른고추	221	11.5	11.0	11.0	28.6	22.0	7.9
가지	19	23.3	0.9	0.1	4.5	0.8	0.4
오이	12	95.5	0.9	0.1	2.4	0.5	0.6
토마토	14	95.2	0.9	0.1	2.9	0.4	0.5
호박	27	91.0	0.9	0.1	6.7	0.8	0.5
딸기	20	92.2	0.9	0.2	4.3	1.9	0.5
수박	31	91.0	0.7	0.1	7.8	0.1	0.3
참외	31	90.6	1.0	0.1	7.3	0.4	0.6
종류	칼슘 (mg)	인(mg)	철(mg)	비타민(mg)			
				베타카로틴(μg)	B_1	B_2	C
마른고추	58	230	6.8	27735	0.30	1.10	26
가지	16	33	0.3	32	0.04	0.03	9
오이	24	19	0.2	125	0.05	0.04	11
토마토	9	19	0.3	542	0.04	0.01	11
호박	28	30	0.8	712	0.04	0.04	15
딸기	13	17	0.5	30	0.04	0.04	99
수박	6	11	0.2	165	0.06	0.02	6
참외	6	35	0.3	0	0.03	0.01	22

또한 호박의 씨에는 단백질(20%)과 지방질(35%)이 많아 식용으로의 가치가 높다.

미숙한 호박은 전, 나물, 찌개 등에 쓰이고 성숙한 것은 엿, 떡, 죽, 파이 등에 이용되고 품종에 따라 사료용, 관상용 등으로 쓰인다.

참외(*Cucumis melo* L., melon)는 인도가 원산지로 동양계의 참외, 월과와 서양계의 멜론 등으로 전파 재배되고 있으며 독특한 향기와 시원한 맛에 여름철 과일로 이용된다. 겉껍질이 백색이나 황색이고 매끈하며 과육은 희고 연하며 맛이 달다.

우리나라에서 재배되는 참외는 황금색으로 10개 정도의 백색 골이 있는 것이 많으며 재래종으로 녹색인 개구리참외가 성환 지역에서 재배되고 있다.

품종에 따라 크기, 색, 무늬, 과육 색, 맛이 각각 다르며 성분은 대부분이 수분이며 꼭지 부분의 쓴맛은 cucurbitacin이다.

여름철 생과로 널리 쓰이고 일부 쥬스 등의 가공품으로 이용되고 참외 꼭지는 민간요법으로 쓰이기도 한다.

수박(*Citrullus vulgaris* SCHRAD, water melon)은 박과에 속하는 1년생 초본이며 원산지가 아프리카로 독특한 향과 시원한 맛에 참외와 함께 여름과일로 많이 이용되고 있다.

과육에 고형분이 적고 수분 함량이 많아 수박이라 하고 단맛이 강하다.

열매의 표면이 녹색 바탕에 검은 줄무늬가 있는 것과 없는 것이 있으며 과육의 색은 적색계, 황색계, 백색계가 있고 씨가 없는 수박이 인기가 있다.

수박의 단맛은 glucose와 fructose에 의한 것으로 피로 회복에 도움을 주며 시트루린이라는 특수 성분이 있어 이뇨 작용에 효과가 있다.

수박의 영양가는 보잘 것 없으며 색소는 lycopen으로 비타민 A의 효력은 없다.

수박씨에는 단백질과 지방질이 풍부하며 무기질과 비타민 B군이 들어있어 우수한 식품으로 이용 가능성이 크다.

여름철 과일로 주로 생식하며 껍질은 절임류로 쓰기도 한다.

5) 화채류

꽃, 꽃봉오리, 꽃줄기, 꽃잎 등을 식용으로 하는 화채류는 우리 나라에서는 요즈음 많이 이용되고 있으며 엽채류라 할 수 있다.

화채류로는 서부 유럽이 원산지인 꽃양배추(cauliflower), broccoli, 방울 양배추(brussels sprouts) 등이 있으며 우리나라의 식물도 이용성이 높고 장식을 겸한 식용으로서 많은 이용이 기대된다.

주로 생식용으로 버터나 소스와 먹는 것이 좋고 튀김, 샐러드, 절임류 등으로도 이용한다.

〈표 4-17〉 화채류의 성분

종류	열량 (Kcal)	수분 (%)	단백질 (%)	지방질 (%)	탄수화물(%)		회분 (%)
					당질	섬유소	
국화꽃	34	89.5	1.4	0	7.3	1.2	0.6
꽃양배추	27	91.6	2.6	1.2	2.9	0.8	0.9
브로콜리	28	88.6	5.0	0.3	3.6	1.4	1.1
코올슬로우	67	81.5	1.3	2.6	11.8	0.6	2.2

종류	칼슘 (mg)	인(mg)	철(mg)	비타민(mg)			
				베타카로틴μg	B_1	B_2	C
국화꽃	22	29	0.7	90	0.10	0.11	21
꽃양배추	15	87	0.1	50	0.03	0.24	55
브로콜리	64	195	1.5	766	0.12	0.26	98
코올슬로우	45	32	0.6	-	0.07	0.06	33

(5) 과일류

과일류에 과채류를 포함시키기도 하지만 일반적으로 다년생 수목에서 열리는 열매를 일컫는 말이다.

과일은 자방(子房)이나 꽃받침 등이 변하여 크게 자라난 것으로 구조피, 외과피, 과육과 종자(씨)로 나뉜다.

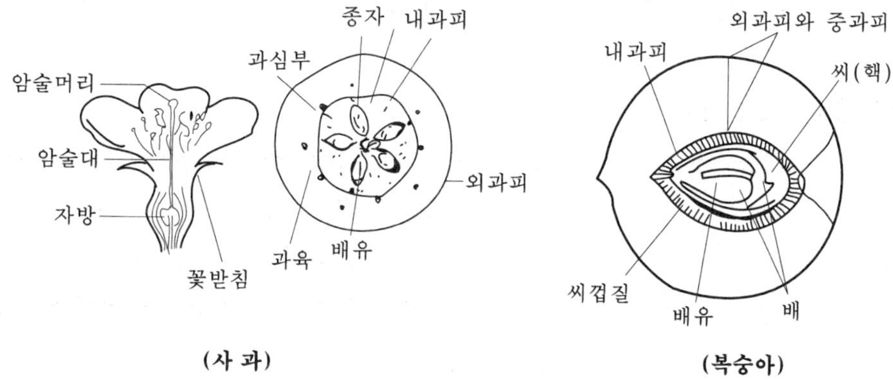

〈그림 4-11〉 꽃과 과일의 구조

과일은 식물학 상으로 분류하면 자방이나 꽃받침의 성숙, 씨의 위치와 형태 등에 따라 〈표 4-18〉에서와 같이 인과류, 핵과류, 장과류, 견과류로 나눌 수 있다.

〈표 4-18〉 과일류의 생물학상 분류

분류	정의	종류
인과류(pomaceous fruits)	자방의 꽃받침이 성숙하여 과일의 부분을 이룬 것으로 씨방 안에 씨가 있고 과일 꼭지는 반대쪽에 있다.	사과, 배, 비파 등
준인과류(subpomaceous fruits)	씨방이 성숙하여 과일로 된 것으로 인과류와는 다르나 중심부에 모여있는 씨가 인과류와 비슷하다.	감, 오렌지, 감귤류 등
핵과류(stone fruits)	자방이 성숙하여 과일이 되며 가운데에 단단한 핵을 이루고 그 속에 씨가 있다.	복숭아, 매실, 앵두, 대추 등
장과류(berrie)	과일의 중과피와 내과피가 유연하고 즙이 많으며 여러 개가 한 줄기에 열린다.	포도, 딸기, 바나나 등
견과류(nuts)	겉껍질이 단단하고 식용부위는 곡류나 두류처럼 씨이다.	밤, 호두, 은행 등

과일류는 국민의 소득 증대와 식생활 개선에 따라 수요가 매년 증가하는 경향이며 생과뿐만 아니라 여러 가지 가공품으로 이용되고 있다.

과일의 식품 가치는 대부분이 수분으로 열량원이나 단백질 공급원으로서는 중요하지 않지만 비타민과 무기질의 공급원으로서는 중요한 위치를 차지하고 있고 당분과 유기산이 풍부하여 산뜻한 맛과 향기로 가치가 크다.

또한 각각 특징적인 색을 가지고 있어 식욕을 증진시켜주며 과육에는 pectin이 많아 젤리 형성능이 높고 cellulose가 많아 소화 작용과 피부 미용에 효과가 높다.

견과류는 탄수화물, 단백질, 지방질 등이 많아 곡류로의 가치는 높은 편이다.

1) 인과류와 준인과류

사과(Malus pumila Millr. var. domestica SCHMEIDER, apple)는 북서부 아시아 지역이 원산지이며 우리 나라에는 사과의 일종인 능금(M. asiatica)이 재배되었고 사과는 1892년에 미국 선교사에 의해 대구 지역에서 처음 심어진 것으로 전해진다.

과일의 겉껍질은 황색 바탕에 빨간색, 녹황색 등을 나타내며 과육은 치밀하며 공기가 조직사이에 들어 있는 유연 조직을 하고 있다.

품종은 숙기에 따라 조생종, 중생종, 만생종 등으로 나눈다.

성분은 품종에 따라 약간 다르지만 당분으로 과당과 포도당이 대부분이고 pectin도 많다.

유기산으로는 사과산이 0.5% 정도 들어있으며 비타민류는 매우 적고 약간의 tannin이 있다.

효소로 phenolase가 있어 polyphenol과 tannin에 작용하여 갈변하기도 한다.

사과의 향기는 알콜류, 산 에스테르 그리고 carbonyl 화합물에 의해 나타내고 겉껍질의 아름다운 빨간색은 anthocyan이다.

사과의 저장은 생리 작용을 조절하는 온도 0~1℃, 습도 85~90%로 저장하면 오랫동안 저장할 수 있다.

사과의 용도는 생식 이외에 샐러드 재료 등으로 쓰이며 과즙을 이용하여 쥬스, 잼류, 사과주, 사과초 등을 이용하며 펄프, 소스, 통조림, 절임 사과, 건조 사과 등으로 이용한다.

배(*Pyrus communis* L. *var. ussuriensis* MAXIM, pear)는 원산지에 따라 동양종과 서양종으로 구별하며 우리나라에서 재배되는 동양종 배는 돌배(sand pear)를 일본에서 개량한 일본배가 재배되고 있다.

동양종 배는 과육 세포 중에 석세포(stone cell)가 많아 혀의 촉감과 맛에 영향을 주는데 서양종 배는 석세포가 적은 편으로 촉감이 좋고 향기가 있고 생식용이나 통조림에 적당하다.

배의 당은 sucrose, glucose, fructose 등이고 품종, 산지, 숙기 등에 따라 당 함량과 조성이 변한다.

유기산은 구연산이 대부분이지만 함량은 적으며 비타민류도 사과보다 적다.

서양종 배에는 carotene이 약간 들어 있으나 동양종 배에는 거의 없다.

석세포는 pentosan이며 xylose와 arabinose로 분해가 되면 부드러워지고 향기 성분은 acetaldehyde에 의해 나타내며 주이며 알콜류, 휘발산 등에 의해서도 나타낸다.

동양종 배는 주로 생식용으로 쓰이며 통조림이나 넥타 제조에도 이용되고 서양종 배는 가공용으로 통조림, 잼, 쥬스, 배술(perry), 건과 등에 이용된다.

감(*Diospyros kaki* LINN *fil.*, persimmon)은 중국이 원산지로 온대 지방에서 재배가 적합하며 떫은맛이 있는 것과 없는 것이 있다.

우리나라 전역에는 떫은맛을 내는 감이 재배되고 있으며 남부 지방에서는 외래종인 단감이 일부 재배되고 있다.

감은 당분이 많아 15% 정도이며 glucose 6%, fructose 3~4%, sucrose 5% 정도로 구성되어 있고 단감이나 곶감의 표면 백색은 mannitol, sorbitol 등에 의한 것이다.

pectin은 1~2% 정도 들어있으나 유기산은 거의 없고 비타민 A와 C도 풍부하게 들어 있으며 과육의 색소는 carotenoid에 의한 것이다.

감의 떫은맛은 tannin의 일종인 shibuol($C_{14}H_{20}O_9$)로 수용성이며 성숙하게 되면 acetaldehyde와 결합하여 불용성인 colloid로 되어 단맛으로 된다.

잎에는 비타민 C가 다른 과일보다 10~20배 많이 들어있고 시기는 6~7월에 함량이 매우 높아 차를 만드는데 이용된다.

감은 생식하거나 건시(곶감)로 만들어 사용하며 수정과, 통조림 등으로도 쓰이고 요즈음은 감식초 재료로도 각광받고 있다.

떫은맛을 가진 감은 완숙 전에 떫은맛을 없앤(탈삽) 후 식용하기도 한다.

비파(*Eriobotrya japonica* LINDLEY, loguat)는 중국이 원산지로 상록 과목으로 따뜻한 곳과 해안지방에서 자란다.

과일은 황색으로 담갈색의 솜털이 덮혀 있으며 가지 끝에 여러 개 모여 달리는데 모양은 도란형(倒卵形)이다.

과즙이 많으며 당분은 10% 정도이고 비타민 A는 과육 색소인 carotenoid에 의해 효력이 크지만 비타민 C는 매우 적으며 유기산도 거의 없다.

주로 생식하거나 통조림용, 양조용, 잼류 제조용 등으로 이용된다.

또한 비타 잎은 해소, 주독 등에 효과가 있어 민간 요법으로 이용되기도 한다.

감귤류(*Citrus aurantium var.*, citrus fruits)는 준인과류에 속하는 아열대성 상록 과목으로 귤, 감귤, 탱자, 레몬, 밀감 등 종류가 매우 많다.

우리나라에는 예부터 제주도와 남해 일부 지역에서 자생종을 재배하였다는 기록이 있으나 지금은 거의 없어지고 일본에서 개량한 온주 밀감이 대부분 재배되고 있다.

감귤류는 품종에 따라 모양과 성분에 큰 차이를 나타내는데 껍질은 20~25% 정도이며 과피의 바깥쪽의 과피색소 층(flavon)에는 많은 유포(油布)가 있고 여기에 약 1%의 정유(精油)가 있으며 그 대부분이 limonene이고 aldehyde류, alcohol류, 유기산 등이 있다.

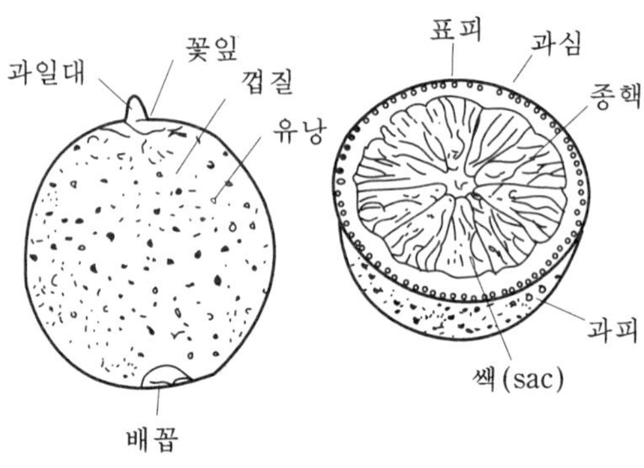

〈그림 4-12〉 귤의 구조

또한 flavon 층은 처음에는 엽록소와 carotenoid 색소로 되어있으나 이들 색소는 carotenoid 계 색소로 α-, β-, γ-carotene 및 xanthophyll, anothocyan계 색소로 anthocyan, flavon 색소로 flavotannin, tangelethine 등이 있어 황색, 등황색, 홍색 등을 나타낸다.

감귤류의 과즙은 10% 정도의 당분, 1~2%의 유기산으로 구성되어 있으며 종류와 품종에 따라 달라진다.

당과 산은 성숙도에 따라 달라지는데 미숙과는 산이 많고 당분이 적으나 성숙되면 당분이 많아지고 산이 적어진다. 과즙의 산은 구연산이 대부분이고 사과산, 수산, 주석산 등도 들어있다.

과피에는 pectin함량이 높아 마말레이드 제조에 이용되며 감귤류의 쓴맛은 배당체로 hesperidin($C_{28}H_{34}O_{15}$)인데 통조림을 만들 때 혼탁되는 원인이 되며 비타민 P의 효력이 있고 naringin도 쓴맛을 낸다.

감귤류에는 비타민 C가 평균 30mg% 정도이며 레몬, 네이블, 밀감, 여름밀감 등에는 많으나 금귤 등에는 적다. 그밖에 비타민 A와 B가 들어있다.

감귤류의 용도는 다양하여 생식하거나 통조림용으로도 많이 쓰이고 쥬스, 넥타, 젤리류, 마말레이드용, 과자류, 밀감술도 만든다.

과피에서는 펙틴, 정유 등을 추출하며 미숙과나 낙과 등에서는 구연산을 제조한다.

과피를 건조한 건피(乾皮)는 감기, 기침에 쓰이는 한약재로 이용한다.

온주 밀감(*Cztrus unshiu* MARC., mandarine, satsuma orange)은 10여종이 있고 색은 황색이나 등황색이고 중량은 80g 정도이며 당분이 높고 신맛이 적으며 비타민 C가 평균 40~50mg% 정도이고 과피에는 200mg%나 들어 있으며 hesperidin도 많다.

프로 비타민 A의 효력이 있으며 Ca, Na도 많이 들어있다.

가식부가 75% 정도이며 저장성은 낮아 10~11월에 수확하며 12~3월경에 생식하지만 최근에는 쥬스, 통조림, 마말레이드류 등으로도 이용한다.

온주 밀감의 과피는 건조하여 진피로 쓰이며 소스 원료로도 이용한다.

여름 밀감(*Citrus natsudaidai* HAYHTA, summer orange)은 색이 담황색이고 윤기가 있으며 얕은 골이 나있고 중량은 260g 정도이며 과육은 즙이 많고 신맛이 강하다.

4~5월에 수확하며 당분은 4%, 유기산은 3% 정도로 온주 밀감과 대조적이다.

여름 밀감은 hesperidin과 naringin이 많아 쓴맛이 있다.

쥬스용으로 온주 밀감과 섞으면 더욱 좋다.

네이블 오렌지(*Citrus sinensis* OSBECK *var. brasiliensis*)의 모양은 구형 또는 타원형으로 색은 밝은 황색이며 껍질이 반질반질하고 둥글게 생긴 배꼽이 나와 있고 껍질이 단단하며 얇지만 잘 벗겨지지 않는다.

맛은 달면서 시고 과육은 유연하며 즙이 많고 향기가 좋아 생식용으로는 최고품이다.

천연 쥬스나 천연 과즙에 이용된다.

그밖에 황귤(shaddock)은 감귤류 중에서 가장 큰 것으로 직경 15㎝ 이상, 중량 2㎏ 정도이다. 껍질은 반질반질하고 황색이며 즙은 적고 쓴맛이 난다.

그래이프푸르트(grape fruits)는 400g 정도이며 껍질은 담황색으로 반질반질하고 5~6월경 수확하고 즙이 많으며 신맛과 약간 쓴맛이 있고 향기가 좋다.

광귤(sour orange)은 껍질이 두껍고 벗기기 힘들며 강한 신맛과 쓴맛이 있고 pectin 함량도 많다.

금귤(kumquart)은 12g 정도로 작으며 등황색으로 윤기가 있고 껍질 채 생식하는 lime의 일종이다.

레몬(lemon)은 밝은 황색이며 즙이 많고 신맛과 향기가 강하며 비타민 C 함량이 감귤류 중 가장 많아 레몬유나 레몬수로 이용하고 생식은 곤란하다.

유자는 껍질이 거칠고 벗기기 힘들며 11~1월경에 수확하고 즙이 많고 신맛과 향기가 강하여 조미료나 유자청 등으로 이용한다.

2) 핵과류

복숭아(*Prumus persica* SIED. *et Zucc. var. vulgaris* MAXIM, peach)는 중국 서부가 원산지로 우리 나라에서는 사과, 배, 포도 다음으로 많이 재배되고 있는 과일이다.

복숭아는 과육과 핵이 잘 분리되는 것과 되지 않는 것, 솜털이 있는 것과 없는 것, 과육의 색이 황색인 것과 백색인 것 등으로 구별하며 품종에 따라 성분과 이용법 등이 달라진다.

복숭아의 핵 주위의 과육에는 anthocyan 색소가 있는데 색소가 많은 복숭아는 통조림을 가공하였을 때 자색으로 변하여 상품 가치를 떨어뜨리는 원인이 되기도 한다.

성분은 대부분이 당분으로 8~12% 정도이며 유기산은 대부분이 사과산으로 백색보다는 황색종에 많이 있다.

또한 비타민 A의 효력도 황색종에 더 많으며 비타민 C는 5~10mg% 정도 들어있다.

복숭아의 향기 성분은 초산, caprylic acid 등의 유기산과 linalool, 그리고 이들의 ester, acetaldehyde 등이다.

복숭아는 대부분 생식하거나 통조림, 넥타, 쥬스, 잼, Brandy 등의 제조에 이용한다.

복숭아 씨는 도인(桃仁)이라 하며 진해 효과가 있어 한방약으로 쓰인다.

자두(*Prunus salicina* LIND., plum, prume)는 중국이 원산지로 과일 중에 제일 먼저 수확되고 품종이 많으며 맛이 달고 과즙이 많다.

열매는 둥근 편이고 껍질은 황색, 홍색, 황백색 등이고 과육은 적색이나 황색을 띤다.

주성분은 당분이 6~14% 정도이고 유기산은 1~2%로 사과산이 많다.

비타민 A는 효력이 있고 비타민 C는 적은 편이고 탄닌이 0.1~0.2% 정도 있어 떫은 맛을 낸다.

생식하거나 잼, 넥타, 건과, 자두주 등에 이용한다.

살구(*Prunus armeniaca* LINNE, apricot)는 동양종과 서양종으로 구분되며 열매는 직경이 3㎝ 정도의 원형으로 표면에 잔털이 있고 익으면 황색을 띤다.

과육에는 carotenoid가 많으며 당분이 주성분이고 사과산과 구연산도 많다.

완숙되지 않으면 신맛이 강하여 생식이 곤란하기 때문에 완숙기를 잘 맞춰야 되는데 완숙이 되면 과육이 쉽게 풀려서 수송과 가공에 주의해야 된다.

생식하거나 건과에 널리 쓰이고 통조림, 과자류에 이용하기도 하고 pectin과 산이 많아 잼류 제조에도 많이 쓰인다.

매실(*Prunus mume* SIEB. *et Zucc.*, mume)은 중국이 원산지로 우리 나라에서는 매화를 관상용으로 중요시하였으나 과일로서는 가치를 발휘하지 못하였다.

열매는 6~7월에 수확하는데 저장력이 거의 없어 완숙과는 이용성이 떨어지지만 매실주를 제조할 때는 핵이 형성되는 시기의 푸른 과일을 이용하며 일본의 전통 식품인 매실 절임류를 만들 때는 반 정도 완숙된 것으로 이용한다.

주성분은 유기산으로 주로 구연산이 5~7%, 당분 1%, 비타민 A와 C도 약간 들어 있다.

그리고 매실은 과일 중 단백질과 지방질이 많은 편이다.

매실 미숙과의 핵에는 배당체인 amygodalin이 있어 독성을 나타낸다.

그 밖의 앵두와 버찌 등도 과일주나 쥬스의 원료로 쓰이며 대추(jujube)도 핵과류로 당분이 40% 정도이며 생식, 제수용, 건과, 떡 등에 이용되며 최근에는 음료로도 이용한다.

대추는 한방에서 완화제, 영양제, 보양제 등으로 쓰인다.

3) 장과류

포도(*Vitis spp.*, grape)는 포도과에 속하는 낙엽 덩굴성 교목으로 서아시아종과 미국 야생종이 교잡된 것이 대부분이고 우리나라에서는 미주계 품종이 많이 재배되며 야생종으로 머루가 있다.

포도 품종은 원산지, 색, 모양, 크기 등의 특징에 따라 여러 가지로 구분하며 포도의 겉 색깔은 녹색계, 황색계, 흑색계 등이 있고 즙이 많으며 신맛과 단맛이 많다.

포도는 85% 정도가 수분이며 glucose와 fructose가 10~20%, 주석산과 사과산 그리고 미량의 구연산이 0.5~1%, 탄닌의 떫은맛은 0.1~0.3% 정도 들어있으나, 포도의 비타민 C는 4mg% 이하로 비타민 공급원으로의 가치는 거의 없다.

포도의 홍색은 anthocyan계의 oenin과 그 분해물이다.

포도는 생식, 포도주, 건포도, 쥬스, 잼류 등의 제조에 쓰인다.

특히, 포도주는 각국에서 특유한 제조법에 의해 다양한 제품이 생산되며 식생활에서 중요한 위치를 차지하고 있다.

무화과(*Ficus carica* L., fig)는 아라비아 지방이 원산지로 뽕나무과에 속하는 낙엽 관목이며 우리나라에서의 재배 역사는 50~60년 정도이다.

무화과는 꽃받이가 처음부터 열매 모양으로 되어있고 그 모양이 크면서 열매가 되기 때문에 무화과라고 하지만 꽃은 보이지 않을 정도로 봄과 여름에 담홍색으로 피고 열매는 녹색에서 익으면 암자색으로 된다.

열매는 껍질이 있는 상태로 이용할 수 있으며 주성분은 당류가 20% 정도, 단백질이 1~2% 정도 들어있으며 유기산과 비타민은 적게 들어있으나 맛은 달고, 향기가 좋으며 익으면 부드러워진다.

무화과는 단백질 분해효소인 ficin이 많아 육식한 뒤에 이용하며 잎은 단백질이 많고 유즙이 있어 구충제, 신경제, 피부병 등의 약제로 이용되고 있다.

석류(*Punica granatum* L., pomegranate)는 아라비아 지방이 원산지이며 우리 나라에서는 6월경에 빨간 꽃이 피고 9~10월에 많은 씨가 들어있는 꽃병 모양의 황홍색의 열매로 익는다.

가식부는 20% 정도로 씨를 감싸고 있는 과즙을 이용하며 당분은 15% 정도, 유기산은 구연산으로 1.5% 정도 들어있고 비타민 C는 10mg% 정도이다.

줄기와 뿌리의 껍질에는 휘발성 알카로이드인 pelletierene, pseudopelletierene, 열매 껍질에는 tannin, 점액질 등이 씨에는 punicic acid의 glyceride 등이 있어 민간 요법으로 천식, 백일해, 구충제 등으로도 이용된다.

석류는 씨 주위의 과즙을 착즙하여 설탕을 넣어 만든 grenadine syrup이 많이 알려져 있으며 신맛이 강하여 생식하면 갈증을 해소시켜준다.

파인애플(*Ananas comosus* MERR., pine apple)은 열대 아메리카 지방이 원산지로 파인애플과에 속하는 다년생 상록 초목이다.

열매는 장과가 많이 모인 원통형의 집합체로 과육은 즙이 많고 단맛이 있고 신맛도 적당하여 맛과 향이 좋다.

가식부는 80% 정도이고 당분이 10~15%, 구연산과 소량의 사과산이 0.5~0.7%이다.

과육의 황색은 β-carotene이고 비타민 C도 60mg%로 많이 들어있다.

또한 과육에는 bromelin이라는 단백질 분해 효소가 있고 과일의 겉껍질에는 수산화칼슘의 결정이 있어 혀를 자극한다.

생식도 하지만 완숙된 것은 수확 2~3일 만에 상품 가치가 떨어져 통조림, 쥬스 등을 만들며 셀러리 등의 원료로도 쓰인다.

바나나(*Musa spp.*, banana)는 열대 아시아 지역이 원산지인 다년생 초목으로 열매는 껍질이 두꺼우나 잘 벗겨지고 과육은 유연하며 전분질이 많고 단맛이 많다.

과육은 60~70% 정도이고 수분이 비교적 적다.

탄수화물은 25% 정도이며 전분질이 성숙하면 환원당으로 되고 유기산은 구연산, 사과산이 약간 있지만 신맛은 거의 없다.

미숙한 과육에는 carotene이 없으나 완숙하면 α-carotene이 많아지고 담황색을 띠고 pectin은 미숙 과육에 1% 정도이나 완숙되면 절반으로 감소된다.

바나나의 특유한 향기는 acetyl amyl이고 butyl amyl도 있다.

바나나를 생식할 때는 미숙과를 25~26℃에서 2~3일 정도 저장, 후숙하여야 하며 건조 바나나를 만들거나 분말화하여 과자류 등의 원료로 이용한다.

파파야(papaya)는 열대 아메리카 지방이 원산지로 열매는 호박과 비슷한 모양으로 겉 껍질색은 녹황색이고 과육은 황색으로 부드러운 단맛과 특유한 향을 가진다.

가식부는 65% 정도이며 주성분은 당류가 10% 정도이고 carotene, 비타민 C가 많으며 단백질 분해효소인 papain이 많이 들어있다.

미숙한 것은 후숙시켜 생식하거나 설탕 절임, 피클 등으로 쓰이며 성숙한 것은 생식하거나 잼류, 샤베트(sherbet) 등을 제조한다.

망고(mango)는 열대아시아가 원산지로 열매는 계란형, 타원형 등 여러 가지이고 겉껍질은 담황색, 적황색 등이고 과육은 황색으로 과즙이 많으며 특유한 향을 가지고 단맛도 좋다.

당분이 주성분이며 유기산은 구연산으로 0.5% 정도 들어있고 β-carotene이 많다.

생식하거나 통조림, 넥타류 등의 원료로 쓰이고 샤베트, 아이스크림 등에 넣기도 한다.

4) 견과류

밤(*Castanea crenta* SIED. *et Zucc*, chestnut)은 종류에 따라 원산지가 다르며 우리 나라에서는 재래종, 재래종과 중국종을 개량한 품종이 많이 재배되고 있다.

열매는 가시가 덮인 둥근 모양의 밤송이 속에 1~3개 들어있으며 곡류와 비슷한 성분을 가지고 있다.

수분이 적으며 탄수화물이 50% 정도로 대부분이 전분질이며 약간의 sucrose도 들어있다.

단백질은 3% 정도, 비타민 C 30mg% 정도이며 provitamin A, 비타민 B_1도 많이 들어있다.

속껍질에 pentosane과 tannin이 많이 함유되어 있는 것이 특징이다. 이 때문에 밤을 가열할 때는 명반 등을 넣으면 내부에 tannin이 축적되는 것을 막을 수 있고 고운 황색을 띠게 한다.

밤은 10~20℃에서 발아하는 성질이 있어 저장에 주의해야 하며 생식하거나 삶거나 구워서 이용하고 프랑스 과자로 유명한 마론 글라셋의 원료뿐만 아니라 밤 앙금, 통조림 등을 제조하는데 이용한다.

호도(*Juglans spp.*, walnut)는 호도과에 속하는 낙엽 교목으로 원산지는 페르시아 지방으로 종류가 많으며 우리 나라는 중국으로부터 유입되었고 처음 재배된 곳은 고려시대 충남 천안지방이다.

과일 형태로는 핵과류에 속하지만 식용 부위는 핵 중에 들어있는 인 즉, 자엽이며 전체의 25~40% 정도이다.

호도는 지방질이 60%, 단백질 20% 정도이며 지방질은 건성유로 linoleic acid가 대부분이고 단백질은 tryptophane, lysine 등이 많이 들어있어 영양가가 좋다.

비타민 B_1이 0.6mg% 정도로 많으며 Ca, P도 많이 들어 있다.

생식하거나 호도과자 등에 이용되며 호도 기름은 고급 요리용, 민간 요법용 이외에 향료, 화장품, 유화제 등에 쓰인다.

은행(*Ginkgo biloba* L., ginkgo)은 중국이 원산지로 낙엽 고목을 암수가 딴그루로 유성 생식하며 살아있는 화석이라고 불리는 가장 오래된 식물이다.

은행도 형태상으로는 핵과류이며 핵속에 들어있는 씨를 식용한다. 성숙되면 노란색의 과육이 바깥껍질에 둘러 쌓여있고 이 과육액은 악취가 있으며 피부염을 일으킨다.

안껍질은 딱딱하고 흰색이며 그 속에 녹색을 띠는 씨가 들어있다.

은행은 전분질이 60% 정도이고 단백질은 5% 정도로 tryptophan이 많고 비타민 A, C, niacin, 무기질로 K, P 등이 비교적 많이 들어있다.

은행은 생으로 식용하지 못하고 구워 먹거나 신선로 요리에 사용한다.

또한 한방에서는 진해·거담제로서 천식이나 기침 등을 그치게 하는데 쓰인다.

은행 잎은 ginkgonoside가 많아 혈액 순환의 약제로도 이용된다.

잣나무(korean pine)는 큰 솔방울의 구과(毬果)의 씨로 백자(柏子), 송자(松子), 해송자(海松子)라고 한다.

지방질이 60% 이상으로 많으며 비타민 B군이 풍부하고 특히, 무기질로 Fe가 많아 빈혈에 좋으나 P가 많고 Ca가 적다.

생식하거나 과자류, 요리 등에 쓰이고 술도 제조한다.

한방에서 영양제, 변비치료제 등에도 이용한다.

호도과에 속하는 페칸(pecan)은 호도와 비슷한 것으로 아메리카 인디언의 중요 식량이었고 복숭아씨와 비슷한 아몬드(almond)는 sweet almond와 bitter almond로 나뉘며 sweet almond는 볶음, 제과 원료 등에 이용하고 bitter almond는 유지 원료로 이용한다.

〈표 4-19〉 견과류의 성분

종류	열량 (Kcal)	수분 (%)	단백질 (%)	지방질 (%)	탄수화물(%)		회분 (%)
					당질	섬유소	
밤	162	57.8	3.2	0.6	35.8	1.3	1.3
은행	183	54.2	5.4	1.7	36.8	0.6	1.3
잣	665	3.4	14.7	68.2	10.6	1.0	2.1
페칸	678	3.4	9.2	71.2	12.3	2.3	1.6
아몬드	586	4.7	18.6	54.1	16.9	2.7	3.0
개암	586	4.7	19.8	58.5	6.8	6.6	3.6
호도	652	3.5	15.4	66.7	9.8	2.8	1.8

종류	칼슘 (mg)	인(mg)	철(mg)	비타민(mg)			
				베타카로틴(μg)	B_1	B_2	C
밤	28	68	1.6	45	0.25	0.08	12
은행	5	156	1.1	92	0.40	0.04	14
잣	18	560	5.8	0	0.56	0.18	0
페칸	73	289	2.4	78	0.86	0.13	2
아몬드	254	475	4.4	0	0.25	0.27	0
개암	312	784	3.7	0	0.07	0.22	0
호도	92	332	2.2	22	0.24	0.09	0

(6) 버섯류

버섯(fungi)은 균류 중에서 매우 큰 자실체를 만드는 것으로 엽록소가 없기 때문에 광합성을 하지 못하므로 다른 유기물체에 기생하여 필요한 영양분을 섭취하며 자란다.

버섯은 진균류의 담자균류에 속하는 것이 대부분이고 자낭균류도 일부 있다.

일반적으로 균사(mycelium)에서 자실체(fruit body)가 발육하여 그 속에서 포자가 형성되고 발아하여 다른 균사를 생성하는 과정을 거친다.

버섯의 종류는 다양하며 우리나라에서 현재 식용 가능한 버섯은 200여종이지만 판매 또는 재배되고 있는 버섯류는 20~30종에 불과하다.

버섯은 영양가가 별로 없는 것으로 잘못 알려져 식품으로 가치를 인정받지 못하였으나 점차 버섯의 생리 활성물질이 밝혀짐에 따라 영양 가치뿐만 아니라 의약적 효능이 입증되기 시작하면서 자연 생산에서 인공적 재배로 인정받기 시작하였다.

버섯은 형태, 크기, 색 등에 따라 분류하지만 식용 버섯과 독성이 강한 독버섯의 구분이 뚜렷하지 않아 야생 버섯을 식용으로 할 때에는 특히 조심해야 된다.

1) 성분

식용으로 할 수 있는 버섯은 수분이 90%, 탄수화물 5%, 단백질 2~3% 정도이며 탄수화물은 주성분이 당분이고 전분질은 거의 없고 trehalose, mannitol 등의 특수성분이 있다.

〈표 4-20〉 식용 버섯의 일반 성분

식품명	수분	단백질	지방질	탄수화물		회분	Ca (mg)
				당질	섬유		
느타리	89.3	30	0.4	5.6	0.8	0.9	4
송이	88.5	2.4	0.8	6.7	0.8	0.8	6
양송이	91	3.6	0.2	3.6	0.8	0.9	9
표고	91.1	2.0	0.3	5.3	0.9	0.4	4
싸리	90.1	2.8	0.6	4.3	1.4	0.8	41
말린목이	8.7	11.3	0.9	60.1	12.9	6.2	83

식품명	P (mg)	Fe (mg)	비타민				
			A(I.U.)	B_1	B_2	niacin	C
느타리	98	4.5	0	0.08	0.30	0.8	10
송이	41	1.2	0	0.40	0.40	8.3	6
양송이	112	0.6	0	0.33	0.33	4.9	3
표고	26	-	0	0.24	0.24	2.4	0
싸리	44	6.2	0	0.43	0.43	46.3	3
말린목이	434	2	0	0.60	0.60	0	5

단백질은 절반 정도가 비단백태 질소 화합물이지만 glutamic acid, alanine, phenylalanine, leucine 등이 많아 버섯의 독특한 향과 맛을 돋구어 준다.

또한 지방질은 0.2~0.4% 정도로 적으며 회분은 0.4~0.8% 정도로 비교적 많고 K가 가장 많다.

비타민 B_1, B_2도 많으며 특히 비타민 D의 전구체인 ergosterol도 많이 들어있다.

2) 식용 버섯의 저장과 독버섯 감별

생버섯에는 효소가 많아 변질되기 쉽고 세균 등에 의해 쉽게 부패한다. 그러므로 버섯을 저장하려면 냉장이거나 냉동을 해야 된다.

또한 수확하여 건조시키거나 곧바로 통조림이나 염장하여 저장하기도 한다.

식용 버섯보다 독버섯이 더 많은데 이들을 구별하기는 어렵지만 일반적으로 독버섯의 감별법은 다음과 같다.

버섯은 찢어보았을 때 부서지거나 찢어지지 않는 것이 독버섯이며 식용 버섯은 가로로 잘 찢어진다.

독버섯은 빛깔이 진하고 화려하거나 쉽게 변한다. 또한 악취가 있거나 유즙(乳汁)을 분비하며 줄기가 거칠고 끈적거리며, 쓴맛, 신맛이 난다. 그리고 은수저를 흑변시키며 주로 음습지에서 자란다. 그러나 예외인 것도 있으니 주의해야 된다.

〈표 4-21〉 독버섯의 종류

독버섯	학명	유독성분	중독증상
광대버섯 (Deni tebgutake)	*Amanita muscaria* Fr. S.F. Gray	무스카린, 히나린, 필스톡신, 무스카리진, 필스아토로신, 노이린	맹독성
파리버섯(Tengutake)	*A. pantherina* (Fr.) Secr	무스카린, 히요린	맹독성
알광대버섯 (Tamago tengutake)	*A. phalloides* (Fr.) Sicr	아마니톡신, 아마니타용혈소	맹독성, 구토, 두통, 경련, 설사, 헛소리, 사망
애광대버섯 (Kotamago tengutake)	*A. citrina*. S.F. Gray		맹독성 취기
땀버섯(Asetake)	*Inocybe rimosa* (Fr.) Quel	무스카린	땀(발한)

독버섯	학명	유독성분	중독증상
화경버섯 (Tsukiyotake)	*Lampteromyces japonicus* (K) Sing	히요린	중추신경 마비, 심장 호흡곤란
큰붉은젖버섯 (Karahatsu)	*Lactarius toraminous* Schaeff		구토, 복통, 설사, 경련, 사망
노란다발버섯 (Nigakuritake)	*Naematoloma fasciculare* (Fr.) Karst		위장카타르
의대버섯 (Itsuponsimezi)	*Rhodophyllus sinuatus* (Fr.) Sing		경련, 위장카타르, 혼수, 땀
독청버섯(Moejitake)	*Stropharia aeruginasa* (Fr.) Quel		
독그물버섯 (Urabeni irogawai)	*Bolatus luridus* Fr.	무스카린, 히요린	
무당버섯(Benitake)	*Russula emetica* (Fr.) Schaeff	무스카린, 필스아토로핀	공포감, 구토, 실신
애기무당버섯 (Kobenitake)	*Russula bragilis* Pers.		
미치광이버섯 (Owarahitake)	*Gymnopilus spectabilis* (Fr.) Gill		신경계통, 광증, 노래, 춤, 웃음, 실신
마귀곰보버섯 (Syagumaumigase take)	*Gyromitra esculenta* (pers) Fr.		
독끈적버섯 (Hatsu gorotake)	*Cortinarius venenosus* Kawasn		
독방망이버섯 (Naetorisimezi)	*Tricholoma muscarium* Kawam		

3) 식용버섯

① 표고버섯(*Cortinellus edodes* BERK)

표고버섯(shiitake fungus)은 중국이 원산지로 송이과에 속하며 봄, 여름, 가을에 참나무, 밤나무 등에 기생하여 자라는 버섯으로 요즈음은 재배가 많이 되고 있다.

원형이나 타원형으로 갓은 5~10㎜ 정도이고 색은 다갈색이나 흑갈색이 비늘 모양으로 덮여 있다.

육질은 두껍고 백색이며 균병은 갓의 중앙이나 한쪽으로 기울어져 붙어 있다.

생 표고버섯은 탄수화물 10%, 단백질 3%, 지방질 0.3%이며 비타민 B_1, B_2 가 많고 특히 provitamin D가 많다.

표고버섯의 구수한 맛은 guanylic acid이고 향기 성분은 -S기를 가진 lenthionin ($C_2H_4S_3$)이다.

또한 표고에는 혈중 cholesterol량을 저하시키는 성분이 있어 동맥 경화에 효과가 있다.

표고버섯은 건조시키면 향기가 더 좋아지고 취급이 쉽게 된다. 버섯전, 스프, 전골 등에 널리 이용된다.

② 송이버섯(*Armillaria matsutake* Ito IMAI)

송이버섯(pine agaric)은 30~40년생 이상의 적송림에서만 자라는 향기가 좋은 가을철 버섯이다.

균사가 소나무의 실뿌리에 붙어 자라는 특별한 버섯으로 인공 재배가 거의 불가능하다.

송이버섯은 발생 장소, 상태 등에 따라 품질에 차이가 있으며 색은 엷은 다갈색이고 섬유 모양의 가는 털이 덮여 있다.

육질은 은백색에 두껍고 갓의 색은 선명하고 신선해야 하며 자루가 굵고 갓은 펴지지 않는 것이 좋다.

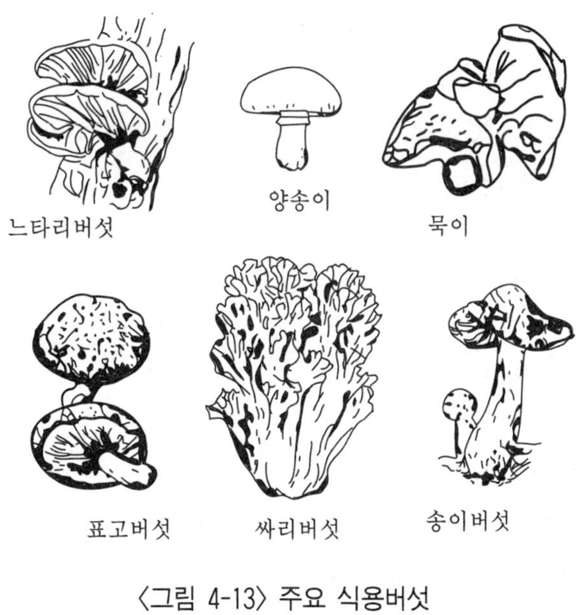

〈그림 4-13〉 주요 식용버섯

송이버섯은 열량원으로는 가치가 없으나 전분질이나 단백질을 소화시키는 효소를 가지고 있어 소화력이 크고 비타민 B_1, B_2 , ergosterol 등과 무기질 성분이 많아 이들의 공급원으로서 중요하다.

송이버섯의 특유한 향기는 methyl cinnanate, methyl ester 그리고 matsutakeol 등의 혼합된 향기이다.

고급 요리에 주로 이용되고 구이, 전골, 스프 등에 쓰이고 갓이 핀 것은 조미 통조림으로도 이용한다.

③ 양송이(*Agaricus bisporus* <Lange> SING.)

양송이(mushroom)는 야생종을 개량하여 1902년 Duggar에 의해 균체 조직을 인공배양하여 재배하기 시작하였으며 우리나라에서는 1964년 처음으로 통조림용으로 재배하기 시작하여 요즈음은 동굴, 지하실 등에서 재배되고 있다.

양송이의 야생종은 북부 유럽의 따뜻한 산야에서 영양분을 섭취하였다가 봄, 가을에 찬바람과 비를 맞고 자극을 받아 땅위로 솟아 나온다.

양송이의 형태는 간단하여 영양 기관인 균사체와 번식 기관인 자실체로 되어있다.

갓은 지름 5~10㎝ 정도의 둥근 모양이고 편평하며 갓 둘레는 밑 부분으로 말리게 되어 있다.

양송이는 대부분이 흰색종이고 크림색종, 갈색종 등 3가지이다.

재배 양송이는 마분(馬糞)을 사용하거나 볏짚을 12~14℃에서 발효시켜 종균을 접종하면 1~5개월 지나 균사가 자라고 온도와 습도를 조절하면 발아하여 5~7일쯤 지난 후 갓이 펴지기 전에 수확한다.

양송이는 저장성이 거의 없어 수확하면 곧바로 출하하거나 통조림으로 해야 된다.

만일 저장을 하려면 2~4℃의 어둡고 통풍이 잘되는 곳에서 저장하면 약간의 저장성은 있다.

양송이의 육질은 아주 연하고 독특하며 향기는 송이보다 못하지만 다른 버섯류보다는 좋다.

무기질과 비타민류가 많으며 섬유소는 특히 적다.

또한 송이버섯과 같이 trypsine, amylase, maltose, protease 등의 효소가 있다.

특히 tyrosinase는 인체 내에서 혈압을 내려주는 작용을 하지만 양송이는 채취한 후 방치하면 산화되어 암갈색으로 되는데 이것은 tyrosinase의 작용에 의한 것이다.

향기성분은 lenthionine과 유기염류에 의해 나타낸다.

양송이는 독특한 향과 촉감이 좋아 서양 요리에 이용되며 통조림용으로도 이용된다. 또 양송이 스프, 샐러드, 튀김 등의 재료로도 이용한다.

양송이 통조림은 크게 줄기 부분을 자르고 갓만 가공하는 버튼형(button), 줄기와 갓을 그대로 가공하는 호올형(whole), 호올형을 세로로 잘라 가공하는 슬라이스 호올형(sliced whole), 그리고 줄기 부분이나 갓의 바깥 부분을 가공하는 피스와 스템형(poece and stem)으로 구분한다.

④ 느타리버섯(*Pleurotus ostreatus* <Jacg.> SACCARDO)

느타리버섯(oyster mushroom)은 송이과로 늦가을에 각종 활엽수에서 자라며 생버섯으로도 비교적 오랫동안 보존되고 우리의 입맛에 잘 맞는 버섯이다.

느타리버섯의 재배법은 표고와 비슷하며 요즈음은 볏짚을 이용하기도 한다.

3~5월과 9~11월 2회 접종하여 갓의 지름이 3~6㎝ 정도 되었을 때 수확한다.

갓은 3~15㎝ 정도이고 부채 모양이나 반달 모양이며 겉면은 밋밋하고 회백색이다. 자루는 짧고 굵으며 백색의 원통형이고 뿌리 부분에 털이 나 있을 때도 있다. 육질은 백색이고 유연하며 맛이 좋다.

느타리버섯은 구이, 스프, 전 등으로 이용한다.

⑤ 기타

목이버섯은 온대 지방의 활엽수에서 년 중 발생되는 버섯으로 자실체가 귀(耳) 모양이고 2~6㎝ 정도이고 표면은 담적갈색으로 매끄러운 편이지만 마르면 흑갈색으로 되고 광택을 띤다.

목이버섯은 흑목이와 백목이가 있는데 중국에서는 백목이를 불로 장수를 할 수 있는 귀한 버섯으로 여겼다.

목이버섯에는 석회와 인산이 많이 있으며 섬유소가 많은 편이고 맛이 산뜻하다.

이 외에 일본에서 많이 이용하는 팽나무버섯, 싸리버섯, 갓버섯 그리고 팽이버섯, 음료용으로 쓰이는 영지버섯, 운지버섯 등 식용으로 하는 버섯류는 다양하다.

(7) 해조류

해조류(sea weeds, algae)는 무배 식물(無胚植物)로 엽록소를 가지며 광합성으로 독립 영양을 하는 바다에 분포된 식물의 총칭이다. 즉, 해조류는 뿌리, 줄기, 잎, 유관 속의 구별이 없고 잎(엽상체)과 뿌리(가근부)로 이루어져 있는 바다 식물이다.

해조류는 물에 살기 때문에 모래, 뻘, 바위 등에 부착할 수 있는 부착기를 가지고 식용으로 할 수 있는 것을 물의 깊이에 따라 색깔로 구별하여 남조류, 녹조류, 갈조류, 홍조류로 나누며 60여종이 식용 가능하다.

남조류(blue algae)는 간조 때 노출되는 바위나 수초 등에 붙어 있거나 물위에 떠서 생육하는 것으로 chlorophyll a, phycoerythrin, phycocyan 색소를 가지고 있으며 남조 전분을 가진 흔들말, 염주말, 물 때 등이 있다.

녹조류(green algae)는 일반식물과 비슷한 성분을 가지고 있으며 세포는 cellulose에 싸여있고 얕은 물에서 자란다.

Chlorophyll a, b, xanthophyll, phyloxanthin, phylosine 등의 색소를 가지고 있으며 녹색을 띠어 전분을 합성한다.

녹조류에 속하는 것으로는 담수에서 자라는 chlorella, senedesmus, 해수에서 자라는 파래, 청각 등이 있다.

갈조류(brown algae)는 다세포로 이루어져 있으며 뿌리, 줄기, 잎의 기관이 구별되고 부착기로 바위 등에 붙어 자라며 한해(寒海)에서 잘 자란다.

색소는 chlorophyll a, carotene, phycocyan, frcoxanthin 등이 있고 다시마류, 미역, 톳 등이 갈조류이며 식품으로서 이용되는 것이 많다.

홍조류(red algae)는 깊은 바다 난해(暖海)에서 잘 자라며 galactose를 주체로 하는 홍조 전분을 만든다.

색소로 chlorophyll a, carotene, phycocyan, phycoerythrin이 있어 홍색을 띤다.

우뭇가사리류, 김, 풀가사리류 등이 있으며 식용 및 특수 성분 제조에 많이 이용된다.

해조류의 식품 가치로는 저장성이 뛰어나 날것으로나 건조시켜 식용할 수 있으며 다양한 색깔이나 종류가 많아 계절감이 뛰어날 뿐만 아니라 특수 무기질이 있어 갑상선, 모발 등에 효과가 있고 칼로리가 낮아 정장 효과와 다이어트 식품으로 가치가 있다.

또한 특수 성분이 있어 한천, 알긴산, 카라기난 등을 제조하여 식품의 안정제나 증점제 등으로 이용한다.

1) 김(*Porphyra tenera* KJELLMAN)

김(laver)은 홍조류로 보라털과에 속하는 해초이며 색은 홍자색, 흑자색 등 여러 가지가 있고 붉은 색의 phycoerythin, 푸른색의 phycocyan, 노란색의 xanthophyll 그리고 chlorophyll로 구성되어 있다.

김은 잎이 1개 또는 2개 층의 세포로 엷은 막으로 되어 있으며 모양은 여러 가지이지만 길이 15~25㎝, 폭 5~10㎝ 정도이다.

김은 우리나라에서 200여 년 전부터 양식이 행해져 왔으며 전남 완도지역이 중심지로 서해안과 남해안에서 주로 채취한다.

채취 시기는 1, 2월이 최적이고 4월이 지나면 맛과 품질이 떨어진다.

단백질과 탄수화물이 각각 40% 정도 들어있으며 특히 단백질이 우수하다.

비타민은 프로비타민 A가 10,000~40,000 I.U.로 많으며 C, B_1, B_2도 풍부하고 무기질로 Ca, P, Fe 등도 많아 영양이 좋고 맛도 좋아 동양에서는 겨울 식품으로 널리 이용되고 있다.

김은 maillard 반응에 의해 갈변이 되기 쉽고 물에 젖거나 햇빛에 노출되면 chlorophyll이 분해되어 phycobilin으로 되어 홍자색이 적갈색으로 변하고 맛과 냄새도 나빠진다. 또한 phycoerythin은 가열하면 phycoegan으로 되어 홍자색이 없어지고 녹색으로 된다.

김의 맛은 glutamic acid, alanin, glycine 등에 의해 구수한 맛을 내며 냄새는 dimethyl sulfide에 의한 것이다.

마른 김이나 조미김, 물김으로 이용하며 각종 식품으로 많이 응용되고 있다.

2) 미역(*Undaria pinnatifida* <HARVEY> SURINGAR)

미역(sea mustard)은 갈조류로 곤포과에 속하는 우리나라, 일본의 특산품으로 봄에서 여름까지 성장하는 1년생 해초이다.

뿌리는 섬유상이고 줄기는 편원형이며 잎이 줄기를 중심으로 좌우에 날개 모양으로 붙어 있고 끝 부분은 꽃 모양으로 되어 있다.

색은 황갈색, 흑자색이며 미역 표면에 점액 세포가 있어 끈적거린다.

미역의 색은 fucoxanthin, violaxantin 등의 luteine, β-carotene 등의 carotinoid색소가 들어있다.

미역의 점액 물질은 algin, alginic acid 등이다.

미역의 탄수화물은 mannit, alginic acid 등으로 구성되어 있어 소화되지 않으며 단백질은 약간 들어 있으나 지방질은 거의 없다.

비타민은 A, B_1, B_2, nicotinic acid, C 등이 들어있고 무기질은 특히 Ca가 많으며 요오드도 풍부하다.

생미역, 마른미역, 염장미역 등으로 각종 식품에 널리 쓰인다.

3) 다시마(*Laminaria spp.*)

다시마류(sea tangle)는 갈조류로 2~3년생의 해조이며 짧고 굵은 줄기로 바위에 붙어서 자란다.

다시마는 10여종이 있고 7~8월에 2~3년생의 것을 채취한다.

잎은 두껍고 표면은 미끈거리며 약간 쭈글거리는 무늬가 있고 길이는 2~5㎝, 폭은 20~30㎝ 정도이고 황갈색, 홍갈색을 나타낸다.

성분은 50% 이상이 탄수화물이고 이중 섬유소가 20% 정도이며 나머지는 mannit, alginic acid 등이다.

단백질과 지방은 적으며 비타민은 A와 B_1이 들어 있다.

무기질은 풍부하여 Ca, P, Fe, I 등이 많으며 특히 다른 해조류보다 K와 I가 많이 들어있다.

건조 다시마의 겉 부분의 흰가루는 mannit이며 glutanic acid가 많아 감칠 맛을 내어 조미료로 많이 이용한다.

다시마는 생으로도 쓰이며 건조하여 튀김으로도 이용하고 요즈음은 다시마 차로도 가공한다.

4) 우뭇가사리(*Gelidium amansii* LAMOUROUX)

우뭇가사리(agar agar)는 홍조류이며 다년생으로 3~4년 정도 자라고 4~10월에 채취한다.

길이는 10~15㎝ 정도이고 4~5개월 정도 분지하여 원추형으로 되며 혁질(革質)이어서 탄성이 있다.

성분은 탄수화물 75%, 단백질 2~3%, 지방 0.1% 정도이며 Ca와 Fe가 많이 들어있다.

탄수화물은 galactose로 이루어진 한천으로 세포 내에 들어있는데 우뭇가사리를 끓여서 착즙하여 응고, 동결, 융해 등으로 탈수 건조시키면 한천이 된다.

한천은 젤라틴 대용, 성형제, 보수제, 안정제, 물성 유지제 등의 식품 가공에 많이 이용한다.

또한 미생물 배양의 배지, 변비치료제 등으로 이용도가 매우 높다.

5) 클로렐라(*Chlorella spp.*)

녹조류에 속하는 클로렐라는 엽록소가 있고 무성 생식에 의해 증식하는 식물이다.

광합성 능력과 번식력이 강하여 햇빛과 영양이 있으면 기하 급수적으로 자란다.

클로렐라는 단백질이 많아 식량으로의 이용에 관하여 연구 대상이 되고 있다.

구형, 타원형의 단세포 식물로 지름이 3~16μ 정도이고, 짙은 녹색을 띠고 있다.

건조한 클로렐라의 성분은 단백질 50~55%, 지방 5~10%, 탄수화물 20%, 섬유소 10%, 회분 10% 정도이며 비타민류로는 A, C, B군이 풍부하고 무기질은 Mg, S, K, Na, Mn 등이 있다.

특수 성분으로 nucleotide가 있어 영양가는 높으나 소화가 잘 안되고 특유의 풋내가 있어 식품으로의 이용에 어려움이 있다.

그러나 단백질은 대단히 좋으며 젖산균의 증식을 촉진시키고 각종 아미노산과 nucleotide를 추출하여 식품에 첨가하면 맛과 향 등을 개선할 수 있어 식품으로의 이용이 꾸준히 연구되고 있다.

6) 기타

녹조류인 파래류는 관상(管狀)으로 엽록소가 많고 푸른색을 띠며 광택이 있어 겨울과 봄철에 수확하여 생것으로 식용하거나 김치, 국거리 등에 이용한다.

갈조류의 톳과 모자반은 모자반과에 속하는 해초로 황갈색의 톳은 1~3월, 6~7월에 수확하여 알긴산의 원료로 이용한다.

모자반은 1년 생 해초로 긴 가지가 많고 큰 것은 5~6m까지도 자라며 식용, 사료용 등에 이용한다.

〈표 4-22〉 해조류의 일반 성분

식품명	수분	단백질	지방질	탄수화물		회분	Ca (㎎)
				당질	섬유		
건조미역	10.4	10.4	0.7	42	-	35.8	870
다시마	16.8	22.0	1.3	30	5.8	24.3	1040
톳	-	9.7	1.9	1.4	-	-	360
건조파래	17.4	19.7	1.4	36.5	2.3	18.1	403
건조김	12.9	32.7	0.8	39.2	1.7	7.7	196
건조모자반	10.2	15.2	1.7	43	2.7	27.2	935

식품명	P (mg)	Fe (mg)	비타민				
			A(I.U.)	B_1	B_2	niacin	C
건조미역	258	14	400	0.21	0.25	10.0	15
다시마	740	22	-	-	-	-	-
톳	-	-	450	0.01	0.20	-	-
건조파래	512	130	35000	0.11	0.30	12.2	27
건조김	500	17.6	45000	0.40	1.50	5.4	20
건조모자반	230	68	7400	0.21	0.61	2.5	2

3 동물성 식품 재료

동물성 식품은 소재별로 축산물과 수산물로 나눈다.

축산물은 수조류(獸鳥類)의 고기(肉), 젖(乳類), 알(卵)과 이들을 가공한 것이고 수산물은 수많은 어패류와 그 가공품들의 식품 재료를 일컫는다.

동물성 식품 재료는 단백질과 지방질이 풍부하며 철분, 비타민 B군의 중요한 공급원으로 이용되고 있다.

인류가 원시생활을 할 때 야생의 식물을 생식으로 하였고 들짐승이나 들새들을 사냥하고 어패류를 잡아 생식하였을 것으로 추측된다.

이어 불을 이용하면서 점차로 익혀 먹게 되었고 조리를 하였을 것이다.

야생 동물은 사냥하다가 점차 길들여 생활에 도움을 얻게 되었고 가축으로 기르게 되면서 경제적 개념을 가지고부터는 개량을 하여 동물성 식품으로 자리잡아 고기의 양과 질 그리고 풍미 등을 개량하게 되어 식육용뿐만 아니라 알용 또는 젖용으로 이용하게 된 것이다.

우리나라에서는 소득 증대로 동물성 식품의 소비가 급격히 증가하고 있으며 영양 공급과 균형적 식생활의 노력으로 앞으로도 증가가 예상된다.

(1) 식육류

인간이 섭취하는 동물의 고기를 식육(meats)이라 하며 소고기, 돼지고기, 닭고기, 양고기, 토끼고기, 오리고기 등을 일컫는다.

식육류는 단백질, 지방질, 비타민 B군, 무기질의 중요 공급원으로 이용되는 살코기와

혀, 꼬리, 장기 및 기타 가식부를 가르킨다.

1) 식육의 구조와 특성

① 식육의 구조

동물체의 근육을 결체 조직과 지방 조직이 골격이나 다른 부위와 결합되어 있는 것으로 근섬유의 구조에 따라 횡문근, 평활근, 심근으로 구별한다.

기능에 따라서 횡문근은 수의근, 평활근은 불수의근이고 심근은 구조적으로는 횡문근이지만 기능적으로는 평활근이며 식용을 하는 것은 횡문근이다.

횡문근은 근원섬유, 근장 그리고 핵으로 구분되는 근초(sarcoleme)로 싸여 있고 이 근초가 다발을 형성하여 결체조직으로 근섬유가 되고 근섬유는 다시 다발을 형성하여 혈관, 임파선, 신경, 지방 등과 독립된 근육을 만드는데 이를 골격근이라 한다.

근섬유는 길이 1~40㎜, 굵기 0.01~0.1㎜ 정도이나 동물의 종류, 기능, 영양상태 등에 따라 다르며 근섬유 다발의 크기는 근육의 강도에 관계가 있다.

평활근은 긴 방추형으로 중앙이 비만해 있고 근원섬유, 근장, 핵 등은 있지만 근초가 없는 대신에 세포 표면은 육장이 무구조의 막상층을 하고 있으며 근섬유 다발은 결체조직으로 싸여 있다.

심근의 근섬유는 굵고 가는 여러 가지의 짧은 원추형을 하며 짧은 가로, 세로의 결제조직의 혼합된 구조로 이루어져 있다.

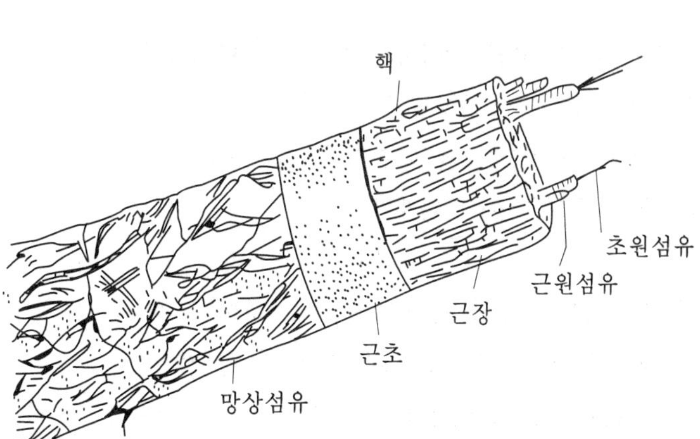

〈그림 4-14〉 근섬유의 구성

지방 조직은 지방구를 갖는 지방 세포가 결합 조직에 싸여 이루어져 있고 피하, 내장, 신장, 그리고 근육과 근육 사이에 많이 분포되어 있다.

비육한 가축에서 지방은 근육 중에 침적되어 대리석 모양을 한 형태로 되어 고기의 풍미와 가치를 높인다.

이들 근육과 지방 조직 그리고 골격 등은 서로 결착하여 생체의 조직이나 장기 사이의 틈을 채우고 근섬유나 지방 조직을 쌓고 근섬유 다발을 묶으며 골격이나 결합조직의 성분은 형성 단백질인 collagen, elastin 등이다.

② 식육의 성분

화학적 성분은 동물의 종류, 품종, 성별, 연령, 몸의 부위, 도살 후 경과 시간과 저장 조건, 계절, 사료, 노역의 정도 등 여러 조건에 따라 다르며 같은 조건이라도 시료 채취 방법이 다르면 성분 차이를 나타낸다.

일반적으로 식육은 수분이 70~75%, 단백질 20%, 지방 5~10%, 무기질 1~10% 정도이며 탄수화물은 거의 없다.

㉠ 단백질

육류의 단백질은 고형물의 80% 정도로 15~25% 정도를 차지한다.

각 단백질은 근육 조직의 구성 위치나 각종 염류의 용해도에 따라 육장 단백질(근원섬유 단백질 + 근장 단백질)과 기질 단백질로 나뉘며 함량은 동물의 종류, 나이, 근육의 종류 등에 따라 달라진다.

근원섬유 단백질은 근원섬유를 구성하는 섬유상의 단백질이자 염류 용액에 녹는 염용성 단백질로 전 단백질 양의 약 60%를 차지한다.

기질 단백질과 함께 근육의 구조를 이루고 근육의 수축, 이완에 크게 관여하며 사후경직, 식육의 수분 유지, 결착성 등과 관계가 깊다.

근원섬유 단백질은 myosin, actin 그리고 actomyosin 등으로 구성되어 있다.

근장 단백질은 수용성으로 구상 단백질이라고도 하며 근원섬유 사이의 근장에 존재하는 단백질이며 근장은 근원섬유 사이를 채우고 있는 세포질이다.

근장 단백질인 myogen, myoalbumin, globulin 류, myoglobulin 등이 있으며 방치하면 일부 단백질이 응고 침전하여 투명한 육청(muscle serum)으로 된다.

기질 단백질은 결합조직을 구성하는 경단백질로 결체 조직, 신경, 혈관 등으로 근원섬유 다발을 묶어서 힘줄에 연결하고 골격에 붙여준다.

기질 단백질은 교원성 섬유(collagen)와 탄력성 섬유(elastin)로 되어있으며 albuminoid 류이다.

기질 단백질은 육류의 맛과 조직에 영향을 준다.

〈표 4-23〉 육류 단백질의 필수아미노산 함량

아미노산 \ 고기류	소고기	돼지고기	양고기	닭고기	말고기	토끼고기
threonine	700	700	850	730	930	970
isoleusine	790	770	870	800	980	1000
leusine	1400	1300	1500	1400	1700	1700
lysine	1400	1400	510	1500	1900	1900
methionine	440	440	210	480	550	580
phenylalanine	680	650	750	680	850	830
valine	850	870	930	880	1000	1100
tryptophane	190	200	220	290	240	240

식육 단백질의 전 질소 중 글로불린태 75~80%, 알부민태 4~8%, 젤라틴태 4~5%, 비단백태 2~10%로 구성되어 있으며 필수 아미노산의 조성이 매우 우수하고 특히 lysine, leucine 등이 풍부하여 곡류 단백질의 보충 효과가 있으나 tryptophane 과 methionine은 적게 들어 있다.

식육 단백질의 비단백태 질소는 염기성 성분이 많아 육염기라고도 하는데 영양가는 적지만 향기와 자극성이 있고 특수 작용도 하여 고기의 풍미와 관계가 깊다.

㉡ 지방질

식육의 결합 조직에 저장되어 있는 지방질은 지방 조직을 이루고 있고 축적 지방과 근세포를 구성하는 조직 지방으로 나누며 동물의 종류, 성별, 나이, 사육 조건 등에 따라 함량의 차이를 보이나 5~10%이다.

지방질은 triglyceride가 대부분이고 지방산은 palmitic acid, stearic acid, oleic acid, linoleic acid 등으로 구성되어 있고 다른 식품에 비교해 불포화 지방산이 적게 들어 있는 편이다.

지방질의 융점은 맛과 식감에 영향을 끼치는데 〈표 4-24〉와 같이 비교적 융점이 낮은 돼지고기, 닭고기 등이 식감이 좋다.

〈표 4-24〉 육류 지방질의 융점

	소고기	돼지고기	양고기	말고기	닭고기	토끼고기
융점(℃)	40~50	33~45	45~55	30~43	30~32	35~45

㉢ 탄수화물

식육에는 탄수화물이 0.5~1.0%로 거의 들어 있지 않으나 주로 glycogen, glucose, lactose 등이며 말고기에는 약 5~10% 정도로 비교적 많은 편이다.

그러나 식육으로 사용할 때는 glycogen은 도살 후 해당 작용으로 쉽게 분해가 되어 거의 존재하지 않은 편이다.

㉣ 비타민과 무기질

비타민류는 다른 식품에 비해 적은 편이지만 B군이 풍부하다.

근육보다는 간이나 장기 등에 비타민류가 풍부하다. 특히 돼지고기의 비타민 B군은 다른 육류에 비교해 B_1이 많아 비타민 B군의 공급원으로 좋다.

식육의 무기질은 1% 정도이며 동물별 차이는 거의 없으며 K, P, S, Na, Cl, Mg 등은 많이 들어 있으나 Ca는 적은 것이 특징이다.

〈표 4-25〉 육류의 비타민

(mg/100g)

비타민 \ 종류	소고기		돼지고기	양고기	닭고기	
	고기	간			가슴	다리
Thiamin	0.09	0.25	0.95	0.18	0.05	0.08
Riboflavine	0.19	3.3	0.24	0.22	0.16	0.20
Niacine	5.1	14.0	3.5	5.2	10.7	5.2
Pantothenic acid	0.62	7.40	0.40	0.59	-	-
비타민 B_6	0.41	0.74	0.48	0.32	-	-
비타민 B_{12}	2.2	65.0	1.0	2.2	-	-
비타민 A(IU)	6	9400	5	0	51	34

③ 식육의 사후 변화

식육의 도살 후의 변화 과정은 해당과정 ⇒ 사후경직 ⇒ 경직해제 ⇒ 자가소화 ⇒ 부패로 구분할 수 있다.

식육은 도살 직후에는 살아 있을 때와 비슷하여 pH와 actomyosin량은 거의 변화가 없다.

그러나 시간이 흐르면 근육중의 글리코겐이 분해되어 젖산이 생겨서 pH가 산성쪽으로 되면서 산성에서 활성화되는 ATPase에 의해 ATP가 분해되어 인산이 생겨 산성이 더 크게 나타낸다.

이렇게 되면 myosin이 ATP를 잃어버리게 되고 그 대신 actin과 결합하여 actomyosin이 생기게 되어 경직을 일으키는데, 이를 사후 경직(mortis rigor)이라 한다.

최대 경직까지의 시간은 동물의 종류, 도살전의 동물 상태, 저장 온도 등에 따라 다르며 온도가 높으면 빠르고 도살 전 운동시켜 피로하면 빠르다.

최대 경직까지의 시간은 소와 말이 12~24시간, 돼지가 8~16시간, 닭이 6~12시간 정도이다.

경직 기간중의 식육은 점점 연해지는데 이를 경직 해제(rigor off)라 한다.

해경은 결합체의 이온들이 상태에 따라 수화성이 증가하고 actomyosin의 형태가 변화되며 산성에서 활성을 띠는 protease에 의해 늘어난다고 추측한다.

그러나 actomyosin이 actin과 myosin으로 재 분해되지는 않는다.

경직 해제가 계속된 것은 각종 효소의 활성화에 의해 일어나는데 이를 자가소화(autolysis)라 한다.

자가소화는 가용성 단백질, peptide, 각종 아미노산 등의 수용성 질소 화합물이 증가하여 고기가 더욱 연해지고 맛이 좋아지는데 이러한 변화는 저장 중에 일어나는 현상으로 이 상태에 이른 고기를 숙성(aging)이라 한다.

자가소화는 온도가 높으면 빨라지는데 소고기는 0℃에서 8~14일 정도 걸린다.

알맞은 자가소화는 식용에 알맞은 식육이 된다.

자가소화가 계속되면 완전 숙성 후에 세균 등에 의해 부패(putridity)가 되어 식용으로 하기에 부적합하게 된다.

부패가 되면 단백질이 분해되어 trimethylamine, histamine 등 여러 부패 생성물이 생기고 악취가 난다.

④ 도살 전후의 처리

식육으로 사용하는 동물은 도살 전후에 알맞은 처리를 해야만 식품 재료로서 가치를 높일 수 있다.

도축해야 할 가축은 건강해야 되고 영양 상태가 좋고 정상적인 활동을 한 것이어야 한다.

그리고 도살 전에 생체 검사를 실시하여 합격된 가축만 12~24시간 동안 안정시키며 물만 먹여 혈액순환을 좋게 하고 체온을 조절하여 소화 분비를 촉진시킨 후 도살해야 한다.

일부 국가에서는 경쾌한 음악을 틀어주거나 실내 온도를 맞춰 주기도 한다.

도살 전 가축이 불안정, 피로, 스트레스 등의 상태이면 과격한 혈액 순환, 체온 상승 등에 의해 방혈이 어렵고 글리코겐의 소모, 색소 불안정 등이 있다.

도살하는 방법은 타격법(Knocking Method), 전살법(Electric Shot), 가스법(Gas Method) 등이 있다.

도살할 때는 가능한 가축의 고통이 적게 하고 죽거나 기절하였을 때 즉시 목동맥이나 정맥을 절단하여 완전히 방혈시킨다.

도살한 가축은 방혈, 탈모, 박피 후 빨리 낮은 온도로 하여 내장과 식용 가능한 불가식부를 제거하고 척추를 중심으로 2분 도체(semicarcase)를 한다.

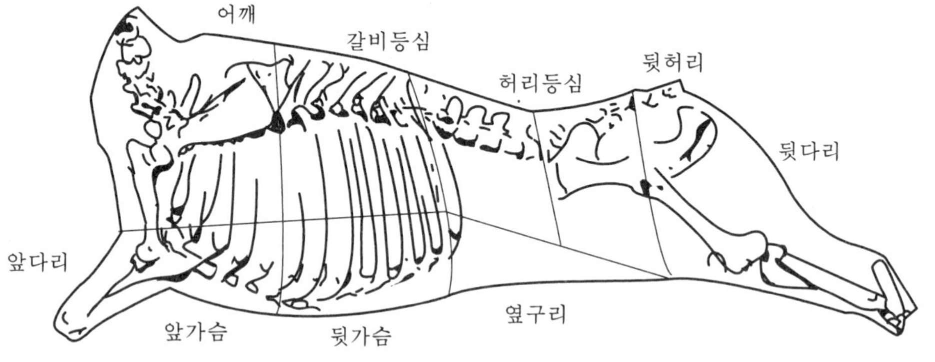

소도체

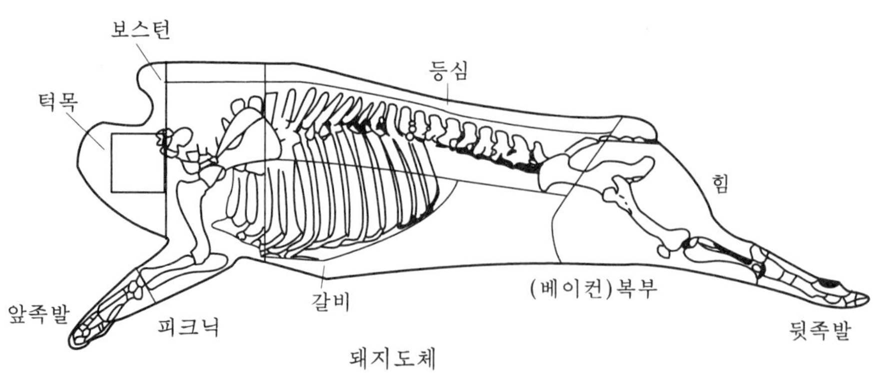

돼지도체

〈그림 4-15〉 소, 돼지의 도체와 분할방법

도살 후에 도체율과 정육율을 계산하여 유통에 이용하며 도체육은 가능한 저온에서 처리하는 것이 바람직하다.

도체율은 생체의 중량(live weight)에 대한 도체의 중량에 대한 % 비율로 나타내는 것이고, 정육율은 도체에 들어있는 불가식 부위인 뼈 등을 빼낸 가식 부분의 정육을 생체나 도체부터의 생산량을 %로 표시한 것이다.

도체육은 생산자로부터 최종 소비자까지 식육의 품질을 보장하는 수단으로 등급 제도가 활용되고 있다.

2) 식육의 종류

① 소고기

소는 약 1만 년 전부터 사육하기 시작한 오래된 가축 중의 하나로 주로 사육하는 나라는 인도, 미국, 중국, 브라질, 아르헨티나, 호주 등이다.

우리나라의 단군 신화에서도 소를 사육하였다는 기록이 있으며 역용으로 사육하였으나 현재는 육용, 유용 등으로 사육되고 있다.

소는 품종에 따라 육용, 유용, 역용 및 겸용 등이 있으며 맛과 영양 등이 각각 다르다.

비육된 암소나 거세한 수소의 고기(beef)는 선홍색~적갈색으로 광택이 있으며 독특한 향미를 가진다.

〈표 4-26〉 식용소의 종류와 특징

종 류		원산지	색	체 중(Kg)		도육비율(%)	특 징
한 우		한 국	황갈색	350	450	50~55	체질이 튼튼하여 역용 가치가 높다.
비육우	쇼트혼 (shorthorn)	영 국	적갈색 또는 백색	650~900	1200~1400	65~74	양질사료가 있어야 하며, 조방사육이 어렵다.
	애버딘앵거스 (aberdeenangus)	스코틀랜드	흑색	45~550	800~1000	65	성질이 활발하고 양질의 사료가 있어야 한다.
	헤리포드 (hereford)	영 국	적갈색에 머리, 목, 배가 백색	700~800	1000	67	체질이 튼튼하여 방목에 적합하다.
	브라만 (brahman)	미 국	회백색 또는	450~680	720~990	60	성질이 양성적이며 피부가 굳어져 있다.
	샤프레 (charolais)	프랑스	순백의 단색	750	1140	60~63	온순 영리하며 기후, 질병에 강하고 육량이 풍부하다.

근섬유는 가늘고 탄력이 있으며 섬유사이에 백색 지방이 섞여 대리석 모양으로 보이는 마블링(marbling)을 만들며 이 마블링이 잘 형성된 것을 상등육으로 한다.

송아지 고기는 16주 미만을 veal, 6~9개월 된 것을 calf라 하여 고급 고기로 여기며 지방이 적고 근섬유는 가늘고 연하며 담적색을 띠고 있다.

늙은 소나 수소는 근섬유가 거칠고 딱딱하며 결합 조직이 많고 특유한 향미가 강하며 지방질은 황색이고 암적색을 띤다.

소고기는 정육율이 40~45% 정도이며 내장은 약 30% 정도이다.

소고기의 단백질 함량은 약 20% 정도로 아미노산 조성이 우수하지만 tryptophan과 mithionine이 부족하다. 또한 양고기와 같이 지방질의 융점이 높아 가공 및 조리에 신경을 써야 한다.

소고기는 부위에 따라 맛과 특징이 있으며 육질에 따라 특등육, 상등육, 보통육, 등외육의 4등급으로 나눈다.

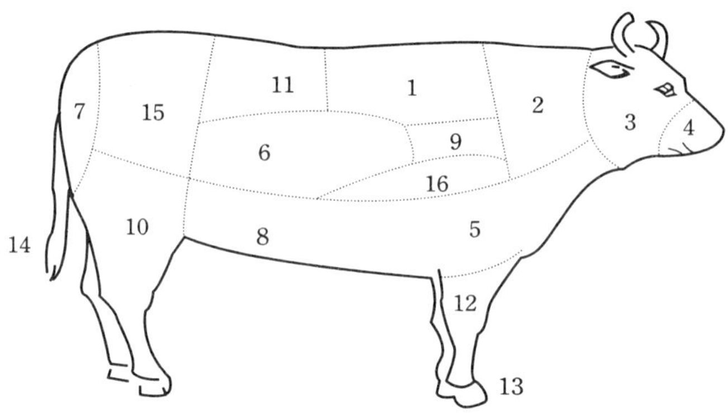

1. 등 심
2. 장정육
3. 머 리
4. 소 혀
5. 양지육
6. 안 심
7. 우둔육
8. 업진육
9. 갈 비
10. 대접살
11. 채끝살
12. 사 태
13. 족
14. 도간의
15. 홍두께살
16. 쐬악지

〈그림 4-16〉 소고기의 부위

소고기는 주로 생육이나 냉동육 등으로 쓰이지만 염지육, 코온드 비프(corned beef), 건조 및 육포 등에도 이용하며 혀, 꼬리, 내장, 머리, 간, 뼈 등도 식용 및 가공용으로 이용된다.

〈표 4-27〉 소고기의 부위별 특징과 용도

부 위	특 징	조리예
등심	등골 뒤에 붙은 고기로, 살코기에 지방이 종횡으로 가는 그물처럼 섞여 있어서 육질이 연한 특등육이다.(marbling육)	불고기, 전골 스테이크, 로스
안심	갈비 안쪽에 붙은 고기로 육질은 등심과 비슷하나 고기 두께가 좀 얇다.	고급 스테이크 로스, 전골
목심	지방이 적고 섬유가 섞여서 육질이 질기다.	불고기 스테이크 편육스튜(stew)
양지육	섬유질이 섞여서 질기다.	편육, 찌개, 분쇄육
업진육	지방과 붉은 살이 3겹으로 되어 있고 맛이 좋으나 좀 질기다.	편육, 국, 찌개, 볶음, 전골, 다진고기
대접살	빛깔이 붉은 살코기로 맛이 담백하다. 표면에 지방이 있으면 더욱 좋다. 두꺼운 곳은 연하고 얇은 곳은 질기다.	전골, 장조림, 육회, 포, 볶음, 다진고기
우둔육	지방이 적고 붉은 살코기로 육질이 연하고 맛이 좋다.	육포, 회, 장조림
홍두깨살	지방과 살코기가 적당한 비율로 섞여 있어서 보기에도 좋고 질기지도 않다.	스테이크, 조림 볶음, 불고기
갈비	부드럽고 적당하게 지방이 있어 맛이 좋다.	찜, 탕, 구이

② 돼지고기

돼지는 멧돼지를 가축화하여 식용으로 하는데 석기시대부터 사육된 것으로 추측된다.

현재 돼지의 품종은 100여종이고 중국종과 서양종, 그리고 개량종으로 구별하고 있으며 중요한 품종으로는 요크셔(yorkshire), 버크셔(berkshire), 랜드레이스(landrace), 햄프셔(hampshire), 듀룩저어지(durocjersey), 북경종, 재래종 등이 있다.

돼지고기(pork)는 일반적으로 담홍색이지만 연령, 부위에 따라 다르다.

돼지고기는 근섬유가 가늘고 연하며 특유의 향미를 가지고 있고 단백질과 지방질이 소고기에 비교해 약간 적은 편이지만 질이 좋은 우수한 단백질원이다.

특히, 돼지고기는 마블링이 뚜렷한 것이 특징이며 지방질은 돼지고기의 육질을 결정하는 요인으로 희고 단단하며 소화가 좋고 부위에 따라 함량이 다르다.

돼지고기는 수분함량이 많아 보수력이 떨어져 가공에 주의하여야 하며 다른 축육과 마찬가지로 기생충의 감염에 조심해야 된다.

돼지고기의 특이한 냄새 제거에는 파, 마늘, 생강을 혼합하여 사용하거나 간장, 된장, 고추장 등의 이용 또는 사과, 파인애플, 레몬 등을 이용한다.

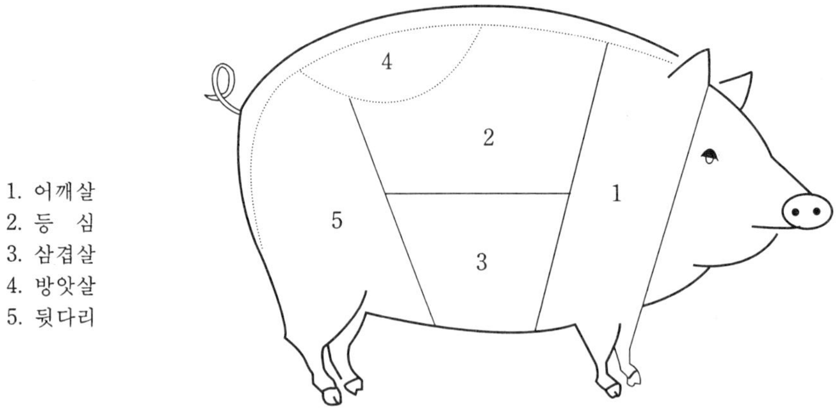

〈그림 4-17〉 돼지의 부위

돼지고기는 불고기 또는 삶아서 제육으로 이용하며 햄, 소시지, 베이컨 등의 재료로 적합하고 중국 요리나 서양 요리에 다양하게 쓰인다.

〈표 4-28〉 돼지고기의 부위별 특징과 용도

부위	특징	용도
어깨살	색이 진하고 질기지만 지방질이 골고루 섞여 있다.	다진고기요리, 조림
등 심	근섬유가 적어 연하고 표면이 지방질로 덮여 있으며 맛이 좋다.	튀김, 구이
삼겹살	살과 기름이 3겹으로 되어 있다.	구이, 조림, 찜, 편육
방앗살	근육질이며 지방질과 힘줄이 많다.	찜, 조림
뒷다리	지방질이 적은 편이며 살결이 촘촘해 부드럽다.	다진고기, 구이

③ 양고기

양은 아라비아 지역의 야생종을 사육하기 시작한 것으로 양모용, 모피용, 유용, 겸용 등으로 나뉜다.

양고기(mutton)의 근섬유는 가늘고 조직은 단단하지 않기 때문에 연하며 맛이 좋고 소화가 잘된다.

색깔은 소고기보다는 옅고 돼지고기보다는 진한 선홍색을 띠며 1년 이상 된 양고기는 특유의 냄새가 있어 1년 이하의 새끼 양고기(lamb)를 고급으로 취급하며 냄새 제거에는 식초나 레몬즙을 이용한다.

융점이 45℃ 정도로 높으며 지방질은 백색으로 근섬유에는 적고 피하 지방층에 많이 축적된다.

양고기는 전골, 구이, 징기스칸 요리 등에 적합하다.

양고기와 비슷한 염소(goat)는 양고기보다 색이 옅으며 근섬유 사이의 지방질이 적고 특유한 냄새를 가진다.

고기의 맛이 좋아 약용이나 보신용으로 널리 애용되고 있다.

④ 토끼고기

토끼는 집토끼(rabbit)와 산토끼(hare)가 있으며 사육되는 토끼는 모용종(毛用種)과 모피육 겸용 그리고 잡종으로 나누며 남부 유럽에서부터 사육되어졌다.

토끼고기는 근섬유가 부드럽고 지방질이 적어 맛이 담백하며 담홍색을 띠고 있고 닭고기와 비슷하다.

토끼고기는 점성이 있어 보수성, 결착성이 강하나 조리하면 딱딱한 맛을 낸다.

또한 닭기름이나 돼지기름을 섞으면 닭고기나 돼지고기의 맛을 나타내는 순응력이 있으며 lysine, threonine 등의 아미노산이 많다.

⑤ 칠면조고기

칠면조는 멕시코 지역에서 사육되어진 것으로 털색으로 백색종, 흑색종, 청동색종, 잡종 등으로 나눈다.

고기는 연하고 맛이 담백하며 특유한 풍미가 있다.

통구이나 삶아서 이용하며 콘소메 등으로 많이 이용된다.

이외에 닭고기보다 비타민 B군이 많은 오리고기, 기러기를 순화시킨 거위, 메추리, 꿩, 조류 등이 닭고기와 같이 많이 이용되고 있으며 타조도 사육되어 식용으로 하는 추세이다.

⑥ 닭고기

가금류인 닭은 동남아시아의 들닭을 사육하면서 식육으로 되었으며 육용, 알용, 애완용 등이 있다.

닭고기는 수분 70%, 단백질 20%, 지방질 10% 정도이며 부위에 따라 성분 차이가 많고 지방질의 융점은 낮아 부드럽다.

병아리고기는 연하고 부드러우며 수탉고기는 질기지만 일반적으로 닭고기는 연하고 맛과 냄새 등이 좋다.

〈표 4-29〉 닭의 부위별 특징

부 위	특 징
전 체	연령에 따라 고기의 질이 다르며 4~5월의 1.0~1.3kg 정도의 것이 좋으며 탕, 찜, 튀김 등에 이용
날 개	위 날개는 색이 희고 연하며 지방질이 적다. 아래 날개는 지방질과 젤라틴이 많아 맛이 좋다.
다 리	붉은 살로 날개보다 근육이 질기나 맛과 모양이 좋다.
가 슴	흰 살로 다리보다 부드럽고 맛이 담백하다.
내 장	영양분이 풍부하고 다른 식육보다 부드럽다. 비타민 B군과 A가 많다.

⑦ 고래고기

고래류(whales)는 수산물로 취급되는 포유동물로 고기의 성질이 수육과 비슷하다. 고래류는 지구상에 존재하는 가장 큰 동물로 약 80종이 있으며 태평양을 중심으로 전 해역에서 서식하고 있다.

고래는 크게 수염 고래류와 이빨 고래류로 구별한다.

식용으로 하는 것은 수염 고래류이며 부위에 따라 다양한 특징과 맛을 나타낸다.

등쪽의 붉은 살이 대부분으로 특이한 냄새가 있고 항문에서 꼬리 부분까지의 꼬리 살은 대리석 모양으로 되어 있으며 맛이 가장 좋다.

고래고기는 냉동육, 염장육, 선육 등으로 생식, 소시지, 햄 등으로 가공되며 부산물로 기름, 간유, 젤라틴 등도 있다.

고래기름(鯨油)에는 껍질기름, 내장기름, 뼈기름, 살기름, 머리기름 등이 있다.

주로 용출법으로 추출하며 정제하여 식용유나 마아가린의 원료로 쓰이며 공업용으로도 용도가 넓다.

흰 긴수염고래, 긴수염고래, 정어리고래, 이빨고래, 향고래 등이 식용 및 기름용으로 이용된다.

(2) 젖 류(Milks)

젖은 젖먹이 동물의 어린 새끼가 발육하는데 필요한 영양소로 천연의 완전 식품에 가까우며 각 성분의 소화 흡수가 뛰어나다.

가축의 젖은 고대부터 인류에게 중요한 식량으로 가축을 기르면서부터 식품 가치가 있는 식품으로서 인정받은 것으로 생각된다.

젖의 이용은 문명 발생지를 중심으로 문화 형성과 함께 고유한 지역 식품을 만드는데 큰 역할을 하여 왔으며 식용하는 것뿐만 아니라 발효유, 건조유 등으로 발전되었다.

우리나라의 기록에는 7세기 경 우유 문화가 형성되었다고 하였고 북방 유목민과 불교 문화에 의한 전래되었을 것으로 추측할 수 있다.

현재 우리나라는 국민소득 증대와 영양보급 균형 등의 국민 노력과 정부의 적극적인 낙농 정책 등으로 급속한 발전을 이루고 있다.

1) 젖의 생성

① 유방의 구조와 분비

젖의 분비 기관인 유방(乳房, udder)은 유선 상피조직으로 되어 있는 각각의 독립된 유선(乳線, alveolus)에 연결되어 있다.

이 유선이 모여 유선소엽(lobules)이 되고 다시 모여 유선엽(lobe)이 되어 하나의 큰 포도송이 같은 모양으로 되어 가는 유조관을 거쳐 1개의 유조(gland cistern)가 되며 여기에 젖이 모이게 된다.

즉, 유선에서 분비된 젖(milk)은 유선소엽과 유조관을 거쳐 유조에 모이게 되고 유방의 근육 작용, 뇌하수체 호르몬 작용으로 유두(乳頭, teat)의 작은 구멍인 유공(乳孔, canal)이 열리면 착유가 되어 젖으로 이용한다.

유선은 2차 성장에 도달하면 뇌하수체 호르몬인 prolactin, 난소의 선포 호르몬인 esterone, 황체 호르몬인 progesterone의 공동작용으로 분화 발달된다.

임신하게 되면 난소 태반에서 분비되는 암컷 호르몬과 뇌하수체 호르몬의 작용으로 유방이 커지게 되고 분만하면 유즙이 분비되기 시작한다.

젖은 소화 흡수될 성분들이 혈액과 임파관 내에 들어가서 유선동맥, 임파관을 거쳐 선포세포로 보내진다.

아미노산은 젖단백질로 재합성되며 탄수화물의 일부가 젖지방질로, 젖당은 포도당이 유선 세포에서 생성된다.

착유하거나 새끼가 젖꼭지를 빨면 꼭지의 괄약근이 열려 젖이 분비된다.

이렇게 분비된 젖은 비유기(lactation stage), 연령, 계절, 사료 종류, 환경조건, 착유시기, 질병 유무에 따라 성분이 다르며 특히 분만 후 1주일 동안에 분비된 초유(colostrum)는 독특한 향을 가지며 가열하면 쉽게 응고하고 면역 단백질이 많으며 진한 황색을 띠고 고형물이 20% 정도이다.

2) 젖의 성분과 특성

① 젖의 성분

유류 중 가장 중요한 우유의 성분은 수분 85~90%, 단백질 2.5~4.5%, 지방질 3.0~6.0%, 젖당 4~5%, 회분 0.5~1%로 구성되어 있으며 약 90여 종의 각종 성분이 들어 있다.

〈표 4-30〉 우유와 모유의 일반성분

(가식부분 100g중)

식품명	폐기율(%)	열량(Cal)	수분(%)	단백질(%)	지질(%)	탄수화물		회분(%)
						당질(%)	섬유(%)	
우유	0	59	88.6	2.9	3.3	4.5	0	0.7
모유	0	61	88.2	1.4	3.1	7.1	0	0.2

㉠ 단백질

우유의 단백질은 평균 3% 정도이며 casein이 78%, lactoalbumin 10%, lactoglobulin 3%, 그 외 protease와 pepton, 비단백태 질소 등으로 구성되어 있다.

가장 중요한 casein은 우유를 pH 4.6으로 할 때 응고 침전되는 단백질로 α, β, γ- 형이 있으며 인산 칼슘과 결합하여 콜로이드를 이루고 우유의 색을 나타낸다.

Casein은 소화율이 높고 glutamic acid와 lysine이 많으나 함황아미노산은 적은 편이다.

Casein은 rennin에 의해 응고되며 그 과정은 다음과 같다.

$$\text{카제인} \xrightarrow{\text{rennin 첨가}} \text{수용성 파라카제인} \xrightarrow[\text{칼슘염}]{\text{pH 4.6}} \text{불용성 파라카제인}$$

우유 중에서 카제인을 산 또는 rennin으로 응고 침전시키고 남은 용액은 유청(milk serum) 또는 whey라 하며 우유의 casein을 뺀 나머지 단백질로는 열에 불안정한 lactoalbumin, 초유에 많은 lactoglobulin, protease, peptone, 유리아미노산, carotene, creatinine, urea, uric acid, 암모니아 등이 있다.

〈표 4-31〉 우유와 모유의 아미노산 조성

(mg/100mℓ)

아미노산	우유	모유	아미노산	우유	모유
Isoleucine	86	212	Arginine	56	124
Leucine	161	356	Alanine	35	75
Lysine	79	257	Aspartic acid	116	166
Methionine	23	87	Cystine	29	29
Phenylalanine	64	173	Glutanic acid	230	80
Threonine	62	152	Glysine	0	11
Tryptophane	22	50	Proline	80	250
Valine	90	228	Serine	69	160
Histidine	23	80	Tyrosine	62	190

㉡ 지방질

우유의 지방질은 3~6% 정도이며, 0.1~0.2μ 정도 크기의 작은 구형으로 물에 분산된 에멀젼 상태를 유지하고 있다.

우유의 지방질은 중성 지방질이 98~99%, 그밖에 인지방질과 sterol, 기타 지용성 비타민 등으로 구성되어 있다.

지방산 조성은 60~70%가 포화 지방산이며 다른 지방질보다 특이한 것은 저급 지방산, 홀수 지방산이 많으며 이것은 우유나 버터, 치즈 등의 유가공품의 맛과 향의 형성에 관계가 깊고 특히 젖산은 우유 지방질의 특징적 지방산이다.

인지방질은 레시틴과 세파린 등으로 구성되어 있고 에멀젼 형성에 도움을 주지만, 유가공이나 저장 중에 산화되는 물질이기도 하다.

그 외 물질로는 스테롤류와 비타민 A, D, E, K 그리고 색소 등이 있다.

우유를 균질화시키지 않고 정치시키면 지방구가 떠올라와 윗층에 cream층을 형성시킨다.

ⓒ 탄수화물

우유의 당질은 젖당(lactose)이 대부분이며 그 외에 미량의 glucose, sucrose와 유기산인 구연산 등이 들어 있다.

우유의 젖당은 우유 고형물의 대부분을 차지하며 α, β형이 혼합된 형태이고 가열하면 쉽게 갈변된다.

젖당은 lactase에 의해 분해 흡수되는데 이 효소가 결핍되면 젖당 불내증(lactose intolerence)을 일으키는데 체내에 남아 있는 lactose는 미생물에 의해 분해되어 가스와 설사를 유발시키거나 lacto urea 증세를 나타내기도 한다.

젖당은 체내에서 흡수가 높고 장내 미생물에 의해 lactic acid를 생성하며 pH를 저하시키고 칼슘 등의 양이온 금속 흡수율을 높여주어 콜레스테롤 대사를 촉진시킨다.

ⓔ 무기질과 비타민

우유의 무기질은 이화학적 성질에 큰 영향을 끼치는 중요한 성분으로 1% 정도 들어 있다.

우유 무기질의 특징은 Ca와 P가 많으면서도 비율도 적당하며 K, Na, Mg, Cl 등도 많고 Zn, Fe, Ca, Mn, F, I 등도 들어 있다.

미량 성분인 Fe와 Cu는 기구나 용기 등에서도 용출되어 포함되는데 용출된 성분들은 우유 가공품에 산화 냄새를 나타내는 원인이 되기도 한다.

또한 환경 오염에 의한 방사성 물질들도 우유에 함유될 수 있다.

우유의 비타민류는 지용성 비타민으로 A, D, E, K 등이 있고 수용성 비타민으로 B_1, B_2, B_6, niacin, biotin, folic acid, choline, C 등이 함유되어 있다.

그러나 안전성에 있어서 살균이나 저장 그리고 용기 등에 주의해야 한다.

우유의 효소로는 peroxidase, xanthin oxidase, catalase 등의 산화환원효소와 lipase, phosphotase, protease, amylase 등의 가수분해효소, 기타 reductase, lactase, hydrogenase 등이 있다.

이 효소들은 유제품의 가공에 필요한 것도 있지만 우유의 변질과 부패에 관여하므로 가공이나 저장에 유의해야 된다.

① 이화학적 성질

㉠ 성질

우유는 물에 각종 성분들이 용해, 현탁, 분산 등의 형태로 존재하며 카제인 입자와 지방구의 크기에 따라 복잡한 우유 특유의 색을 나타낸다.

신선한 우유의 pH는 6.5~6.6(25℃), 적정 산도는 젖산 환산으로 0.15~0.16%이며 우유의 선도를 측정하는 지표로 이용된다.

우유의 비중은 15℃에서 1.027~1.037로 평균 1.032이며 지방과 고형물 함량에 관계가 있고 점도는 0℃에서 물 100으로 하면 220이고 온도가 올라가면 낮아진다.

또한 빙점은 -0.55℃, 비점은 100.55℃이고 비열은 15℃에서 0.938이며 우유의 성분 중 염류와 젖당이 빙점과 비점의 변화를 일으킨다.

우유를 그대로 놓아두면 비중이 작은 지방구(0.92~0.93)는 떠올라 cream층으로 분리가 되는 creaming 현상을 일으키며 점도가 낮고 지방구가 클수록 이 현상은 빠르게 나타난다.

우유는 원심력을 이용하면 분리가 빨라지며 이를 이용하여 버터, 생크림 등을 제조한다.

㉡ 성분의 변화

▶ 가열에 의한 변화

우유를 40℃ 이상으로 가열하면 표면에 엷은 막이 생긴다.

이 Ramsden 현상은 열에 의해 점도가 낮아지면서 지방질이 알부민과 서로 엉겨 붙어 표면변성이 생기기 때문이다.

막의 성분은 지방질이 70% 이상이고 단백질이 20~25%이며 가열에 의한 단백질의 변성 때문인데 가열할 때 교반하거나 수분증발을 낮춰주면 약간 방지할 수 있다.

우유를 63℃에서 30분 정도 가열하면 카제인의 응고성에는 특별한 변화가 없으나 그 이상에서는 레닌에 의한 응고가 느려지면서 연하고 고운 curd가 형성되는 히스테레시스(histeresis) 현상이 일어난다.

이것은 가열한 우유가 소화력이 좋으며 치즈 제조시에 중요한 역할을 하는 것으로 원인은 가용상 칼슘 β-lactoglbulin 등이다.

75℃에서 10분 이상 가열하면 가열취(cookde flavor)가 생기는데 이는 lactoglobulin, 지방구 중의 단백질, 막 단백질의 활성화, S 화합물의 활성화 등에 의해 일어난다.

냄새는 톡 쏘는 독특한 냄새이며 오랫동안 가열하면 캐러멜 냄새로 바뀐다.

또한 우유를 가열하면 갈색화 반응(browning)을 일으키며 질소화합물은 비단백태 질소의 양을 증가시킨다.

특히 가열할 때 금속용기를 사용하면 우유와 금속용기 표면에 유석(milk stone)이 형성되어 살균효과의 저하와 고형물의 손실 등을 가져오기도 한다.

그 외에 용해도 변화, 산도 증가, 칼슘의 변화 및 비타민의 손실 등이 가열에 의해 일어난다.

▶ 냉동과 균질화에 의한 변화

우유를 동결하게 되면 지방구가 유화력을 잃게 되며 성분의 분리가 일어나 외관이 나쁘게 되므로 동결할 때는 -30℃ 이하의 급속동결을 하여 유화력, 지방분리 및 단백질의 변성을 막아주어야 한다.

또한 방치하면 creaming 현상이 발생하므로 균질화(homogenization)하여 크림 분리를 막고 맛도 부드럽게 만들어 품질을 향상시켜야 한다.

즉 크기가 일정하지 않은 지방구를 균질기를 통하여 2000~3000lb/inch^{2}의 압력 하에 50~60℃ 정도로 0.1~0.2μ 정도의 지방구로 균일하게 만들어야 한다.

균질화는 지방구의 분쇄뿐만 아니라 카제인의 물리 상태를 변화시켜 점도를 증가시키고 지방구에 카제인의 흡착을 쉽게 하여 지방구의 분리를 막아 주는 역할을 한다.

균질화시킨 우유는 커드 형성과 크리밍 현상을 막아주고 성분의 상호 작용 증대, 산패취 억제, 색도 유지 등의 효과가 있다.

▶ 응고의 변화

우유는 단백질과 지방질이 산, 열, 알콜 등에 의하여 응고, 침전된다.

우유에 젖산균이 번식하면 젖산 등에 의해 카제인이 응고되며 치즈, 요쿠르트, 카제인 등의 원료로 이용하고 있다.

신선한 우유는 60℃, 30분 이하 또는 100℃ 이하에서 알부민과 글로부린류는 응고하지만 카제인은 130~150℃에서 응고되기 시작한다.

그러나 젖산이 생긴 우유는 끓여 주어야 카제인을 응고시킬 수 있다.

우유의 산도가 0.21% 이상이면 알콜 70%와 같은 양의 우유 혼합물은 응고가 되지만 신선한 우유는 응고가 되지 않아 알콜 응고성은 우유 검사에 이용한다.

그러나 산도가 낮더라도 칼슘 함량이 높거나 유방염에 걸린 우유는 응고한다.

치즈 제조에서 카제인 응고는 protease인 rennet을 이용한다.

① 젖의 미생물과 품질

㉠ 미생물

우유는 유선으로 분비되어 나올 때는 무균 상태이지만 착유 이후에 오염이 될 수 있다.

우유의 오염은 착유 시의 유방과 유두의 오염, 젖소의 오염, 착유 장소, 착유자 오염, 착유 기구, 착유 후의 저장, 수송과정 등에서 일어난다.

우유는 영양소가 균형있게 들어 있어 미생물에 좋은 배지가 되기 때문에 방치하면 급속 번식하여 변질, 부패를 일으켜 음용이나 가공에 영향을 끼치게 된다.

우유의 미생물 오염은 세균, 효모, 곰팡이 등에 의해 일어나지만 일반적으로 세균이 문제가 된다.

세균은 병원성으로 탄저병의 *Bacillus anthracis*, 유방염의 *Brucela abortus*, 결핵의 *Mycobacterium tuberculosis*, 파상풍균인 *Streptococcus pyogenes*, 기타 병원균인 *E.coli*, *Salmonella*, *Staphylococcus* 등이 있다.

비병원성 세균으로 부패와 관계되는 젖산 발효 산패 및 점패균으로 *Streptococcus*, *Micrococcus*, 대장균군, *Pseudomonas*, *Flavobacterium* 등이 있고 이취 발생균으로 *Pseudomonas*, *Alcaligenes*, *Achromobacter*, *Micrococcus* 등이 있다.

기타 세균으로 색소 형성균, 가스 발생균, 단백질이나 지방질 분해 세균 등이 있다.

효모와 곰팡이에 의한 우유의 변질은 원유에 들어 있는 일부 효모와 곰팡이에 의한 것이지만 그리 심한 편은 아니다.

㉡ 검사와 관리

우유의 품질은 국민 보건 위생에 중대한 영향을 끼치므로 국가에서 성분 규격이나 보존에 관한 기준을 정하여 품질과 안전성을 확보하고 있다.

일반적으로 원유를 집유하는 과정에서 수유 검사(platform test)를 실시하여 규격미달, 오염, 부정 원유, 이상 원유 등을 구별한다.

우유 검사에는 관능 검사, 이화학적 검사, 세균 검사 등으로 구분한다.

관능 검사는 냄새, 맛, 점성, 이물질 검사 등이 있으며, 객관적이지 못하지만 시간과 경비가 절감된다.

이화학적 검사로 알콜 검사는 우유와 70% 알콜을 0.5㎖씩 혼합하여 응고되는 것을 부적합 판정하는 방법으로 우유의 신선도, 산패를 결정하는 가장 간편한 방법이다.

적정 산도 검사는 일정량의 우유를 중화시키는데 필요한 알칼리량으로 계산하며 신선 우유의 적정 산도는 0.15~0.18%를 기준으로 변질될수록 값이 높아지는 원리를 이용한다.

비중 검사는 신선우유의 15℃ 비중인 1.028~1.034(평균 1.032)를 기준으로 고형물의 가감 여부를 결정하는 방법이다.

지방 검사는 지방 함량 3.0~3.5%를 기준으로 우유 가격 산정, 생산 능력, 부정 우유 등을 식별하는데 이용된다.

세균 검사는 원유의 세균을 배양하여 현미경 조사로 1㎖에 400만 마리 이하로 판정하며 간이법으로는 methylene blue를 지시약으로 우유에 첨가하였을 때 청색이 빨리 사라지면 세균이 많다고 판정하기도 한다.

우유의 식품 공전상 정의는 "원유 또는 원유에 비타민이나 무기질을 강화하여 살균 또는 멸균 처리한 것이나 유가공품으로 원유 성분과 유사하게 환원한 것을 살균 또는 멸균 처리한 것을 말한다"이다.

우유의 유통과 관리는 원유의 생산, 수송, 처리 등에서 검사체계를 강화하여 제품의 규격 및 안전 유통에 관리를 철저히 해야 한다.

우유는 보존기간이 짧아 원유의 생산, 판매, 소비 과정이 신속하고 위생적이어야 하므로 원유의 집유, 생산, 수송, 저장, 판매 과정이 관리되어야 하며 규격에 따라 살균 및 저온 저장 유통 시설이 갖추어져야 한다.

3) 젖의 이용

우유는 수분이 많지만 각종 영양소가 많으며 단백질의 조성이 좋고 각 성분의 소화율이 높아 이용성이 대단히 높다.

칼슘 공급원으로 중요할 뿐만 아니라 비타민 A와 B_2의 공급원이기도 하며 식이의 질적 향상에 역할이 큰 식품재료이다.

젖소에서 생산된 원유 또는 생유를 이용하여 많은 종류의 유제품을 제조, 가공하고 있다.

① 시유(City or market milk)

생유를 여과, 살균, 냉각 등의 처리와 균질화 처리를 하여 용기에 넣어 식품 위생상 안전하게 음용할 수 있도록 보존한 것을 시유라 한다.

시유에는 첨가물로 비타민과 무기질 이외에는 사용할 수 없으며 이 성분들을 가감하여 여러 종류의 우유를 제조하기도 한다.

우리나라 시유의 품질규격은 이미·이취가 없고 유지방질이 3.0% 이상, 무지 고형물

8.0% 이상, 산도 0.18 이하, 총균수 40,000 이하/㎖, 대장균 10 이하/㎖, 15℃에서 비중 1.028~1.034로 규정되어 있다.

시유는 살균 방법에 따라 유통 기간이 달라지며 포장 용기도 여러 형태를 사용한다.

② 연유(Condensed milk)

우유의 수분을 증발시켜 농축한 것을 연유라 하며 무가당 연유, 가당 연유, 강화 연유 등이 있으며 가당 연유는 우유에 설탕을 넣고 약 1/2.5로 농축시킨 것으로 설탕이 40~45% 정도 들어있어 보존성이 있다.

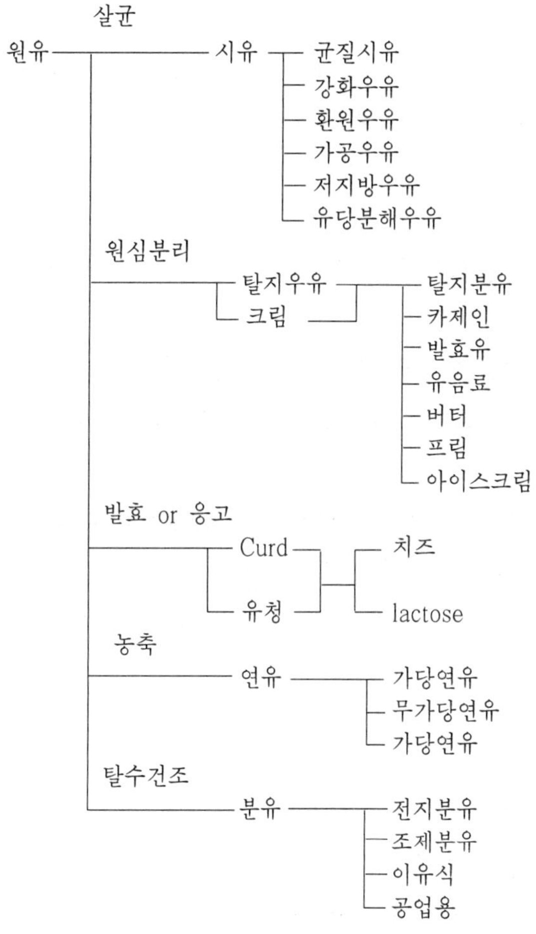

〈그림 4-18〉 우유의 일반적 이용

무가당 연유는 우유를 약 $\frac{1}{2}$로 농축시킨 것으로 유고형분 25% 이상, 유지방질 7.0% 이상이며 보존성이 없기 때문에 115~118℃에서 살균한다.

연유는 환원 우유나 농축 우유의 원료, 공업용 등에 주로 이용된다.

③ 분유(Powder milk)

분유는 수분 함량 5% 이하로 탈수 건조한 것으로 보존성이 좋으며 용해도가 크고 혼화성이 있다.

분유에는 전지 분유, 탈지 분유, 가당 분유 등이 있다.

분유의 건조는 주로 분무 건조를 하기 때문에 단백질의 연화로 소화율이 높고 비타민 C와 B_1 이외에는 감소가 거의 없다.

조제 분유는 유아용 안전식을 목적으로 제조하는 것으로 인유와 우유의 차이를 좁히기 위해 여러 영양 성분을 배합하여 건조하는 분유이다.

④ 크림(Cream)

크림은 우유에서 분리한 지방질 함량이 높은 부분으로 일반적으로 원심력을 이용하여 분리한다.

크림은 사용 목적에 따라 지방질 함량을 조절하는데 가정용이나 커피용으로는 18~20%, 버터와 아이스크림 제조용으로는 40%, 양생과자용으로는 40~50%인 것이 사용된다.

또한 지방질 함량이 80% 정도인 특수 크림(플라스틱 크림)도 있다.

시판 크림은 살균을 하여 약 4℃에서 냉장 보관된다.

크림은 뚜렷한 향미와 지방질에 의한 에너지 그리고 비타민 A의 공급원으로 널리 이용되고 있다.

⑤ 버터(Butter)

크림을 더욱 분리하여 80% 이상의 지방질 함량을 나타나게 한 것을 버터라 하며 원료 크림에 발효 여부, 가염 여부에 따라 구분한다.

버터의 규격은 유지방질 80% 이상, 수분 16% 이하, 무지 고형분 1%이며 소화율은 98% 정도이고 비타민 A도 풍부하다.

버터는 신선하고 특유한 향기가 있으며 이취가 없는 것이 좋으며 보관시에는 광선이나 공기와 접촉을 피해야 하며 장기 저장하려면 -17℃ 이하의 저장 온도가 필요하다.

버터는 빵에 발라 사용하거나 조리용으로 부침이나 구이에도 쓰이며 스프 등으로도 이용한다.

⑥ 아이스크림(Ice Cream)

아이스크림류는 크림에 연유, 탈지 분유, 설탕, 유화제, 안정제, 향료 등을 첨가하여 혼합 동결시킨 것이다.

아이스크림의 주성분은 유지방질과 무지 고형분이고 그 외 단백질, 당질은 골고루 혼합되어 있으며 특성상 향기뿐만 아니라 조직감, 경도, 촉감 등이 좋아야 하고 실온에서도 잘 녹지 않아야 한다.

아이스크림은 유지방질의 양에 따라 아이스크림, 아이스밀크, 아이스샤벨, 아이스케익으로 구별한다.

⑦ 치즈(Cheese)

치즈는 젖성분 중 단백질(casein)을 응고시키고 지방질과 그 밖의 성분을 엉기게 하여 얻은 커드(curd)를 분리하여 가열, 가압 등을 처리하여 발효시킨 것이다.

치즈는 단백질을 발효시키기 때문에 단백질, 지방 이외에도 칼슘, 비타민 A와 B군이 많아 풍미와 소화 흡수율이 좋다.

치즈의 종류는 약 500여종으로 다양하며 천연 치즈와 가공 치즈로 구분하고 수분 함량에 따라 수분 30~40%의 경질 치즈, 40~50%의 반경질 치즈, 50~70%의 연질 치즈로 구별한다.

또한 천연 치즈는 생산지, 생산 방법, 원료 등에 따라 다양한 고유 명칭을 가지고 있다.

⑧ 발효유

주로 탈지유를 원료로 젖산균이나 알콜 형성균에 의해 발효시킨 음료로 생균이 들어있는 것이 특징이다.

탈지유에 *Lactobacillus*나 *Streptococcus*균을 발효시켜 제조한 요쿠르트(yoghurt)는 유단백질, 무기질, 비타민 등이 들어있고 젖산 발효에 의해 소화 흡수가 좋으며 젖산균이 살아있기 때문에 장내에서 부패균의 증식을 억제시키므로 정장 작용을 한다.

알콜 발효유로는 케피아(kefia), 쿠미스(koumiss) 등이 있으며 발효시키지 않고 탈지유에 각종 유기산과 향료, 설탕 등을 첨가하여 조제하는 산유음료도 있다.

4) 유용가축

① 젖소

젖소는 품종에 따라 비유량과 성분이 다르며 비유량은 착유 횟수에 따라 결정되며 일반적으로 하루에 4회 정도가 적당하다.

㉠ 홀스타인(Holstein)

우리나라에서 사육되는 대부분의 젖소로 네덜란드 원산으로 추위에 강하고 사육이 쉬우며 비육도 잘된다.

털이 흰색과 검은색의 얼룩으로 되어 있으며 체중은 비유젖소가 650kg, 성숙한 숫소는 1,000kg을 기준으로 한다.

비유량이 가장 많은 편으로 연평균 4,000~5,000kg이고 유지방 함량은 3.2~3.6% 정도이며 우유는 지방구가 작아 시유용, 연유, 분유, 치즈 원료로 많이 쓰인다.

㉡ 저지(Jersey)

영불 해엽의 Jersey 섬이 원산지인 흑갈색~연한갈색의 젖소로 몸집이 작으며 유제품의 원료 젖으로 가장 적합한 품종이다.

체중은 비유 젖소 350~450kg, 숫소 550~700kg 정도이며 비유량은 연간 2,300~2,700 kg 정도로 적은 편이나 유지방율이 5.9%, 유고형분이 15% 정도로 젖소 중에 가장 높은 편이다.

지방구가 크기 때문에 버터나 크림 생산용으로 적합하다.

㉢ 기타

저지와 비슷한 건지(guernsey), 스위스 원산의 브라운 스위스(Brown swiss), 시엔탈(simmental), 영국 원산의 에어셔(ayrshire), 쇼오트혼(short horn) 등이 있다.

② 산양

산양의 젖은 성분이 사람의 젖과 비슷하며 우유보다는 지방질과 단백질이 많은 편이다. 산양 젖은 지방구가 작고 많으며 비중은 약 1.032 정도이고 독특한 냄새가 휘발성 지방산에 의해 나타난다.

산양 젖은 우유에 비교하여 카제인이 적고 알부민이 많아 가열·응고되기가 쉽기 때문에 시유용으로는 가능하지만 유제품 제조에는 문제가 있다.

비유량은 2.7~3.6kg 정도로 적으나 생산비를 고려하면 오히려 젖소보다 경제력이 있고 환경 적응에 뛰어나 생산되는 젖은 고급에 속한다.

품종으로는 스위스 샤넨 지방으로 백색인 샤넨(saanen), 뿔이 없는 토겐버그(toggenburg), 일본샤넨, 알파인(alpnine) 등 다양하다.

③ 면양

젖의 이용이 가장 오래된 유용 면양은 원시시대부터 이용되었지만 젖보다는 털을 이용하기 위해 사육되었기 때문에 생산은 적은 편이다.

대표적인 유용 면양으로는 독일 서북부가 원산인 모피겸용의 오스트프리시안(ostfriesian)이 있고 비유량은 1일 평균 2~5kg이며 연간 400~700kg을 생산한다.

면양 젖은 단백질과 지방질이 우유의 2배 정도이고 백색으로 비중이 1.036 정도이다.

시유용이나 유아의 젖 대용, 기타 버터, 치즈용으로 쓰인다.

(3) 알 류

식용으로 하는 알류(eggs)는 새알, 생선알, 악어알, 거북이알 등이 있으며 가장 많이 이용되고 있는 새알류에는 달걀, 칠면조알, 오리알, 메추리알 등이 있고 달걀이 가장 많이 쓰인다.

달걀은 영양가가 높기 때문에 가정에서 조리 재료로 쉽게 이용되며 여러 가지 물리적 성질을 이용하여 제과, 제빵, 기타 식품 가공에 주·부식 재료로 쓰인다.

달걀의 식품가치는 다양하다.

즉 단백질, 지방과 각종 비타민류, 무기질 등이 풍부하여 우수한 동물성 식품으로 우유와 함께 완전 식품에 가깝다.

또한 유화, 응고, 기포성 등의 특성을 이용하여 식품 가공에 쓰이며 비교적 취급이 쉽고 위생적으로 처리할 수 있으며 신선 상태로 유통이 가능하기 때문에 이용성이 높다.

1) 달걀의 구조

달걀은 타원형으로 둔단부(large end)와 첨단부(sharp end)의 지름이 4:3의 비율로 되어 있으며 표면은 난관에서 분비된 점막 등에 광택이 없고 거칠다.

달걀은 난각(shell), 난백(egg white) 그리고 난황(yolk)의 3부분으로 되어 있다.

난각의 약 10~12% 정도가 탄산칼슘의 결정체로 되어 있으며 표면에는 기공(pore canels)의 작은 구멍이 있고 2겹의 껍질막과 기실로 구성되어 있다.

알 껍질의 기공은 증발, 탄산가스 배출, 세균의 침입 등이 일어나며 각질층(cuticle)으로 덮여있다.

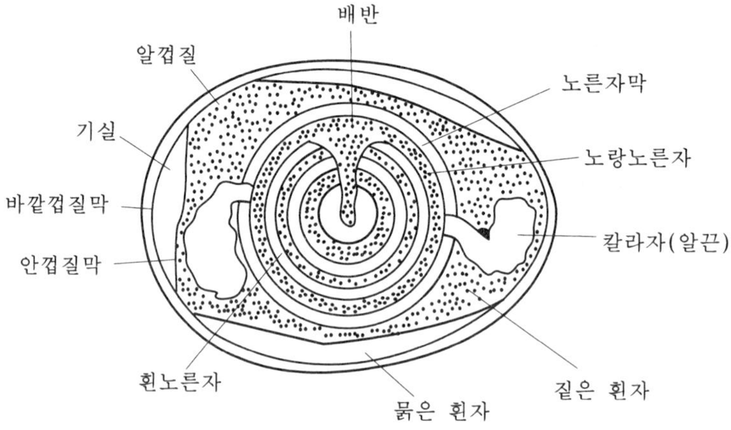

〈그림 4-19〉 달걀의 구조

각질층은 달걀을 보호하는 보호막의 역할을 하며 외부의 압력, 세척 등으로 쉽게 없어지므로 달걀을 저장할 때는 보호막의 손실을 고려해야 된다.

난각 안쪽의 알껍질막은 내막과 외막으로 되어 있으며 둔단부에서 이 난각막이 서로 떨어져 공간을 만드는데 이를 기실(air cell)이라 한다.

기실은 산란 직후에는 없으나 저장하면 수분 증발 등으로 기실이 커지므로 달걀의 신선도를 결정하는 지표로 쓰인다.

또한 난각과 난각막은 삶은 달걀의 껍질을 벗길 때 벗겨지는 부분이다.

난백은 달걀 흰자라고도 하며 45~64% 정도로 4개의 층으로 되어 있다. 4개 층은 농도와 점도에 의해 바깥 묽은 난백(outer thin albumin), 진한 난백(thick albumin), 안쪽 묽은 난백(inner thin albumin) 그리고 알끈(chalaga)으로 되어 있다.

칼라자 부위는 난황을 고정시켜주는 역할을 한다.

난백은 난황 둘레의 점조성 단백질 용액으로 난백막에 싸여 있고 pH 7.6 정도의 약 알칼리성이다.

난황은 노른자 부위로 황색을 띠고 있고 약 26~36% 정도로 달걀의 중심부를 이루며 라테브라(latebra)에 의해 흰색 난황과 노란색 난황이 서로 번갈아 층을 이루고 있다.

난황은 발육 부위로 무정란에서는 발육이 이루어지지 않으며 알류는 오래되면 칼라자, 껍질막, 난황막이 없어지고 서로 섞이게 된다.

2) 달걀의 성분과 구성

① 달걀의 성분

달걀의 성분조성은 품종, 연령, 신선도, 산란기 영양상태 등에 따라 부위별 성분에서 차이를 나타낸다.

〈표 4-32〉 달걀의 일반성분

(%)

구 분	고형물	단백질	지방질	탄수화물	무기질
전란	25~27	12~14	10~12	0.3~1.0	0.8~1.0
난백	10~12	9~11	0.03	0.5~1.0	0.5~0.6
난황	52~55	15~17	30~35	0.2~1.0	1.0~1.2

㉠ 단백질

달걀의 단백질은 13% 정도이나 난백과 난황의 단백질은 그 성분과 양이 다르다.

난백 단백질은 대부분 수용성으로 약 12종류로 구성되어 있으며 ovalbumin이 약 60%로 대부분을 차지하고 있고 conalbumin과 ovomucoid가 각각 15% 정도이다.

Conalbumin은 열에 불안정하지만 금속이온과 결합이 강하며 특히 pH 6에서 Fe^{3+}, Cu^{2+}와 결합하여 분홍색과 황색을 만든다.

Ovalbumin은 교반 하면 쉽게 변성되어 응고하고 열변성에는 비교적 강하여 기포성, 기포 안정성, 유화성, 보수성이 좋기 때문에 이러한 성질을 식품 가공에 많이 이용한다.

〈표 4-33〉 난백의 단백질 종류와 조성

단백질	조성(%)	특징
ovalbumin	60~70	주요단백
conalbumin	10~15	금속결합력 강, 항protease
ovomucoid	12~15	trypsin inhibiter
globulin G1	2~3	ysozyme, 용균작용
globulin G2	4~6	생리활성물질
globulin G3	3~5	
avidin	0.05~0.1	항비오틴작용
ovomucin	1	
ovoglycoprotein		
ovomacroglobulin	0.5	
ovoinhibiter	0.1	항protease
flavoprotein	0.5	riboflavin과 결합

Ovomucoid는 trypsin inhibiter 작용이 있는 당 단백질로 열에 안정하지만 알칼리에서는 쉽게 열에 의해 변성된다.

Ovomucoid의 trypsin inhibiter는 70℃에서 1시간 정도 가열하면 활성을 잃게 된다.

Globulin은 3가지 종류가 있으며 특히 globulin G1은 lysozyme으로 conalbumin과 같이 항 protease 작용이 있다.

Avidin과 lysozyme 등은 여러 가지 생리 작용을 하는 단백질이 들어 있어 부화할 때에 영양원, 미생물에 대한 용균 작용으로 달걀의 저장성 등에 관여한다.

난황 단백질은 노른자의 50% 정도이며 고형물중 30% 정도로 아미노산 조성이 좋은 고급 단백질이다.

대부분이 인단백질(phosphoprotein)이며 지방질이 결합한 지방단백질(lipoprotein)로 존재한다.

Lipovitellin과 lipovitellenin은 40%의 중성 지방질과 60%의 인지방질로 구성되어 있으며 각각 vitellin과 vitellenin으로 되어 있다.

Phosvitin은 인단백질로 철이온과 강한 결합으로 수용성 화합물을 형성하는 물질이다.

또한 livetin은 수용성 단순 단백질로 침전성이 있으며 난황효소를 가지고 있다.

〈표 4-34〉 난황의 단백질 조성과 특징

단백질	조성(%)	특징
lipovitellin	43~45	인지방질+중성지방질+vitellin
lipovitellenin	30~32	인지방질+주성지방질+vitellenin
phosvitin	20	P 함유, 인단백질
livetin	14~16	수용성단순단백질, 대부분의 난황효소

㉡ 지방질

달걀의 지방질은 난백에는 거의 없고(0.05~0.1%) 대부분이 난황에 들어 있다(30%).

난황의 지방질 함량은 품종, 사료 등에 따라 달라지며 중성 지방질 60~65%, 인지방질 30~33%, steroid 및 기타 5% 정도로 구성되어 있다.

주요 지방산은 oleic acid(40%), stearic acid(15%), palmitic acid(40%), linoleic acid(7%)이며 불포화도가 높은 편이다.

인지방질은 대부분이 단백질과 결합한 레시틴(lecithin)과 세파린(cephalin)이며 유화성을 가지고 있다.

Steroid는 주로 cholesterol로 영양상의 가치를 가지고 있다.

㉢ 탄수화물

달걀의 탄수화물은 1% 미만으로 난백에 mannose, galactose의 구성 단당류가 인지방질이나 인단백질에 결합하여 존재하며 난황에서는 미량의 glucose, mannose, galactose 등이 유리 상태로 존재한다.

㉣ 비타민과 무기질

달걀 가식부의 무기질 함량은 약 1% 정도로 난백에 0.6~0.8%, 난황에 1.1~1.5% 정도 들어 있다.

난백의 무기질은 P, S가 많으며 난황에는 P와 Fe가 있고 난각에는 Ca가 많다.

난백의 P와 S는 신선도가 떨어지면 PO_4^{-3}의 함량이 증가한다.

또한 달걀을 삶았을 때 난황주변의 녹흑색(錄黑色)은 난백의 S 화합물이 난황의 Fe와 결합하여 흑색이 되고 다시 색소와 결합하여 형성되는 것이다.

난황의 Fe는 가열에 영향을 거의 받지 않기 때문에 직접 흡수되어 혈색소를 형성하는데 이용되므로 우수한 Fe의 공급원이다.

달걀의 비타민류는 생육에 필요한 비타민 A, B_1, B_2, D 및 E가 난황 중에 특히 많이 들어 있으며 비타민 B_2는 난백에 많이 들어 있다.

난황에 많이 들어 있는 비타민 A는 provitamin 형태로 존재하며 거의 들어 있지 않은 비타민 C는 부화할 때 상당량이 존재하는 것이 특이하다.

또한 달걀의 색소로는 난백의 미황색은 flavin에 의한 것이고 난황의 황색은 lutein과 zeayanthin에 의한 것이고 소량의 cryptoxantin과 β-carotene이 들어 있다.

① 달걀의 이화학적 성질

달걀은 영양이 뛰어날 뿐만 아니라 물리적, 기능적 특성이 있어 식품 재료로 많이 이용되고 있다.

㉠ 중량

달걀의 중량은 품종개체, 산란시기 등에 따라 다르지만 일반적으로 55g 정도이다.

난각은 중량의 11~14%를 차지하며 난황과 난백은 86~89%로 난백이 ⅔, 난황이 ⅓ 정도를 차지한다.

각 조류의 중량은 〈표 4-35〉에서와 같으며 메추리알을 제외하고는 알의 중량이 크면 클수록 난황의 비율이 높아진다.

〈표 4-35〉 조류의 알 중량

조류	전란중량(g)	난각(g(%))	난백(g(%))	난황(g(%))
닭	40~60	4~8(10~15)	18~36(45~60)	10~20(25~35)
오리	60~90	6~12(10~13)	27~50(45~60)	18~32(25~35)
칠면조	80~100	8~10(10~14)	44~60(55~60)	20~35(30~35)
거위	150~180	18~25(10~13)	72~110(45~60)	50~65(30~35)
비둘기	15~20	1~2(8~13)	10~12(65~75)	3~4(15~20)
메추리	7~10	1~1.5(12~15)	2~4(35~45)	3~4(40~45)

㉡ 비중, 점도, pH

신선한 달걀의 비중(specific gravity)은 1.088~1.095이고 난각을 제외하면 1.045, 난백은 1.054, 난황은 1.038 정도이다.

달걀의 비중은 저장 기간이 길면 점차 감소되어 10일 후에는 1.070 정도이고 20일 후에는 1.053 정도가 된다.

점도(viscosity)는 신선한 달걀의 난황이 110.0~250.0 정도, 난백은 3.5~10.5 정도이며 점도는 저장 기간이 길면 떨어진다.

비중과 점도를 이용하여 달걀의 신선도 판별을 한다.

달걀의 pH는 신선한 난백의 경우 6.0~7.7 이지만 저장기간이 길면 CO_2가 소비되어 pH가 알칼리 쪽으로 기울며 난백의 점도 등도 낮아진다.

그러나 난황은 신선한 상태의 pH 6.3이 저장 기간에 관계없이 유지된다.

㉢ 동결과 응고

달걀의 동결점은 전체가 0~-1℃, 난백 -0.42~-0.46℃, 난황이 -0.56~-0.60℃이다.

동결된 달걀을 해동하면 난백은 점도가 저하되지만 난황은 점도가 증가한다.

달걀 난백은 약 60℃에서 응고를 시작하여 62~65℃ 정도에서는 젤리화가 되어 유동성을 잃고 완전히 응고시키려면 80℃ 이상이어야 한다.

난황은 약 65℃에서 겔화가 되고 70℃ 정도에서 응고된다.

또한 달걀은 열 이외에 산, 알칼리, 염류, 방사선 등에 의해서도 응고를 일으킨다.

㉣ 기포성과 거품 안전성

거품 생성을 하는 기포성(foamability)은 달걀의 난백 단백질을 교반하면 난백 단백질의 표면이 공기와 접촉하며 변성하기 때문에 표면이 응고되고 엷은 막을 형성하여 생긴다.

기포 안정성(foam stability)은 단백질의 친수성기와 소수성기의 안정에 의해 기포의 형성을 유지하는 능력으로 식품가공에 이용되는 성질이다.

기포 형성은 포면 장력이 작고 증기압이 낮을수록 안정된 기포를 형성하며 단백질의 등전점, 묽은 난백, 온도, 염류, pH, 소금, 설탕, 기름 등의 영향을 받는다.

㉤ 유화성과 교질성

달걀의 유화성은 난백이나 난황에 모두 가지고 있으나 난황이 훨씬 강하다.

난황의 유화성은 지방질 단백질(lipoprotein)에 의해 나타나는데 특히, 레시틴의 성분간 반응기에 의한 것으로 마요네즈(mayonnaise)와 치즈(cheese) 제조에 이용한다.

난백의 유화성은 약한 편이지만 salad dressing의 제조에 많이 이용된다.

보호 교질성(protective colloid action)은 불안정한 콜로이드 용액에 어떤 물질을 첨가하면 안정성이 증가하는데 이때 어떤 물질을 보호교질 물질이라 하며 달걀의 ovalbumin이 가장 큰 보호 교질성을 가진다.

보수성(water-holding capacity)은 달걀의 수분 증발을 억제하며 어떤 물질과 혼합하였을 때 수분을 유지시켜주는 성질이다.

이러한 물리적 성질을 이용하기 때문에 식품 가공 재료로 달걀의 이용성이 높은 편이다.

3) 달걀의 품질과 이용

① 달걀의 품질

달걀의 품질은 크기, 모양, 색깔과 광택, 난각의 두께, 청결도, 내용물의 신선도 및 이상여부 등에 따라 결정한다.

달걀의 크기는 크고 균일한 것이 좋으며 길이와 폭이 4:3의 비율이 좋다.

중량에 따라서는 60g 이상을 특란, 55~60g을 대란, 48~54g을 중란, 42~47g을 소란 그리고 42g 이하는 경란이라 한다.

난각의 두께는 0.2~0.4㎜ 정도이며 보통 0.35~0.34㎜ 정도가 좋고 색과 광택은 닭의 품종에 따라 다르나 보통 백색이나 갈색을 나타내며 부패가 되기 시작한 달걀은 난각에 엷은 푸른색을 띠면서 특유의 광택이 없어진다.

달걀의 규격과 등급은 난황과 난백의 상태를 기준으로 정해지는데 국가별로 약간의 차이가 있다.

달걀의 기실 크기로 품질 평가의 기준이 되는데 지름이 13~15㎜, 높이 3㎜ 정도이며 저장 기간이 길면 수분 증발에 의해 점점 커진다.

② 달걀 검사

▶ 깨지 않고 하는 검사법

가장 일반적인 방법은 투시 검사법(candled method)으로 투시 광선을 이용하여 반투과성을 나타내는 정도에 따라 기실의 크기, 난황의 위치 등을 확인하여 이상 유무를 결정하는 검사법이다.

간이적으로 검사하는 방법으로는 외관 검사, 흔들어 소리로 판정하는 진음(震音)검사, 혀를 둔단부와 첨단부에 대어 측정하는 설감(舌感) 검사, 그리고 비중을 이용하는 검사법이 있다.

〈표 4-36〉 우리 나라의 달걀 등급 기준

구 분		특 급	1 급	2 급	등 외
난 각		청결하고 상처가 없으며, 저상인 것	거의 청결하고 상처가 없으며, 약간 이상이 있는 것	약간 오염되어 있고 상처가 없으며 이상이 있는 것	난각에 상처가 있으며, 현저히 오염되어 있고, 난각의 형상조직이 현저히 불량한 것
투광검란한 경우	난황	중심에 위치하여 윤곽이 엷게 볼 수 있는 것으로 결점이 없는 것	거의 중심에 위치하여 윤곽은 거의 명확하며, 약간의 결점이 있고 약간 퍼져 편평한 것	중심으로부터 상당히 떨어져 있으면 평면꼴로 보이며, 꽤 퍼져서 편평하고 약간의 결점이 있는 것	난황, 난백에 이상이 있는 것으로 혈괴, 기타의 이상물질을 함유하는 것
	난백	투명하여 견고한 것	투명도가 약간 연약한 것	투명도가 연약하며, 액상이고 적은 피덩이가 있는 것	
	기실	깊이가 4㎜이내로서 거의 일정	깊이가 8㎜ 이내로서 약간 이동한 것	깊이가 8㎜이상으로 기포를 함유하고 크게 이동한 것	
난각을 깰 경우	확산면적	적은 것	보통인 것	꽤 넓은 것	
	난황	둥글게 쌓아 올라간 것	약간 편평한 것	편평한 것	
	농후난백	대량으로 쌓아 올라가 난황을 잘 포위한 것	소량으로서 편평하게 된 것	거의 없는 것	
	수양난백	소량인 것	보통량인 것	대량으로 차지한 것	

▶ 깨뜨려 검사하는 법

달걀을 깨어 난백과 난황의 상태를 판정하는 방법으로 난백의 수양화 정도, 색, 투명도, 알끈의 크기 등과 난황의 위치, 색, 난황 표면의 반점유무 등을 검사하여 품질을 결정한다.

측정 방법은 달걀을 깨어 평판상에 놓았을 때의 난백 높이와 직경의 비로 구하는 난백 계수(albumin index)로 신선란의 경우는 난백 계수가 0.06 정도이다.

또한 난백의 높이로 측정하는 방법, 수양 난백의 지름과 농후 난백의 지름과의 비율로 나타내는 방법도 있다.

난황 계수(yolk index) 방법은 난황의 높이와 난황의 평균지름의 비율 등으로 측정하는 방법으로 신선란의 난황 계수는 0.361~0.442 이고 0.3 이하는 노화된 것으로 판정한다.

한편 미국에서 달걀 품질의 측정은 Haugh Unit(H.U.)를 이용한다.

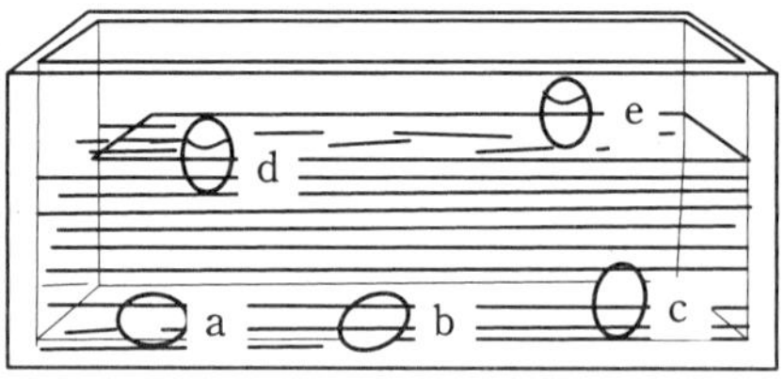

a. 산란직후
b. 1주일후
c. 보통란
d. 오랜된 란
e. 부패란

〈그림 4-20〉 비중에 의한 달걀의 검사

③ 달걀의 저장

달걀은 수분과 영양 성분이 많아 변질될 가능성이 높다.

수분은 난각의 기공을 통하여 증발하므로 저장 기간 중에는 무게가 감소하거나 난황으로 이동하며 난황의 높이를 낮추어준다.

난백 성분은 기공을 통하여 가스로 방출되어 난백 pH가 상승하여 알칼리성을 나타내며 미생물 등에 의해 유화성이나 기포성이 나빠지기도 한다.

달걀의 저장에는 냉장, 냉동법, 가스저장법, 피복법, 침지법 등이 있다.

▶ 냉장, 냉동법

달걀의 어는 온도는 -1.5℃ 정도이므로 일반적으로 신선한 달걀을 2~3℃에서 예비 냉각한 후 0~-2℃, 습도 80~85%로 저장하여 2~3개월 정도 신선한 상태를 유지시켜주는 냉장법이 쓰이고 있다.

달걀의 냉동법은 가공 원료 등으로 쓰이는 달걀을 깨서 내용물을 부분별 또는 전액란을 급속 동결시켜 -15~-18℃에서 저장하는 방법이다.

▶ 가스저장법

달걀을 탄산가스나 질소, 오존 등이 일정한 농도로 혼합된 공기 중에서 저온으로 저장하는 방법으로 저장 기간이 오래되어도 수분의 감소가 적고 pH의 유지가 좋으며 저장취가 나지 않는다.

▶ 피복법

달걀 표면에 유지, 파라핀, 합성 수지, 젤라틴, 왁스 등을 도포하거나 분무 등으로 피복(coating)시켜 수분 증발 억제, 미생물 침입 방지, 탄산가스 분비 억제 등을 목적으로 하는 저장 방법이다.

저장 조건은 0℃, 80~85% 습도에서 하면 저장 기간을 늘릴 수 있다.

▶ 기타

달걀을 규산 소다(sodium silicate), 석회수(CaO포화액), 붕산염, 살리실산 등의 용액에 담가서 저장하는 침지법(pickling)이 있고 왕겨, 톱밥, 석회, 모래 등에 묻어 두는 방습법, 달걀을 물 속에 넣고 58~65℃에서 16분 또는 70℃에서 3분간 가열한 후 냉장하는 가열처리 냉장법, 위의 모든 방법을 병행 처리하는 병행 처리법 등이 있다.

④ 달걀의 이용

달걀은 식품으로 직접 이용할 뿐만 아니라 식품 가공에서 다양하게 이용되고 있다.

다른 축산물에 비교하여 보존성이 좋기 때문에 가공 방법은 발달이 적은 편이지만 동결, 건조, 분말, 피단(pitan), 훈제란 등이 있으며 달걀을 이용한 가공 식품에는 카스테라, 아이스크림, 마요네즈, 달걀 음료, 소시지, 어묵, 달걀 국수 등이 있다.

또한 달걀은 식품 이외에도 화장품, 의약품, 시료, 비료, 제혁공업, 접착제 등에도 원료로 쓰이고 있다.

4) 알류 가금

① 닭

우리나라에서 사육되고 있는 닭은 산란용, 육용 및 겸용 등이 있으며 알 껍질의 색에 따라 백색과 갈색으로 구별한다.

대표적인 백색 산란용 닭으로 백색 레그혼(white leghorn)은 이태리가 원산지이며 발육이 좋아 부화 후 6개월 정도부터 산란을 시작한다.

평균 체중은 암컷이 2.0kg, 수컷이 3.3kg 정도이며 연간 평균 220~230개 정도의 달걀을 생산하며 평균 중량은 55~58g이다.

미노르카(minorca)는 스페인이 원산지이며 평균 체중은 암컷 3.2~3.4kg, 수컷 3.8~4.0kg이고 부화 후 6~7개월부터 산란이 시작되며 연 평균 150~160개의 달걀을 낳으며 평균 중량은 60~65g이다.

플리마드록(barred plymouth rock)은 부화 후 170~200일이 지나면 산란을 시작하며 연간 200~230개의 알을 낳으나 산란 2년차 부터는 약 20%의 산란율 감소가 있다.

그밖에 로드 아일랜드 레드(rhode island red), 와이언도트(wyandotte)와 뉴햄프셔(new hampstire)의 교배종(hamphorn) 등이 있다.

② 오리

오리알을 생산하기 위해 사육되는 오리로는 영국 원산의 카키 캠블(khaki campbell)과 인도 원산지를 영국에서 개량한 인디안 런너(indian runner)가 있다.

카키 캠블은 체격은 작은 편이지만 산란 능력이 좋으며 털색이 카키색이다.

부화 후 4~6개월이면 산란하기 시작하여 연간 백색의 오리알을 200~300개 생산하며 알의 평균 중량은 75g 정도이다.

인디안 런너는 산란능력이 우수하며 활동성이 강하고 연간 약 65~70g의 오리알 150~200개 정도 산란한다.

일반적으로 오리알은 달걀과 비슷한 성분을 가지고 있으나 크기가 70~90g 정도이며 비타민 A와 niacin의 함량은 달걀보다 많으나 P와 Ca 함량은 약간 적은 편이다.

아미노산 조성은 histidine이 많은 것이 특징이며 cholesterol 함량은 높은 편이다.

오리알은 피단 제조에서 달걀보다 가공적성이 좋다.

③ 메추리

메추리(grail)는 꿩과의 새로, 몸길이 15㎝, 체중 130g 정도이며 머리가 작고 꼬리도 짧으며 갈색과 흑색을 띠고 있다.

메추리는 성장이 빨라 부화 후 70일 정도부터 산란이 시작된다.

알의 평균 중량은 11~12g이며 녹백색으로 흑갈색의 반점이 있다.

일반 성분은 달걀과 비슷하지만 난황에 lecithin 함량이 높은 편이며 비타민 B_2도 약간 많다.

메추리알은 주로 영양 식품이나 요리용 등으로 이용한다.

4 수산동물 식품재료

문명의 발생이 강에서 탄생하였기에 인류는 예부터 어패류를 식품으로 이용해 왔다.

특히 우리나라와 같이 동물성 단백질의 섭취가 부족한 사람들에게 축산식품과 더불어 수산동물도 단백질 공급원으로 중요한 위치를 차지하고 있다.

그러나 수산 식품은 축산 식품보다 생산에서 훨씬 유리한 입장으로 국민 보건에 이바지하는 바가 크며 발전의 여지도 많다.

수산식품은 식품 또는 식품 재료로서 다음과 같은 식품 가치를 가지고 있다.

첫째, 종류가 많고 다양하다.

둘째, 성분의 차이가 많고 맛을 내는 시기가 있다.

셋째, 특유의 냄새, 맛, 색이 있고 계절감을 나타낸다.

넷째, 어획량을 예측하기 힘들고 부패 변질이 쉽다.

다섯째, 구성 아미노산이 좋으며 지방질, 비타민, 무기질 등이 풍부하다.

여섯째, 일반적으로 육질이 연하고 소화가 잘된다.

일곱째, 여러 가지 가공 식품을 만들 수 있으며 비교적 반값으로 단백질을 공급할 수 있다.

(1) 어패류의 종류

수산동물은 서식 장소에 따라 담수 어패류와 해수 어패류로 크게 나눈다.

일반적으로 어류, 패류, 갑각류, 연체동물 등으로 나뉘며 형태는 머리, 몸체, 꼬리의 3 부분으로 물에서 생활할 수 있도록 되어있다.

식품으로 이용하는 부분은 주로 근육으로 등뼈를 중심으로 붙어있으며 등 쪽의 근육은 두껍고 배 쪽의 근육은 얇으며 내장을 감싸고 있다.

1) 어 류

어류는 물속에서 생활하기 때문에 헤엄쳐 다니면서 먹이를 얻기에 적합하게 물에 대한 저항성을 가장 적게 받을 수 있도록 방추형으로 되어 있다.

표면은 미끄러우며 비늘이 있는 것이 많으며 몸통에는 지느러미와 꼬리가 있고 운동성에 따라 형태와 지느러미에 변화가 생긴다.

종류로는 일반 어류인 경골어류와 상어, 가오리, 철갑 상어같은 연골어류 그리고 이들보다 하등인 원구류 등으로 구별한다.

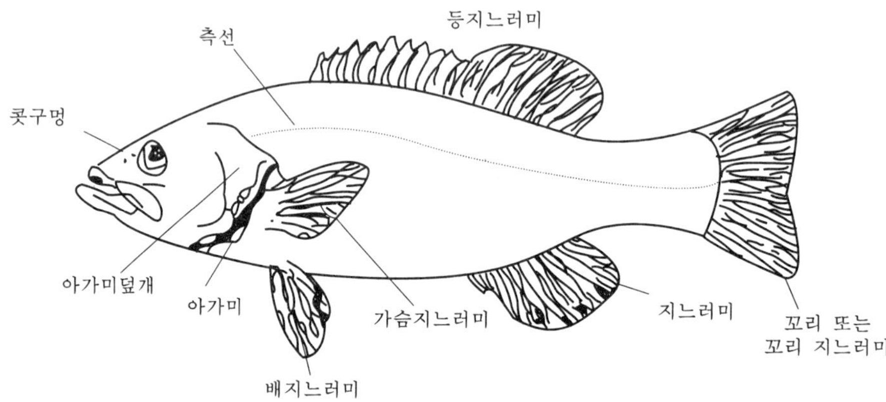

〈그림 4-21〉 어류의 구조

어류의 근육은 동물과 같이 근섬유의 덩어리로 종류에 따라 다르지만 일반적으로 약 50% 정도의 가식부위를 이루고 있다.

어류의 근육 조직은 축산 동물과 같은 구조로 이루어져 있으나 근섬유의 길이가 짧고 지름이 크다.

근원섬유는 가늘고 긴 원통형 섬유로 길이가 0.01~0.1㎚, 지름이 1~2μ정도이며 근원섬유와 근육섬유 사이에는 근장이 있다.

근장은 단백질, 글리코겐, 지방질, 효소 등이 들어 있는 교질 용액으로 되어 있다.

어류의 근육은 색에 따라 붉은살 어류(dark fishes)와 흰살 어류(white fishes)로 나뉜다.

붉은 살 어류는 회유성 어류에 많으며 다랑어류, 고등어, 꽁치, 멸치 등의 등 푸른 생선류가 있고 흰 살 어류는 정착성 어류로 도미, 조기, 가자미, 대구 등이 있다.

일반적으로 붉은 살 어류는 흰 살 어류보다 지방질이 많으며 수분량은 적은 편이다.

어류의 단면을 보면 밝고 묽은 육색의 근육 부분과 어둡고 암갈색을 띠는 단단해 보이는 육색의 근육 부분으로 나누어져 있다.

묽은 육색은 보통육(ordinary meat, white meat)이라 하며 암갈색은 혈합육(dark meat, red meat)이라 한다.

등 쪽의 혈합육은 어류의 특유한 근육으로 보통육과 비교하여 성분과 생리 측면 등에서 보통육보다 지방질이 많으며 수분과 질소함량이 적고 myoglobin, cytochromes과 같은 색소 단백질이 많으며 효소들도 풍부하고 비타민류도 많지만 아미노산 조성에서는 차이가 없다.

어육중의 혈합육량은 회유어와 운동이 활발한 어류에 많으며 붉은살 어류에 일반적으로 많이 분포되어 있는 편이다.

2) 갑각류

갑각류(crustaca)는 절족 동물의 일종으로 종류가 많으나 식품으로는 새우류와 게류가 이용되고 있다.

형태는 머리, 가슴, 배로 구별되며 단단한 껍질로 싸여 있고 가식 부위와 근육의 성분은 어류와 비슷하다.

비타민 B_1, C, glycogen이 많이 들어 있으며 근육에 extractives 성분이 많아 맛이 뛰어 나고 키틴 성분도 많다.

갑각류는 가열하면 carotenoid 색소의 astaxanthin과 단백질이 결합하였던 것이 단백질이 떨어지면서 산화되어 astacin으로 되어 붉은색을 띤다.

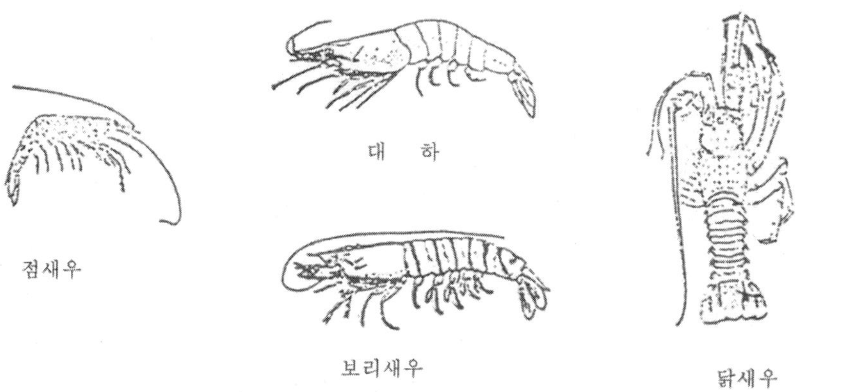

〈그림 4-22〉 새우의 종류

갑각류의 특유한 맛은 glycine, glutamic acid, adenylic acid, guanylic acid 등의 아미노산에 의한 것이다.

게류를 통조림으로 하였을 때 흑색으로 변하는 것은 cysteine이 파괴되어 H_2S를 발생시켰을 때 일어나는 현상이고 청색으로 변하는 것은 혈액색소인 hemocyanin의 Cu에 의해 발생한다.

새우류는 보리새우과에 속하는 대하, 중하, 보리새우 등과 점새우, 닭새우 그리고 남극지방에서 서식하는 크릴(krill), 우리나라의 담수와 해수에서 서식하는 곤쟁이 등이 있다.

게류에는 왕게, 닭게, 꽃게, 털게, 참게 등이 있으며 구각류로 바닷가재 등이 있다.

3) 연체 동물

연체 동물(mollusca)은 종류가 대단히 많으며 식품으로 중요한 것은 두족류(cephalopoba), 부족류(pelecypoda), 복족류(gostropoda) 등이다.

두족류는 바다 연안에 주로 서식하며 야생성이고 적이 나타나면 검은 먹물을 품어 피하는데 이것은 멜라닌 색소인 sepia이다.

두족류는 오징어류의 오징어, 화살오징어, 갑오징어 등과 문어류의 문어, 낙지, 주꾸미 등이 있고 다리의 숫자로 구별된다.

두족류는 몸통을 둘러싸고 있는 잘 발달된 외투근과 다리의 절육을 식용으로 하며 두족류의 외투근은 어류와 다른 근육조직을 가지고 있다.

두족류에는 betaine, taurine, glutamic acid가 있어 맛이 좋고 질긴 것은 myosine에 의해 나타내며 glycine, alanine, histidine, proline 등이 맛에 관여하는 아미노산이다.

〈그림 4-23〉 문어류와 오징어류

조개류에 속하는 부족류와 복족류는 어류에 비교해 단백질량은 적은 편이지만 소화가 잘되고 영양가가 높다.

Glycogen이 많으며 맛은 비타민류가 풍부하고 아미노산류와 유기산에 의해 나타내며 특히, glutamic acid와 succcinic acid가 많다.

조개류는 조개껍질 속에 있는 조개관자와 내장 부위를 식용으로 하는 부족류와 조개관자 부위를 식용으로 하는 복족류로 나뉜다.

부족류에는 바지락, 백합, 가무락, 동죽, 꼬막, 새조개, 홍합, 키조개, 맛조개, 재첩, 피조개, 가리비, 진주조개, 굴 등 종류가 많으며 특히 피조개에는 hemoglobin이 있어 붉은색을 나타낸다.

복족류에는 전복, 소라, 우렁이 등이 있으며 전복에는 leucine, glutamic acid, arginine 등의 아미노산이 많아 독특한 맛을 갖는다.

4) 기타

식품으로 이용하는 극피 동물에는 성게류와 해삼류 등이 있고 특유한 냄새를 내는 멍게(우렁셍이)가 있으며 해파리, 자라 등도 이용한다.

성게류에는 보라성게, 말똥성게, 분홍성게 등이 있으며 난소를 이용하는데 영양성분이 골고루 들어 있어 맛과 향이 좋다.

성게의 독특한 풍미는 methionine의 맛과 glycine, alanine, glutamic acid, inosinic acid, guanylic acid 등에 의해 나타낸다.

해삼류는 돌기가 있는 것과 없는 것으로 구별되며 성분은 수분 90%, 단백질 3~5%, 회분 4~5% 정도이며 약간의 saponine을 함유하고 있다.

(2) 어패류의 성분

1) 단백질

성분의 차이가 거의 없이 일정량을 유지하는 단백질은 근원섬유 단백질 60~70%, 근형질 단백질 20~30%로 동물성 식품과 비슷하지만 기질 단백질은 3% 정도로 매우 적은 편이다.

그러므로 어패류는 연하고 부드러운 맛을 나타내며 사후경직과 자기소화가 빠르다.

그러나 상어나 가오리 같은 연골어류는 기질 단백질이 10% 정도 들어 있다.

염류에 녹는 근원섬유(섬유상) 단백질은 근육의 수축과 이완에 관여하는 물질로 actin, myosin, actomyosin 등이 있으며 actomyosin은 연제품을 만들 때 점성과 탄성을 갖게 하는 물질이다.

근형질(구상) 단백질은 물에 녹으며 부정형의 근형질은 성분으로 분자량이 비교적 적고 대사에 관여하는 각종 효소 단백질도 들어 있는데 myoglobin, albumin 등이 있다.

기질 단백질은 물이나 염류에 녹지 않으며 혈관, 결체조직, 근초 등을 구성하고 주로 collagen과 elastine으로 되어 있다.

collagen은 물에 넣고 오래 끓이면 가용성의 gelatin이 되나 elastine은 성질이 collagen과 비슷하지만 gelatin화되지 않으며 산, 알카리 및 열 등에 더 안정하다.

어패류의 단백질은 주성분이 myosin과 myogen이며 필수 아미노산이 골고루 들어 있고 특히, lysine의 함량이 높은 편으로 곡류를 주식으로 하는 우리들에게 영양적 가치가 높다.

비단백태 질소 성분으로는 creatin, purine, choline, inosinic acid 등이 들어 있어 맛을 좋게 해준다.

〈표 4-37〉 어패류의 아미노산 조성

(단백질 100g당 아미노산g)

아미노산	고등어		방어		갯장어	참돔	돌가재미
	보통육	혈합육	보통육	혈합육			
giycine	3.8	4.3	5.4	5.6	4.6	5.3	4.1
alanine	5.9	5.7	7.5	6.5	5.2	6.9	6.3
valine	7.8	7.6	8.4	7.8	5.8	6.9	7.0
leucine	7.4	8.2	8.5	9.2	8.3	9.1	9.0
isoleucine	7.4	7.4	7.4	7.4	7.3	6.4	5.1
serine	5.0	4.8	5.0	4.8	5.4	4.9	5.4
threnine	5.2	5.1	5.8	5.6	5.9	5.7	5.6
methionine	3.2	3.2	3.8	3.6	3.5	3.7	3.1
cystine	-	-	-	-	-	-	-
aspartic acid	11.5	9.5	11.8	11.0	6.6	10.8	10.5
glutamic acid	13.4	11.5	14.9	13.4	16.0	14.5	15.8
tyrosine	4.0	3.7	4.3	4.3	3.8	4.4	4.2
phenylalanine	4.4	4.7	3.5	3.6	4.6	5.0	4.4
proline	3.5	3.6	3.0	3.6	3.7	4.3	3.6
tryptophan	1.2	1.4	1.1	1.2	1.2	1.4	1.2
arginine	5.9	6.7	6.5	7.5	6.7	7.0	6.2
lysine	10.0	9.2	12.0	10.4	11.3	10.0	10.3
histidine	3.4	2.6	2.7	2.6	2.8	2.4	2.5

아미노산	명태	갑각류			연체류		
		보리새우	닭새우	꽃게	백합	전복	오징어
giycine	5.0	4.7	4.6	4.7	4.3	6.0	4.0
alanine	5.9	6.0	5.9	5.7	6.2	6.6	5.5
valine	5.7	4.4	4.5	5.0	4.4	4.2	5.9
leucine	8.3	8.6	6.8	9.0	9.6	8.2	9.1
isoleucine	7.2	3.8	4.1	4.7	4.5	4.0	8.1
serine	5.3	4.2	4.9	4.9	4.9	5.2	5.6
threnine	5.8	4.1	4.4	5.2	5.0	4.7	5.4
methionine	3.6	2.8	3.2	3.0	4.7	2.5	3.6
cystine	-	1.1	1.3	1.7	1.3	1.3	-
aspartic acid	6.3	11.7	12.3	12.0	11.2	11.1	10.9
glutamic acid	15.9	17.5	17.0	16.2	17.1	15.8	14.9
tyrosine	3.9	4.1	4.1	4.7	4.6	3.7	4.5
phenylalanine	4.3	4.4	4.7	4.8	3.7	3.7	5.3
proline	3.8	3.7	3.4	4.5	3.4	4.6	3.8
tryptophan	1.2	1.0	1.0	1.6	1.5	0.7	1.2
arginine	7.0	9.0	4.4	6.3	7.8	8.6	7.0
lysine	11.0	9.4	9.5	8.9	8.0	6.8	11.4
histidine	2.4	1.9	2.2	2.4	1.5	1.5	2.3

2) 지방질

어패류의 지방질은 맛과 관계가 깊으며 종류에 따라 특징이 있고 같은 종류라도 시기, 어장, 연령, 성별 등에 따라 양과 질의 차이를 나타낸다.

어패류의 지방질은 축적되는 형태에 따라 피하 조직이나 복부 등에 포함된 축적 지방질(depot fat)과 세포내에 들어있는 조직 지방질(tissue fat)로 나눈다.

근육의 축적 지방질은 주로 triglyceride로 되어 있으나 대구, 상어 등의 내장 특히간에 축적되며 간유에는 인지방질, 콜레스테롤 등이 들어 있다.

또한 간유에는 비타민 A, D가 많이 들어 있으며 심해에서 사는 상어류의 간유에는 squalene($CS_{30}H_{50}$)이 많이 들어 있다.

지방질의 요오드값은 120～180 정도이고 지방산 조성은 포화지방산 20%, 불포화 지방산 80% 정도의 비율로 불포화 지방산이 많으며 특히 고도의 불포화 지방산이 많고 상온에서 액상으로 산화되기가 쉽지만 콜레스테롤의 축적을 방지시켜준다.

어패류의 지방질에 함유되는 고도의 불포화 지방산의 양은 연령, 시기 등에 따라 다르며 어종에 따라서는 항상 많이 함유하는 종류와 계절에 따라 변하는 종류가 있다.

회유성 어류와 붉은살 어류에는 불포화 지방산의 함량이 높으며 담수 어류나 흰살 어류에는 적은 편이다.

3) 탄수화물

어류의 탄수화물은 포획하였을 때 근육에 glycogen이 0.2~1% 정도 들어 있으나 시간이 지나면서 거의 없어진다.

그러나 패류와 갑각류에는 1~2%의 glycogen이 들어 있고 가장 좋은 맛을 내는 시기에는 많은 glycogen을 함유하게 된다.

굴의 경우 겨울철에 6%까지 glycogen을 함유하여 맛을 돋구어 주고 있다.

4) 비타민과 무기질

어패류에는 비타민류가 여러 가지 들어 있으며 특히 간장에 비타민 A, D가 풍부하다. 연어, 송어류에는 프로비타민 A, 다랑어, 고등어 등에는 비타민 D가 많이 들어 있지만 그 외의 근육에는 뱀장어류를 제외하고는 많지 않다.

비타민 B는 적은 편이고 비타민 B_2는 눈알이나 난소 등에 들어 있다.

무기질로는 1~2% 정도 들어 있는데 Na, Ca, Mg, P, K, Cl, Fe 등이 많으며 Mn, Co, Zn, I 등의 미량원소들도 있다.

어패류의 무기질은 다양하면서도 함량의 차이가 매우 크다.

5) 추출 성분

어패류의 추출 성분(extractives)은 근육을 잘게 썰어 물로 추출하면 용출되는 단백질, 지방질, 색소, 기타 고분자 화합물을 제외한 나머지 물질로 유기 아미노산, 유기산, 저분자 질소화합물 등이다.

그 양은 어종, 어기, 어장 등에 따라 다르지만 일반적으로 어류 1~5%, 연체동물 7~10%, 갑각류 10~12% 정도이다.

이들의 대부분은 유기성분으로 맛 성분인 이노신산, 구아닐산 등의 핵산계 화합물, 글루탐산 등의 아미노산계 화합물, succinic acid 등과 같은 유기산계 화합물 그리고 betaine 등과 같은 염기 화합물, TMAO(trimethyl amine oxide), 요소 등이 있다.

이 추출 성분은 근육 세포의 대사에 관여하는 성분뿐만 아니라 식품의 맛과 변질에 관여한다.

6) 색소 성분

어패류의 색은 근육과 표피의 색으로 구별한다.

어패류의 근육색소는 색소 단백질로 myoglobin이 대부분이지만 일부가 혈액에서부터 유래되는 hemoglobin도 들어 있다.

흰살 어류에는 색소가 적게 들어 있고 붉은살 어류에는 비교적 많으며 보통육에 비해 혼합육에는 월등히 많다.

표피 색소는 색소립이 흑색이나 갈색인 흑색소포(melanophore), 황색인 황색소포(xanthophore), 적색인 적색소포(erytrophore), 백색인 백색소포(leucophore), 희게 빛나는 구아닌 색소포(guanophore) 등이 있다.

표피 색소는 이들 색소포의 배합비에 따라 여러 가지 색을 나타내며 빛의 흡수, 산란, 반사 등에 따라서도 색채가 달라진다.

주요 색소로는 melanin, carotinoid, pterin, 담즙색소, ommochrome 등이 있다.

혈액 색소는 hemoglobin이 대부분이고 일부 연체동물과 갑각류는 hemocyanin, hemovanadin, pinnaglobin 등의 색소로 알려져 있다.

내장색소로는 각종 carotinoid를 함유한 astacene, xanthophyll, carotene, astaxantuin 등이 있고 담즙 색소는 bilirubin 등이 있다.

문어, 오징어의 묵즙선(ink gland)은 melanin색소인 sepia라고 하는 묵즙을 분비한다.

7) 냄새 성분

냄새 성분은 맛, 색, 촉감과 함께 식품의 품질을 좌우하는 요인으로 중요하다.

어패류의 냄새는 어획 직후 부패까지의 선도에 의해 나타내는 성분과 가공, 조리하였을 때 방법에 따라 나타내는 냄새로 구별할 수 있다.

냄새 성분으로 amine류, 산류, carbonyl화합물, 황화합물 등이 있다.

어패류 냄새는 어종이나 선도에 따라 차이를 나타내며 담수어와 해수어의 차이점은 담수어에는 TMA, 요오드의 냄새가 없다는 것이다.

담수어의 냄새는 piperidine화합물이며 piperidine이 acetaldehyde와 혼합되어 신선한 냄새를 나타내며 표면의 점막에 있는 aminovaleral과 aminovaleric acid도 강한 비린내를 내는 물질이다.

일반적으로 해수어는 선도가 떨어지면 TMA, 암모니아, indole, methyl mercaptan, H_2S 등에 의해 특유의 선도저하 냄새를 내게 된다.

그러나 상어, 가오리류 등은 선도가 떨어지지 않더라도 근육중의 TMAO가 환원되어 생기는 TMA와 요소의 분해에 의해 생기는 암모니아 냄새가 강하게 나타낸다.

특유한 냄새로는 해삼의 풋내는 nonodienol, 멍게의 특유 냄새는 octanol, decanol 등의 cynthiaol이 있으며 마른 오징어 냄새는 taurine, betaine, casein 등이 있고 오징어의 악취 성분은 유기산류에 의해 나타낸다.

8) 유독 성분

어패류의 유독 성분은 체내에서 생성하여 생존에 필요할 때 이용하는 것과 외부로부터 체내에 축적되어 있는 것 그리고 세균의 오염 등에 의해 형성된다.

생존의 필요에 의해 생성되는 유독 성분으로는 대표적으로 복어독인 tetrodotoxin($C_{11}H_{17}O_8N_3$)이 있으며 창꼬치류의 ciguatera형 독, 일부 뱀장어류의 ichtyotoxin, 해삼류의 holothurin, 문어의 마비독 성분인 thyramine, 바지락독인 venerupin, 조개류의 유독 성분인 tetramine 등이 알려져 있다.

일부 어류의 지느러미와 아가미의 가시에도 유독 성분이 있어 찔리면 통증을 느끼고 환부가 부풀어 오르는 것도 있다.

어패류의 축적 유독 성분으로는 2차 감염에 의해 발병되는 일종의 공해 물질로 대표적인 것으로 일본에서 발생한 미나마타병과 이따이이따이병 등이 있다.

또 어패류의 식중독은 대부분 세균의 오염에 의해 나타내는 것으로 *Salmonela* 속 세균 등에 의한 감염형, *Botulinus*균과 포도구균 등에 의한 독소형, 화학성 식중독으로 염기성 질소화합물인 ptomaine이라는 amine류, 그리고 allergy성 등이 있다.

한편 수산 동물에서의 생리활성 물질을 적극적으로 검토되고 있는데 지금까지 알려져 있는 것으로 해삼류의 holotoxin, 지렁이의 nereistoxin, lectin, EPA 등이 있고 여러 미소생물에서 항종양 물질들이 함유되어 있는 것이 확인되었다.

(3) 어패류의 사후변화

어패류는 죽으면 다른 동물 재료와 마찬가지로 생체 변화를 나타낸다.

이 사후 변화는 대단히 복잡하지만 과정으로 분류해보면, 먼저 효소의 작용에 의한 해당작용(glycolysis)과 같은 생화학적 변화가 시작된다.

이어 근육이 경직되는 사후경직(rigor mortis)현상이 나타나며 경직의 해제(해경)와 함께 근육의 효소작용에 의한 자가소화(autolysis)가 일어나 육질이 연화된다.

자가소화 과정이 지속되면 세균 등의 증식에 의해 성도가 떨어지면서 부패(putrefaction)에 이르게 된다.

이 사후변화 과정은 순서대로 일어나는 것은 아니며 몇 과정이 동시에 일어나는 경우가 많다.

1) 사후경직

어패류가 개체사하고 일정시간이 지나면 근육이 수축하여 딱딱해지고 투명도가 떨어지는데 이 현상을 사후경직이라 하며 일정기간 동안 계속된다.

사후경직은 어패류의 종류, 어획시의 처리, 어획후의 관리, 온도 등에 따라 좌우되며 어패류의 신선도를 유지하려면 사후경직 현상을 오래 동안 지속시키는 것이 가장 좋은 방법이다.

사후경직의 원인은 정확히 밝혀지지는 않았고 해당작용, 젖산 형성, pH변화 등에 의한 경직설이 있었으며 myosin과 actin이 결합하여 actomyosin이 ATP 존재 하에서 수축하는 것으로 알려져 있다.

사후변화에 따른 근육의 pH변화는 pH 7.4정도에서 해당 작용에 의한 젖산 형성 ATPase 작용 등에 의해 사후경직 초기에는 pH 6.0~6.5로 되었다가 해당작용 약화에 따라 해경과 자가소화 과정에서는 pH 4.0~4.5가 되며 pH 4.5에서 자가소화가 가장 왕성하며 부패가 시작되면 다시 pH 7.0부근까지 된다.

어패류의 온도가 낮을수록 사후경직의 지속 시간이 길어지며 냉동이나 냉장을 할 경우에는 경직 전에 냉동하면 향미가 좋지 않으나 경직 중에 하면 향미 보존이 좋다.

2) 자가소화

사후경직되어 인정 기간이 지나면 근육이 다시 부드러운 상태가 되는데 이를 해경이라 하고 좀더 진행이 되면 근육이 연화되는데 이를 자가소화라 한다.

자가소화는 무균 상태로 방치하여도 일어나는데 효소, pH, 온도, 염류 등에 의해 영향을 받는다.

자가소화가 일어나면 육질이 연화되고 glycogen이 감소되며 젖산이 증가하고 지방질이 가수분해되어 산값이 증가되며 유기태 인산의 감소와 함께 무기태 인산의 증가, 암모니아, 가용성 질소, 아미노산 등이 증가한다.

자가소화 효소로는 근육 조직에 있는 단백질 분해효소가 주로 관여하며 소화 기관에 존재하는 효소와 기타 각종 효소의 총칭으로 cathepsin 효소가 5종류 알려져 있다.
어패류의 ATP분해 경로는 〈그림 4-24〉와 같다.

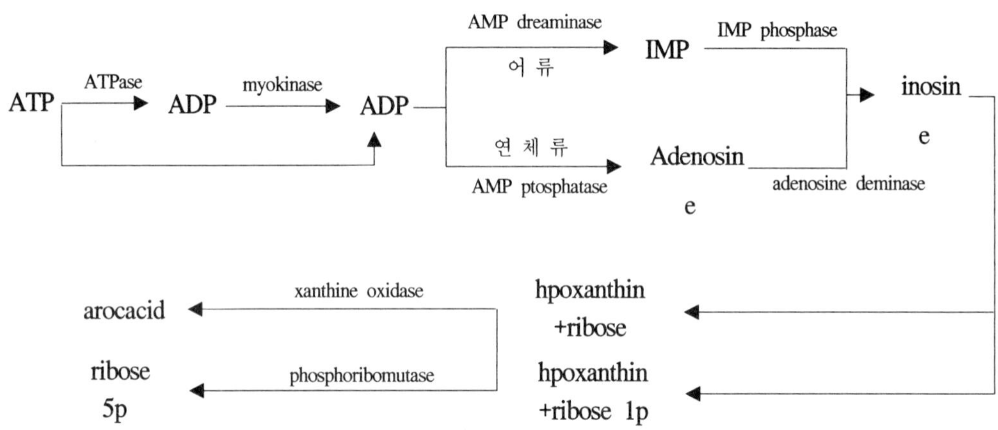

〈그림 4-24〉 어패류 ATP의 분해

자가소화에 의한 어패류의 분해는 종류, 활동성 등에 의해 다르게 나타나는데 어패류의 어육이나 내장 등을 부패되지 않게 처리하여 자가소화를 지속시켜 수산발효식품으로 이용되기도 한다.

즉, 소금으로 자가소화를 조절하여 젓갈류을 제조하거나 액젓을 만든다.

3) 부패

어패류의 자가소화가 지속되면서 자가소화와 세균에 의해 어육 단백질이 분해되어 냄새, 맛 등이 변하고 유독 물질이 생성되는 것을 부패라 한다.

부패는 단백질의 아미노산이 분해되면서 일어난다고 할 수 있는데 아미노산의 분해는 조건에 따라 복잡하지만 일반적으로 탈탄산, 탈아미노산, 탈탄산 탈아미노산, 아미노산 발효과정으로 나눈다.

탈탄산 작용 : $RCH\ NH_2COOH \rightarrow RCH_2NH_2 + CO_2$

탈아미노산 작용 : $RCH\ NH_2COOH \rightarrow RCH_2COOH + NH_3$

탈탄산 탈아미노산 작용 : $RCH\ NH_2COOH \rightarrow RCOOH + NH_2 + CO_2$

아미노산 발효 작용 : $RCH\ NH_2COOH \rightarrow RCH_2 + NH_2 + CO_2$

부패하게 되면 H_2S, mercaptane, indol, skatol, 지방산의 산화 생성물, trimethylamine, histamine 등에 의해 불쾌한 냄새와 맛 그리고 유독 물질 등을 형성한다.

부패 생성물 중 대표적인 trimethylamine은 담수어에는 없으나 해수어에는 널리 분포되어 있고 특히, 상어류에 함유되어 있는 trimethylamine oxide가 세균에 의해 환원되어 생긴다.

이 물질은 부패하기 시작한 어취의 원인이 되며 부패 초기의 지표로 삼는다.

Histamine은 등푸른 생선에 많이 함유되어 있는 histidine이 부패균에 의해 탈아미노화로 생기는 유독 물질이다.

(4) 어패류의 품질

어패류의 선도는 품질의 결정이나 가공 적성, 위생 등에 중요한 자료이며 판정은 신속, 정확, 간편, 실용성이 있어야 한다.

물론 어패류의 품질은 어종, 부위, 연령, 크기, 성별, 서식 장소, 회유 여부, 온도, 계절 등 여러 조건에 따라 결정되기 때문에 매우 어렵다.

일반적으로 어패류의 품질 판정으로는 관능적 판정, 물리적・화학적 판정, 세균학적 판정 등이 있다.

1) 관능적 판정

어패류의 외관을 냄새나 상태 등의 관능에 의해 판단하는 것으로 객관성은 적으나 신속하고 간단하며 현장에서 직접 이용할 수 있다.

근육의 경도는 사후경직중인 것이 신선하며 전체적인 외관은 색의 윤기가 선명하며 표면이 끈적거리는 점액이 신선한 것일수록 선도가 좋다.

눈은 투명하고 맑아야 하며, 아가미는 적색인 것이 신선하고, 오래된 것은 점차 회색으로 변한다.

어류의 복부는 신선한 것은 내장이 단단히 붙어있어 손가락으로 눌러보면 탄력이 있다.

또한 어패류의 냄새는 특유한 냄새가 있는 것이 신선하며 선도가 떨어지면 부패취가 나기 시작한다.

2) 물리 화학적 판정

어패류의 경도, 전기 저항, pH, 눈의 혼탁도, 압착즙의 점도 측정 등이 물리적 판정법으로 이용되고 있으며 신속하게 판정할 수 있으나 어종, 개체에 따라 차이가 많다.

어패류의 사후 변화에 따라 생성되는 여러 물질을 측정하고 화학적으로 판정하는 방법으로 시간이 오래 걸리는 단점이 있다.

분석은 신선한 어패류에는 없거나 적은 물질이 자가소화나 부패 과정에 의해 생성되는 물질을 지표로 하는 방법, 단백질의 변성을 지표로 하는 방법, 효소의 활성을 지표로 하는 방법, pH값에 의해 판정하는 방법 등이 있다.

주로 측정되는 물질은 휘발성 염기질소(volatile base nitrogen), TMA(trimethyl amine), nucleotides의 분해 생성물과 단백질의 승홍 침전 반응 물질의 측정 등이 있다.

3) 세균학적 판정

어패류의 근육에 붙어있는 세균수를 측정하여 그 번식에 따라 선도를 측정하는 방법이다.

이 방법은 측정에 1~2일 정도 걸리고 측정 부위에 따라 상당한 오차가 생기기 쉬우므로 실용성이 적다.

어육 1g에 세균수가 10^5 이하이면 신선하고, 10^5~10^6이면 초기 부패, 10^6 이상이면 부패로 판정하는데 10^9 이상으로는 세균의 증가가 거의 없다.

4) 어패류의 선도 유지법

광선을 이용하는 방법으로 자외선에 의한 세균의 살균, X선을 이용한 세균과 효소의 억제 방법이 있고 최근에는 방사선을 이용하기도 한다.

가장 일반적으로는 첨가물을 이용하는 방법으로 식품 보존료, 산화방지제, drip 방지제, 발색제 등이 있다.

신선어의 저장과 수송에 가장 널리 이용되는 방법으로 약제 얼음이 이용되는데 약제는 식품 첨가물의 사용량 규제에 맞아야 한다.

(5) 어패류의 이용

어패류의 식품 가공품은 다양하며 선도저하를 막기 위하여 처리하거나 새로운 맛을 내기 위해 가공한 제품들이다.

1) 냉동품

어패류는 부패하기 쉬우므로 저온에 의해 선도를 유지하는 것이 가장 적당한 방법으로 어패류를 변패시키는 요소인 부패 세균의 발육과 자가소화 효소의 억제를 저온으로 하여 신선한 상태를 유지해야 한다.

저온에 의한 선도 유지는 냉장과 냉동으로 구별하는데 냉장은 실온보다 5~10℃ 정도 낮은 온도를 일정하게 유지시켜주는 것이고, 냉동은 온도 중심점이 -15℃ 이하, 외부 온도 -18℃ 이하로 하는 방법이다.

냉장법으로는 식품과 가루얼음을 섞거나 식품을 얼음물에 담그는 빙장법 (icing), 어패류를 저온실에서 저장하는 냉장법(chilling or cold storage)이 일반적으로 이용된다.

냉동법으로는 공기 동결법과 접촉식 동결법(contact freezing), 침지식 동결법(immersion freezing), 액체질소 동결법(liquid nitrogen spray freezing) 등이 일반적으로 이용된다.

어패류를 냉동하면 물이 얼어 부피가 증가하고 얼음이 결정을 만들어 조직이 파괴되며 해동을 하면 drip에 의한 성분 유출이 일어난다.

〈표 4-38〉 어패류의 처리 형태

명 칭	형 태	비 고
라운드 또는 호올 (round or whole)	어체 그대로의 모양	정어리, 꽁치, 고등어, 새우, 오징어
세미드레스 (semidress)	아가미와 내장을 제거한 것	다랑어류, 상어, 연어, 명태, 새우
드레스(dress)	세미드레스에서 머리를 제거한 것	
팬드레스(pan dress)	드레스에서 지느러미를 제거한 것	
필레(fillet)	등뼈를 제거하고 두 쪽으로 나눈 것	
청크(chunk)	등뼈와 함께 도막으로 자른 것	
스테이크(steak)	세미드레스, 드레스, 필레를 일정한 두께(1~2cm)로 자른 것	
슬라이드(slice)	스테이크보다 얇게 자른 것	
다이스(dice)	깍두기 모양으로 자른 것	
스틱(stick)	필레를 한 도막에 20g정도로 자른 것	
슈레딧(shredded)	잘게 썰어 놓은 것	

그러므로 냉동하려면 얼음 결정을 일정하게 만들어 조직 파괴가 없게 급속 동결시켜 일정한 저온으로 유지시키는 것이 바람직하다.

또한 단백질의 변성, 탈수, 지방의 산화 등을 막기 위해 어패류의 표면에 얼음 옷을 입혀 주는 glazing을 실시하기도 한다.

어패류를 냉동하려면 우선 신선한 재료를 선택하여 어체의 크기 또는 가공 식품의 과정을 고려하여 필요한 처리를 하여 급속 냉동시켜야 한다.

냉동 어류의 형태와 명칭은 〈표 4-38〉과 같다.

2) 건조품

어패류를 건조와 탈수시켜 자가소화 효소 작용과 부패 세균의 활동에 필요한 수분을 제거하여 가공품의 수분 활성을 저하시켜 저장성을 갖게 한 제품이다.

건조품은 수분을 제거하는 방법에 따라 어패류를 그대로 건조시키는 날마른치(소건품), 소금에 절인 다음 건조시키는 간마른치(염건품), 불에 쬐어 말리는 군마른치(배건품), 소금에 절인 것을 연기에 쬐면서 말리는 훈제품, 어패류를 조미하여 맛을 들여 말리는 조미건품, 그리고 어패류를 얼렸다가 녹였다가 하여 말리는 얼마른치(동건품) 등이 있다.

건조는 어패류 식품의 표면 증발과 내부 확산에 의해 단계를 거쳐 일어나는데 건조 속도에 영향을 미치는 요인으로는 공기의 온도와 습도, 기압, 식품의 표면적 두께, 맛, 성분 조성 등에 있다.

건조 방법으로는 천일 건조, 열풍 건조, 진공 건조, 진공동결 건조 등이 있으며 일반적으로 천일 건조와 열풍 건조가 이용된다.

어패류를 건조하면 근섬유가 가늘어지고 서로 밀착하여 딱딱해지므로 부피가 줄게 된다.

그러나 동결 건조는 다공질이 되어 부피 감소나 위축 변형이 적다.

또한 건조 어패류는 탈수에 의한 단백질의 변성, 지방의 산패, 성분의 석출 등의 문제들을 고려하여 냄새, 맛, 향, 영양가의 저하 방지, 조직변화 방지, 위축변화 방지 그리고 흡수에 의한 변화 등을 최소화시켜야 한다.

3) 염장품

어패류에서 소금은 식품의 탈수를 일으켜 세균이 필요로 하는 수분을 감소시킬 뿐만 아니라 단백질 분해효소의 작용을 저해시키고 산소의 용해도를 감소시키며 소금의 해리에 의해 형성되는 염소이온의 살균 작용 등으로 어패류의 저장성을 갖게 하는 역할을 한다.

이러한 염장품은 세균억제 효과, 위생성, 맛의 부여, 사용의 간편성 때문에 많이 이용되고 있다.

어패류의 염장품에 사용되는 소금의 양은 15%이상이어야 하며 소금의 농도, 염장의 온도, 소금의 순도, 식품의 성상에 따라 달라질 수도 있다.

어패류에 소금을 넣는 방법에 따라 소금물로 이용하는 물간법 (brine salting), 소금을 어패류에 직접 뿌리는 마른간법(dry salting), 두 방법의 단점을 보완시킨 개량법 등이 있다.

또한 염장 속도를 빠르게 하고 제품에 풍미를 좋게 하기 위한 변압 염장법, 염수 주입법, 압착 염장법 등도 있다.

염장품은 염장 중에 사용한 소금량과 온도에 의해 수분의 함량 변화가 오며 무게의 변화, 어육의 탄성변화 등의 물리적 변화와 적변, 단백질 변성, 자가소화 등이 올 수 있다.

염장품의 저장은 실온에서도 저장 기간이 길지만 일정기간이 지나면 품질의 저하와 미생물의 오염에 의해 각종 변패가 일어난다.

이러한 변패를 억제하고 안정된 저장을 하기 위해서는 냉장에서 저장하는 것이 좋다.

한편 젓갈은 어패류의 근육, 내장 등에 소금을 첨가하여 자가소화시킨 상태로 유지시킨 염장품의 일종이라 할 수 있다.

젓갈은 독특한 풍미를 가지고 있으며 외관은 나쁘나 맛이 좋고 각종 아미노산과 무기성분이 풍부하며 소화 흡수가 좋고 영양적으로도 가치가 있다.

젓갈은 종류나 제조 방법이 지방적으로 특색이 있어 대단히 다양하다.

4) 통조림

통조림이나 병조림은 통이나 병에 어패류를 넣어 탈기, 밀봉, 살균하여 냉각한 가공품으로 식품의 저장에 가장 적합하다.

통조림은 통에 식품을 넣고 공기를 차단하며 미생물의 오염을 막고 살균하여 오랫동안 보존할 수 있어 저장이 쉽고 운반이 편리하며 개봉하면 쉽게 섭취할 수 있도록 조리되어 있으며 맛과 향, 영양가 등이 좋고 위생적으로 취급할 수 있다.

통조림은 가공 방법에 따라 통에 어패류와 물, 소금, 설탕 등을 넣어 만드는 물담금 통조림, 간장이나 조미료 등을 넣어 만드는 조미담금 통조림, 유지를 넣고 담금하는 기름담금 통조림, 기타 각종 과일의 퓨레나 페이스트를 넣어 조미한 통조림 등으로 나눈다.

통조림은 장기간 보존하기 위한 저장의 수단으로 이용하기 때문에 품질 변화가 거의 없도록 하는 것이 필요하다.

이러한 품질 변화를 막기 위해 통조림 제품의 검사를 철저히 해야한다.

통조림 검사에는 타검, 가온 검사, 진공도 검사, 세균 검사, 관능 검사, 팽창도 검사 및 화학적 검사가 실시되고 있다.

통조림을 만들 때 가열에 의한 변화로는 무게 및 수분의 감소, 열에 의한 원료의 수축, 경도 변화, 단백질의 변성, 지방질의 산패 등이 있을 수 있다.

또한 저장 중에는 H_2S의 발생과 흑변, 엉겨붙음 등도 있다.

5) 연제품

연제품이란 어육에 소금을 넣고 고기갈이를 하여 가열, 응고시켜 gel화 한 제품이다.

연제품은 이용가치가 적은 어류, 다른 가공식품의 원료로 이용할 수 없는 것 등을 이용할 수 있으며 조미료, 비타민, 무기질 등을 혼합하여 품질을 개량할 수 있어 맛이 좋고 영양가가 높다.

한천이나 젤라틴 등은 가열하면 sol이 되고, 냉각하면 gel이 되지만 연제품은 가열하면 gel이 되고 일단 gel화가 되면 냉각하여도 gel상태를 유지한다.

일반적으로 어육을 가열하면 근육 속의 수분이 분리하여 경화될 뿐 탄력이 있는 gel을 만들지 못하지만 2~3%의 소금을 넣으면 actomyosin이 녹아 점성이 있는 sol상태의 끈끈하고 탄력이 있는 고기풀이 된다.

고기풀은 가열하거나 상온에서 오래두면 점착성, 탄성이 있는 gel로 변한다.

고기풀을 가열하여 gel화 된 것은 어묵이라 하고 상온에 두었을 때 탄성이 있는 gel로 변하는 것을 엉겨 앉음(setting)이라 한다.

그러나 고기풀을 낮은 온도에서 천천히 가열하거나 선도가 떨어진 어육으로 만든 고기풀은 가열하여도 탄성이 있는 gel이 되지 않고 부스러지기 쉬운 약한 gel이 되는데 이와 같은 교상 침전을 되풀림(returning)이라 한다.

어묵 형성은 몇 가지 어류 원료를 혼합하여 사용하는데 일반적으로 흰살 어류가 붉은살 어류보다 어묵 형성 능력이 좋다.

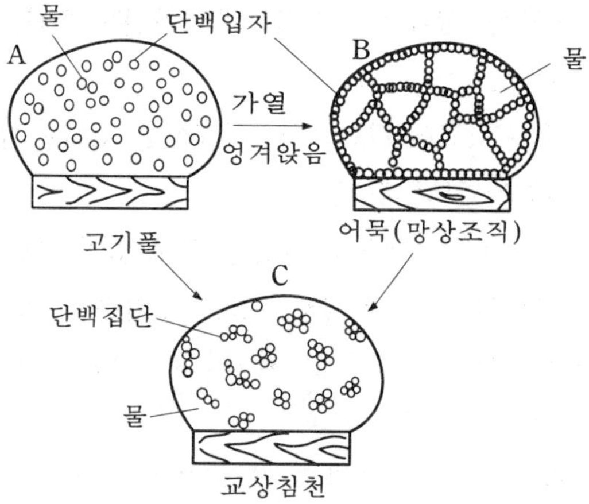

〈그림 4-25〉 고기풀의 엉겨 앉음과 되풀림

원료 어류의 확보에 어려움을 겪고 있어 개발된 고기풀이 냉동 고기풀인데 냉동 고기풀을 제조하여 연제품의 다양한 발전을 가져 왔으며 이용되지 않았던 어류 즉 명태나 임연수어 등을 이용한다.

즉 육질이 연하고 선도저하가 쉬우며 장기간 냉동하면 actomyosin이 불용화 되는 어류를 단백질 변성인자를 제거하고 냉동 변성을 억제하는 부원료를 첨가하여 처리하고 냉동하여 연제품의 원료로 쓰는 것을 냉동 고기풀이라 한다.

고기풀은 첨가하는 부원료의 종류에 따라 무염 고기풀과 가염 고기풀로 나눈다.

무염 고기풀은 5% 정도의 당류와 0.2% 정도의 중합 인산염을 첨가하며 가염 고기풀은 10% 정도의 당류와 2~3%의 소금을 첨가하고 중합 인산염을 첨가하지 않는 것이다.

연제품의 일반적인 제조 공정은 살뜨기 공정, 고기갈이 공정, 모양내기 공정, 가열 공정, 마무리 공정으로 구별한다.

연제품에는 어묵으로 판붙이 어묵, 부들 어묵, 튀김 어묵, 마어묵 등이 있고 어묵류를 응용하여 만드는 맛살류, 어육 햄, 소시지 등이 있다.

6) 훈제품

어패류의 훈제품은 목재를 불안전 연소시켜 발생하는 연기를 원료에 쐬어 건조시키면서 독특한 맛과 향 그리고 보존성을 갖게 한 가공품이다.

훈제품은 같은 양의 수분을 가진 다른 식품보다 비교적 좋은 보존성을 가지고 있는데 이는 훈연에 의한 건조 효과, 항균성 물질의 흡착, 항산화 효과, 가열 살균 효과, 소금의 효과, 피막 형성에 의한 효과 등이다.

어패류의 훈제품은 훈제 방법에 따라 맛과 저장성을 조절할 수 있기 때문에 소비자의 기호에 맞게 다양한 제품을 만들 수 있다.

훈제품은 진공 포장하여 냉장, 냉동의 유통을 하고 있어 간단한 가온 처리 후에 식용할 수 있고 즉석식이나 간편식 또는 간식용 등으로 소비량이 증가될 것으로 기대된다.

훈연재로 이용되는 목재는 수지가 적은 활엽수로 참나무, 떡갈나무, 벚나무, 호두나무, 밤나무 등이 주로 쓰인다.

이들은 장작이나 톱밥 형태로 이용되고 있고 그 밖에 왕겨, 옥수수대 등도 쓰인다.

훈제의 일반적인 제조 공정은 원료의 전처리, 소금넣기, 물빼기, 건조, 훈연 처리, 마무리로 진행된다.

훈연 방법은 원료의 특성, 제품의 종류에 따라 선택하는데 훈연시킬 때의 온도에 따라 나누는 방법으로 저장성과 풍미에 목적을 둔 냉훈법(cold smoking), 풍미와 기호성의 온훈법(hot smoking)으로 구별한다.

그 밖에 훈연시간을 단축시키기 위한 속훈법, 전훈법, 액훈법 등이 있다.

7) 조미 가공품

즉석 식품으로 이용할 수 있는 어패류의 조미 가공품은 저장성과 독특한 맛을 내게 맛붙이기를 하여 이용하는 제품이다.

조미 가공품은 어패류 가공품의 혼합된 형태의 제품으로 분류하기가 어렵지만 일반적으로 다음과 같이 나눈다.

조미 건조품은 소형 어패류를 조미액에 침지시킨 후 건조하여 저장성과 풍미를 부여한 제품이다.

조미 자숙품은 조미 조림이라고도 하는데 어패류를 조미액으로 장시간 끓여서 맛과 저장성을 가지게 한 제품이다.

발효 조미품은 어패류를 염장하여 탈수시킨 후 밥, 쌀겨, 술찌거미, 식초, 장류 등의 부재료와 함께 자가 소화시키면서 숙성한 제품이다.

그 밖에 조미 구이, 조미 배건 등 다양한 제품이 있으며 기호성에 맞는 제품 개발에 알맞는 제품이다.

5 식용 유지식품의 재료

식용 유지 식품 재료는 영양원의 가치와 함께 식품 가공에서 맛, 향, 조직감 등에 중요한 기능을 가지고 있다.

유지는 glycerol과 지방산의 ester화합물로 물에는 녹지 않고, 에테르, 클로로포름, 벤젠 등과 같은 유기 용매에 녹는 물질이다.

지방질은 단순 지방질, 복합 지방질, 유도 지방질로 나누며 식용 유지는 단순 지방질의 중성 지방질인 triglyceride로 실온에서 액체인 것을 기름(oil)이라 하고 고체인 것은 지방(fat)이라 한다.

식용 유지의 분류는 재료, 용도, 구성 지방산, 자원, 가공 방법 등 여러 가지로 분류하지만 일반적으로 원료와 형태에 따라 다음과 같이 분류한다.

- 식용유지
  - 액체기름
    - 식물성 기름
      - 건성유-들기름, 호두기름
      - 반건성유-콩기름, 참기름, 유채기름
      - 불건성유-땅콩기름, 올리브 기름
    - 동물성 기름
      - 해산동물기름-고기기름, 간유
      - 육상동물기름-우유
  - 고체지방
    - 식물성 지방-카카오 버터, 야자기름, 팜기름
    - 동물성 지방-우지, 돈지
    - 가공지방-마가린, 쇼오트닝, 경화유

〈그림 4-26〉 식용유지의 분류

유지는 세포막의 구성 성분, 에너지원, 유화 작용, 맛과 향의 상승 효과, 비타민 운반체, 필수 지방산 공급 등 다양한 기능과 용도를 가지고 있는 중요한 물질이다.

유지는 식물의 종자와 동물의 조직 등에서 분리하여 식용으로 이용하는데 식물성 기름은 식물 종자를 압착법, 추출법 등으로 동물성 지방은 용출법으로 식용 유지를 채취한다.

이를 동식물에서 분리 채취한 원유(crude oil)는 지방질 이외에 유리 지방산, 단백질, gum질 등 불순물이 있어 불쾌한 냄새와 맛이 있어 품질이 불량한 경우가 있다.

그러므로 식용 유지는 정제 과정을 거쳐야 하는데 일반적으로 탈검, 탈산, 탈색, 탈취,

탈납 공정을 거쳐 불필요한 물질을 제거하며 불포화 지방산이 많으면 경화(수소 첨가) 공정을 거치기도 한다.

정제한 식용 유지라도 저장에 조심하지 않으면 저장하는 동안 산화 등에 의해 식용으로 사용할 수 없게 된다.

식용 유지는 열, 빛, 공기, 물, 효소와 자동 산화를 촉진시키는 금속 이온 등에 의해 산화를 하게 된다.

산화 과정은 이와 같은 각종 요인에 의해 여러 중합체가 생성되어 점도, 유리 지방산 등이 증가하여 산값, 과산화물값 등의 물리화학적 성질의 변화가 온다.

그러므로 유지의 산화를 막기 위해 산화 조건을 최대한 막아주고 항산화제나 항산화 보조제를 첨가시켜야 한다.

(1) 동물성 식용유지 재료

1) 우지와 돈지

소나 돼지의 복부, 조직 그리고 지방 조직에서 용출법 등으로 얻어지는 고체 지방으로 동물성 식용유지 재료로 많이 이용한다.

우지(tallow)는 포화 지방산 함량이 많은 편으로 요오드값은 30~60 정도이며 특유의 향미가 있다.

버터를 녹일 때와 비슷한 점성을 나타내어 쇼오트닝 제조나 제과에 마가린과 함께 사용된다.

돈지(lard)는 흰색의 연질로 요오드값이 60 정도이며 품질은 우지보다 우수하여 많이 이용된다.

특히 중국 요리에 많이 이용되는 식용유지 재료와는 식물성 유지와 혼합하여 사용하면 좋다.

2) 어유

어유(fish oil)는 생선류에 들어있는 기름 성분을 열탕으로 가열하여 분리되는 성분들을 정치시키거나 원심 분리하여 얻는다.

어유는 정어리, 꽁치, 고등어, 오징어, 명태 등에서 주로 채취한다.

지방산의 조성은 식물성 기름과 비슷한 조성을 보이지만 아라키돈산, EPA, DHA 등의 고도의 불포화 지방산이 많아 강한 냄새가 나며 산화 변질이 쉽다.

그러므로 어유는 식용하기가 어려워 정제하거나 수소를 첨가하여 경화유를 만들어 마가린, 쇼트닝 등의 원료로 사용한다.

최근에는 고도의 불포화 지방산을 분리하여 기능성 식품 재료로 이용하기도 한다.

3) 기타

포유 동물의 유선에서 분비되는 우유(milk)에도 3~6% 들어 있는 우유 지방질이 있다.

우유 지방질은 콜로이드 상태로 다른 영양 성분과 혼합되어 있어 소화율이 높고 지용성 비타민, 인지방질, 필수 지방산 등도 들어 있어 영양 생리적으로 높은 가치가 있다.

우유 지방질을 이용한 식품으로는 버터, 크림, 아이스크림 등이 있다.

또한 어류의 간장에서 추출 정제한 간유는 스테로이드(steroid)와 스쿠알렌, 비타민 E 등이 들어 있어 기능성 식품이나 약용으로 이용된다.

양, 닭 등의 동물에서 추출한 지방질, 기타 동물의 뼈, 털 등에서 추출한 지방질도 식품 재료로 이용하는 경우도 있다.

(2) 식물성 식용 유지 재료

1) 콩기름(대두유)

콩기름(soybean oil)은 가장 많이 사용하는 식용유지 중 하나로 주로 유기 용매로 추출하여 정제 과정을 거친 담황색의 반건성유이다.

원료인 콩(대두)은 수입에 의존하고 있는 실정이며 유지 함량은 16~25% 정도이고 부산물인 대두박에는 약 40%의 단백질이 들어 있어 단백질과 원료 사료 등으로 넓게 이용되고 있다.

콩기름은 토코페롤이 0.1~0.2% 정도 들어 있어 항산화 효과와 인체 노화방지 효과가 있다.

콩기름은 조리용, 튀김용으로 가장 보편적으로 이용되며 마가린, 쇼트닝 등의 원료로도 이용되고 공업용으로도 쓰인다.

2) 유채기름(채종유)

유채유(rape seed oil)는 겨자과(cruciferae)에 속하는 초본의 씨에서 압착이나 용매 추출로 채취하고 정제한 기름이다.

유채유는 유채의 품종에 따라 유지 함량의 차이는 있으나 약 35~45% 정도 기름 성분이 들어 있다.

그러나 지방산 조성에서 인체에 해로운 에루식산(erucic acid)이 45% 정도 들어 있으나 요즈음은 에루식산이 적게 들어 있는 유채 품종으로 개량해 채유한 기름을 생산하는데 이를 카놀라 기름(canola oil)이라 한다.

유채 기름은 산과 열에 안정성이 우수하여 발연점이 높고 반복 튀김에도 가수분해에 의해 생기는 자극취가 적다.

유채 기름은 내열성, 내광성, 내한성 및 풍미 등이 좋아 튀김 기름, 드레싱 기름, 마가린, 쇼트닝 및 마요네즈 등에 적합하다.

3) 면실유

면실유(cotten seed oil)는 목화씨에 함유된 15~20%의 기름성분을 압착 등으로 채유한 기름이다.

면실유는 고시풀(gossypel)이란 독성 성분이 있어 정제해야만 식용이 가능하다.

면실유는 조리용으로 볶음요리 특히 중국 요리에 적합하며 튀김, 통조림용, 샐러드용, 마가린, 쇼트닝 등의 제조에도 알맞다.

4) 미강유

현미를 도정할 때 생기는 부산물인 쌀겨(미강)에는 15~20%의 기름 성분이 있는데압착이나 용매 추출로 채유하여 정제한 것을 미강유(rice bran oil)라 한다.

미강유는 맑고 향미가 좋으며 부드러워 식용기름으로 좋으나 쌀겨 중에 들어 있는 lipase의 활성이 커서 쉽게 분해되어 산패한다.

그러나 정제 기술의 발달에 따라 식용 기름으로 이용성이 증가되고 있으며 조리용, 튀김용, 마가린, 쇼트닝, 마요네즈 등의 원료로 이용된다.

5) 참기름

참기름(sesam oil)은 참깨 씨에 들어 있는 45~55%의 기름 성분 압착으로 채유하며 특유의 향미를 유지하기 위해 정제를 하지 않고 식용으로 이용한다.

그러므로 다른 식용 기름보다 색이 진한 것이 특징으로 황색이나 적갈색을 나타낸다.

참기름은 반건성유로 다른 기름보다 산패가 잘 되지 않아 오랫동안 보관할 수 있는데 이는 항산화제인 비타민 E와 sesamol 등이 많이 들어 있기 때문이다.

그러나 우리나라 이외에서는 식용으로 잘 사용하지 않는다.

참깨 씨는 빛깔에 따라 검정깨, 흰깨, 노란깨 등 여러 종류가 있으며 종류에 따라 성분차이가 크다.

참깨는 식용 기름 이외에도 볶거나 갈아서 깨소금, 깨죽, 차류 등에 쓰이기도 한다.

6) 들기름

들깨 씨의 40~45% 정도의 기름 성분을 압착으로 채유한 들기름(perilla oil)은 독특한 향미를 가진 기름이다.

들기름은 우리나라에서 참기름과 함께 가장 애용되는 기름으로 조리용 등으로 이용되고 있으나 유럽 등에서는 공업용으로 쓰인다.

들기름은 참기름보다 linolenic acid가 많아 산패가 잘되나 lysine, arginine 등의 아미노산이 많이 들어 있어 참기름과 대조를 이룬다.

또한 들깨 잎에는 독특한 향을 가진 정유성분과 각종 비타민, 유리 아미노산이 골고루 들어 있어 생식, 장아찌, 야채, 나물 등으로 쓰인다.

7) 올리브 기름

올리브 기름(olive oil)는 올리브 과일을 건조하면 40~70%의 기름성분이 들어 있는데 이를 압착으로 채유하여 얻는다.

올리브 기름은 녹황색의 독특한 향과 맛을 가지며 정제를 하지 않고 직접 이용한다.

특히, 착유하여 처음 추출되는 기름을 버진(virgin)이라 하고 최상품의 고급기름으로 이용한다.

올리브 기름은 불건성유로 산화 안정성이 있고 10~18℃에서 혼탁이 되며 0℃에서 굳어진다.

올리브유는 튀김, 샐러드, 고급 마요네즈 제조 등에 이용되나 가격이 비싼 편이다.

8) 카카오 기름

건조 카카오 열매인 카카오 콩을 3~5일 정도 발효시켜 껍질이 적갈색이 되고 쓴맛이 없어져 초콜릿 냄새가 나면 카카오 콩을 볶아서 분말화하고 기름을 짜면 카카오 버터(cacao butter) 또는 카카오지(cacao fat)라 한다.

탈지박을 곱게 갈아 만든 것이 코코아이며 코코아에는 지방질이 상당히 들어 있다.

카카오 콩에는 50~60% 정도의 기름성분이 들어 있으며 지방질을 추출하기 전에 가루로 된 것을 카카오 풀(cacao paste)라 하고 이것이 설탕, 우유, 계피, 향 등을 넣어 만드는 것이 초콜릿이다.

카카오 기름은 담황색의 고체로 융점의 한계가 뚜렷하며 27℃이하에서는 부스러지기 쉽고 30℃이상이 되면 녹는다.

이 성질은 제과용에 카카오 기름으로 코팅하면 상온에서는 딱딱하지만 입안에서는 쉽게 녹고 산화 안정성이 높아 고급 과자류에 많이 이용된다.

9) 야자기름

건조한 과육의 야자에는 기름성분이 약 60% 정도 들어 있는데 압착으로 얻은 고체 지방질을 야자유(coconut oil) 또는 코프라유(copra oil)라 한다.

야자유는 저급 지방산과 포화 지방산이 많이 들어 있어 쉽게 비누화가 되며 산화 안정성이 좋아 제과, 제빵, 튀김 등에 적합하다.

또한 야자유는 락톤류에 의해 특유의 향을 가지며 수소첨가를 하여도 융점의 변화가 없고 가소성이 좋아 입안에서 잘 녹는 특징이 있다.

10) 팜유

팜유(palm oil)는 과육에 45~50%의 기름성분이 들어 있는데 야자유와 함께 세계적으로 중요한 과일 기름이다.

팜유는 과육을 발효시키거나 부패시켜 압착으로 채유하고 정제하여 사용하는데 산지에 따라 유리 지방산 함량 차이가 크다.

팜유는 진한 오렌지의 붉은색을 나타내고 카로틴 함량도 높은 편이며 상온에서는 반고체이고 산화 안정성이 좋고 특유의 향미를 가지며 가소성은 동물성 기름과 비슷하다.

또한 열매의 핵(씨)에서 추출한 팜핵유(palm kernel oil)는 고체로 팜유와 조성과 성질이 다르며 저급 지방산을 다량 함유하고 있어 야자기름과 비슷하다.

팜유는 산화 안정성과 담백한 맛, 저렴한 가격 등으로 즉석 면류의 튀김에 많이 사용하며 마가린, 육제품 등의 가공용으로 사용한다.

특히 팜유는 생산성과 경제성이 뛰어나 생산량이 증가되고 있으며 콩기름과 더불어 세계적으로 가장 많이 이용되는 기름으로 기대가 크다.

11) 기타

옥수수 배아에 들어 있는 30~40%의 기름 성분을 채유한 옥배유(corn oil)는 산화 안정성, 가열 안정성이 뛰어나고 고유한 풍미가 있어 식품에 고소한 맛을 준다.

땅콩 기름(peanut oil)은 특히 열처리 가공에서 안정성이 높고 독특한 맛과 향이 있어 샐러드, 튀김, 마가린 등의 원료로 이용된다.

해바라기 기름(sunflower oil)은 리놀레산이 풍부하며 잇꽃씨 기름(safflower oil), 달맞이 꽃씨 기름, 포도씨 기름 등과 곡류의 배아 기름 성분은 기능성이 뛰어나 새로운 기능성 식품으로 개발되고 있다.

(3) 가공 유지류

1) 튀김용과 샐러드용

채유한 원유를 정제하여 색이 엷고 냄새를 제거하고 맛이 좋게 정제하여 얻은 기름을 튀김용으로 이용한다. 튀김용 기름의 정제는 탈검, 탈산, 탈색, 탈취 공정이 있다.

튀김용으로는 주로 콩기름, 유채기름, 참기름, 미강유 등의 식물성 유지를 정제하여 사용한다.

튀김용을 더 정제하여 겨울에도 응고하지 않게 0℃ 또는 2℃ 이하의 온도에서 응고된 침전물을 여과한 기름을 샐러드용으로 이용하는데 이를 탈납(wintering)이라 한다.

샐러드용(salad oil)은 마요네이즈, 드레싱(dressing) 등에 사용되며 생채소 등과 함께 그대로 먹는 것이므로 맛과 향이 좋아야 된다.

샐러드용으로는 올리브 기름, 콩기름, 유채기름, 면실유, 옥수수 기름 등을 정제하여 이용한다.

2) 마가린

마가린(margarine)은 버터의 대용품으로 정제한 유지에 물, 소금, 유고형분, 유화제 등을 혼합 유화시켜 만든 2차 가공품이다.

마가린은 여러 가지 유지를 혼합하여 천연 버터의 융점에 가깝게 배합하여 가소성이 있고 액상의 유액은 w/o 형태의 구조를 하고 있다.

마가린의 제조는 원료 배합, 유화, 급랭, 연합 크림에 따라 다양한 제품을 만들 수 있으며 특히 융점이 25~35℃가 되게 배합하는 것과 급랭하는 방법이 중요하다.

최근에는 수소첨가 방법, 배합 방법이 개발되었으며 비타민 A첨가 및 불포화 지방산 함유 마가린의 제조 등 다양성이 강조되고 있다.

3) 쇼트닝

쇼트닝(shortening)은 라드의 대용품으로 미국에서 1900년대부터 생산하기 시작한 2차 가공품이다.

쇼트닝은 동 식물성 유지류를 급랭, 연합하여 크림상, 고체상, 유동상으로 만든 것으로 마가린과의 차이점은 유화 공정이 없고 제품의 가소성(plasticity)를 더 좋게 한 것이다.

쇼트닝은 100% 유지로만 제조하여 무미, 무취, 무색이어야 하고 shortening성, creaming성을 갖춰야 한다.

이러한 쇼트닝은 제과, 제빵류와 같이 조직이 바삭거리고 잘 부서지기 쉬우며 탄소가스를 이용하는 팽화 식품에서는 필수적이다.

4) 기타

1차 가공품으로는 식품의 저장용, 제과 제빵용, 분말 유지류 등의 가공품이 있다.

2차 가공품으로는 소스류의 일종으로 식용유에 식초, 조미료, 향신료 등을 혼합시킨 o/w형의 유화제품으로 점조성의 반고체 상태의 마요네즈(mayonnaise)가 있다.

마요네즈는 기름은 많지만 담백하고 상쾌한 맛이 있고 보존성이 뛰어나 용도가 많다.

초콜릿(chocolate)은 볶은 카카오 콩을 분쇄하여 당류, 우유류 및 첨가물을 혼합하여 성형한 가공품이다.

크림(cream)은 우유의 유지방을 분리하여 숙성시킨 생크림과 식물성유를 가공하여 만드는 합성 크림이 있다.

버터도 유지방의 가공 식품으로 우유에서 분리한 크림을 교동시켜 유화 상태로 만든 w/o형이다.

그밖에 식용 유지 재료에서 지방질을 분리하여 만든 다양한 지방산류의 화합물에 식품재료, 의약품, 공업용 등에 쓰인다.

(4) 식용유지 재료 개발

우리나라의 유지 생산량은 제한되어 있으나 수요량은 계속 증가되고 있어 식용 유지의 개발이 요구되고 있다.

이를 위하여는 폐기화되는 유지 재료의 재활용, 새로운 유지자원의 개발, 기존의 채유 방법 개선 등이 필요하다.

그리고 여러 종류의 식용 유지를 혼합해 만드는 혼합기름 제조를 법적으로 허용하여 제품의 물성, 저장 안정성, 가격 등에서 유리한 제품의 생산을 모색해야 된다.

또한 유지 자원 식물의 육종, 조직 배양에 의한 생산법 개발, 생명공학의 이용, 미생물을 이용한 유지 생산, 바다를 이용한 유지 자원의 개발 생산 등이 요구되어 진다.

이에 관한 연구가 여러 나라에서 시도되고 있으며 우리도 이에 대한 기반을 구축하고 특히 국내 유지 산업의 보호와 육성에 더욱 정진해야 된다.

최근에는 식생활의 서구화에 따른 지방 섭취 증가에 대한 문제점을 줄이기 위하여 체내에서 흡수되지 않거나 부분적으로 흡수되는 유지 대용물(fat replacers)도 개발되고 있다.

6 조미 식품 재료

식품의 2차 기능으로 관능적 기능이 있는데 영양적 측면도 중요하지만 색, 맛, 향 등도 식품으로서 매우 중요하다. 또한 각 물질에 의해 발현되는 생리활성도 중요하게 여긴다.

조미 식품재료에는 감미료, 산미료, 조미료, 향신료 등이 있다.

(1) 감미료

감미료는 단맛을 내는 조미 재료의 일종으로 단맛은 식품에서 부드럽고 안정감 등을 주며 인간이 추구하는 가장 기본적인 맛이다.

단맛을 내는 물질은 종류가 많으며 맛을 내는 정도가 서로 다르기 때문에 구별하기가 어려우나 맛과 영양적 기능을 가지는 일반 당류와 단맛만 부여시키는 감미료로 나눈다.

단맛을 가지는 물질에는 구조적 특성으로 수산기(-OH)를 가지고 있으며 니트로기(-NH), 아미노기($-NH_2$), 옥심기(-CH=NOH), 시안기(-CN), 황산기($-HSO_3$), 황산아미노기($-SO_2NH_2$) 등을 가지고 있다.

영양이 깃들여진 감미료는 천연 감미료라고 불려지는 것으로 단맛의 발현에는 수산기가 관계한다.

보통 단맛의 점도는 설탕의 단맛을 100으로 하였을 때 상대적 감미로 측정 비교한다.

비영양성 감미료는 인공 감미료라고도 하며 수산기보다는 질소 화합물을 가진 것이 많다.

일반적으로 단맛이 강하고 가공 등의 과정에서도 안정성이 있고 미생물 등에서도 이용성이 없는 특징이 있다.

여기에는 사카린, 아스파탐, 스테비오사이드, 글리시리진류 등이 있고 저칼로리형 감미료도 건강 식품으로 각광 받고 있는 물질로 아스파탐, 스테비오사이드 외에 프락토올리고당, 말토올리고당, 파라치노스 등이 있다.

대표적인 감미료는 다음과 같다.

1) 꿀

꿀(honey)은 벌이 꽃 등에서 채취하여 벌집에 저장한 당액에서 꽃가루, 밀납 등을 제거하여 정제한 가장 오래된 천연 감미료이다.

꿀은 꽃의 종류에 따라 색, 맛, 향, 품질 등에 차이가 있으며 수분이 약 20% 정도이고 대부분이 각종 당류이며 소량의 단백질, 아미노산, 유기산, 무기질, 효소 등이 있다.

구성은 포도당과 과당이 각각 30~40% 정도로 과당이 포도당보다 많이 들어 있는 것이 특징이며 그밖에 2~3%의 sucrose, maltose, raffinose, oligo당 등이 들어 있다.

Royal jelly는 여왕벌의 유아식으로 일벌이 목구멍에서 분비하여 저장하는 점액성 영양물로 각종 아미노산, 비타민, 무기질이 풍부한 영약으로 취급하는 물질이다.

또한 화분(꽃가루)은 벌이 꽃가루를 뒷다리에 묻혀 벌집에 저장하여 일반 벌의 유아식으로 이용하는 물질로 기능성 물질이 많이 들어 있다.

벌의 행동 반경은 약 2㎞이며 모든 꽃에서 꿀을 채취하는데 우리나라의 중요한 밀원으로는 아카시아, 유채, 밤, 싸리 등이 있다.

〈표 4-39〉 감미료의 단맛비교

구 분	감미료	단맛정도	구 분	감미료	단맛정도
당류	설탕(sugar)	100	당알코올류	xylitol	70
	과당(fructose)	140~170		iditol	70
	포도당(glucose)	60~80		maltitol	70
	galactose	60		sorbitol	50~60
	맥아당(maltose)	30~40		mannitol	50
	젖당(lactose)	10~20		dulcitol	50
	mannose	60		inositol	50
	rhamnose	60		erythritol	40~50
	xylose	40		lactitol	40~50
	전화당(invert sugar)	100~130		glycerol	45
				ethylene glycerol	75
아미노산류	tryptophan	11	비영양성류	stevioside	30000
	histidine	2.23		saccharine	20000~50000
	phenylalanine	2.20		geycyrrhizins	20000~50000
	tryosine	1.65		asportame	18000~20000
	leucine	1.30		fractooligosaccharide	20~40
	alanine	0.50			
	glycine	0.45			

꿀은 대부분 가정 식탁용으로 쓰이며 빵이나 과실에 첨가하거나 술이나 우유 등의 음료에 혼합하여 마시고 발효시켜 알콜 음료로 사용하거나 제과 등에 풍미, 색 등의 발현에 이용되며 기타 화장품, 의약품 제조 원료로도 쓰인다.

2) 설탕

설탕(sugar, sucrose)은 단맛의 기본으로 식품의 조리, 가공, 저장 등에 널리 쓰이는 중요한 재료이다.

설탕은 열대 지방에서 자라는 사탕 수수의 즙액에 들어 있는 10~20%의 설탕 성분으로 제조한 cane sugar와 서늘한 지역에서 자라는 사탕무의 15~20% 설탕 성분으로 제조한 beet sugar로 구별한다.

그밖에 설탕 원료로 단수수(sweet sorghum), 사탕 야자(malay sago palm), 사탕단풍(sugar maple)등이 있다.

설탕 종류는 원료의 차이는 거의 없고 당액을 정제하고 농축하여 결정과 당밀을 원심분리하여 얻은 분밀당(centrifugal sugar)과 당액을 농축하여 결정화시킨 함밀당으로 나눈다.

분밀당과 함밀당은 당도, 크기, 형태, 성상 등에 따라 종류를 나누며 각각의 용도로 쓰인다.

순수한 설탕은 무색의 결정으로 비중 1.56, 융점 160℃이며 용해도는 0℃에서 64.2%, 50℃에서 72.3%, 100℃에서 83%이다.

설탕은 포도당의 2분자 결합된 물질이지만 묽은 산, 효소(invertase)에 의해 가수분해 시키면서 포도당과 과당의 혼합물인 전화당이 된다.

또한 설탕을 150~200℃로 가열하면 흑갈색의 캐러멜이 되며 증식 등을 막을 수 있다.

설탕은 식품 가공에서 단맛뿐만 아니라 제품의 조형, 점조성, 발효성을 이용하며 전분의 노화 방지, 지방질의 산화, 부패 방지 효과가 있고 착색과 풍미를 갖게 하며 펙틴과 산을 혼합하면 젤리화하는 성질 등을 이용한다.

〈표 4-40〉 설탕의 분류와 성상

종류			당도	성상	용도
분밀당	굵은설탕	coarse crystal superior	99.9	결정크기 0.84~2.38mm, 무색 투명하고 수분, 환원당 등을 거의 함유하지 않음.	제과, 유제품, 청량음료
		coarse crystal medium	99.9	결정크기 0.84~2.38mm, 약간 착색되어 있음.	제과, 소스용
		granulated sugar	99.8	결정크기 0.177~0.84mm, 순도는 coarse crystal superior와 같다. 물에 녹기 쉬움.	제과, 커피, 홍차, 청량음료
	차당	soft white superior	97.2	결정크기 0.074~0.25mm, 전화당시럽이 들어있어 축축한 느낌이 있고 백색이다.	가정용, 제과용
		soft white medium	94.7	soft white superior와 비슷하고 회백색 또는 담황색이다.	가정용, 제과용, 통조림용
		삼온설탕	94.3	soft white superior와 비슷하고 황갈색이다.	가정용, 제과용
	가공당	powdered sugar	99.9	coarse crystal superior와 granulated sugar를 분쇄하여 0.074~0.149mm로 한 것, 고결 방지를 위하여 3% 이하의 corn starch를 혼합.	제과용, 과일 첨가용
		cube sugar	99.8	granulated sugar에 시럽을 가하여 틀에 넣고 가압, 정형하여 60℃로 건조시킨 것.	커피, 홍차용
		rock sugar crystal candy	100	고순도의 정제당에 종당을 넣고 오랫동안 방치시켜 큰 결정으로 한 것.	제과용, 주류용
함밀당		흑설탕	86	흑색의 당밀에 환원당 2%, 회분 1.5% 정도 함유되어 특유의 맛과 향기가 있음.	제과용

3) 전분당

전분당은 탄수화물의 전분질을 산이나 효소로 가수분해시켜 단맛을 내는 물질로 우리나라에서는 설탕이 나오기 전 대표적인 감미료로 이용한 식품이다.

전분당은 엿, 포도당, 맥아당 등이 있으며 이들은 물에 녹으며 나타내는 감미도, 용해도, 점도, 결정성, 흡습성 등은 가수분해 정도에 따라 다르다.

전분의 가수분해 정도를 당화율(D.E, dextrose equivalent)이라고 하며 성질은 〈표 4-41〉와 같다.

〈표 4-41〉 전분당의 D.E와 성질

종류	수분(%)	D.E	감미료	점도	흡습성	용액의 동결점	삼투압	결정성	평균 분자량
결정포도당	8~10	99~100	높다	낮다	적다	낮다	높다	크다	적다
정제포도당	10이하	97~98	↑	↓	↓	↓	↑	↑	↓
분말포도당	8~10	92~96							
고형포도당	10~13	80~89							
액상포도당	24~40	55~80							
물엿	14~18	35~50							
분말엿	5이하	25~40	낮다	높다	크다	높다	낮다	적다	크다

4) 기타

Stevia는 중남미의 산맥에 자생하는 국화과의 다년생 초본으로 약 150여종이 있으나 rebandiana종만이 감미가 있다.

이 stevia의 잎에는 stevioside가 약 6~8%함유되어 있는데 일종의 diterpene의 배당체이다.

Stevioside는 산이나 염에 안정성이 있고 내열성도 좋으며 pH변화에도 안정하고 미생물이 이용할 수도 없으며 착색성도 없다.

Glycyrrhizine류는 두과 식물의 다년생인 감초에 들어 있는 triterpene의 배당체로 뜨거운 물에 잘 녹는 물질로 거품을 내기도 하는 감미료이다.

Glycyrrhizine류는 산에는 불안정하지만 빛, 열, 알카리에는 안정하다.

합성 감미료로 사카린은 규제가 심한 감미료로 사카린 나트륨으로 김치류를 제외한 절임류, 어육 연제품, 젖산 음료를 제외한 청량 음료, 이유식을 제외한 특수 영양 식품류에만 0.02~0 .03% 정도 사용이 허락된다.

아스파탐은 아미노산계 감미료로 phenylalanine과 aspartic acid가 dipeptide된 것으로 pH 4~5에서 안정하며 pH 3이하나 6이상에서는 분해되어 감미가 없어진다.

아스파탐은 껌, 커피, 차, 아이스크림, 잼, 초콜릿 등에 사용되는 저칼로리 감미료이다.

프락토 올리고당은 설탕에 과당을 결합시켜 만든 다당류에 속하는 감미료로 장내 소화효소에 의해 분해되지 않고 칼로리도 거의 없는 물질이다.

비만, 당뇨 등 설탕 섭취의 제한을 받는 사람에게 적합한 감미료로 차, 빵, 제과, 젤리 등에 사용되는 일종의 기능성 감미료이다.

또한 포도당과 과당의 결합위치를 바꿔 만든 파라티노스(parathinose)는 내열, 내산, 알칼리성, 비소화성의 다이어트 감미료로 설탕 대용품으로 이용된다.

(2) 산미료

산미료는 신맛을 내는 것으로 청량감과 상쾌감을 주는 조미 식품으로 식욕을 돋구어 주며 pH에 의한 저장성을 부여하고 독특한 향미를 나타낸다.

신맛을 내는 물질은 무기산과 유기산류로 구별하며 구조적으로 -COOH와 -OH를 가지고 있고 수용액 중에서 해리하여 초산이온(CH_3COO^-)과 수소이온(H^+)로 되지만 신맛의 정도는 pH와 일치하지는 않는다.

일반적으로 신맛의 강도는 산가의 성질, 적정 산도, 완충 효과, 다른 화합물의 점도에 의해 결정된다.

이러한 신맛의 강도는 -COOH에 의한 감치는 신맛, -COOH와 -OH에 의한 단순한 신맛으로 결정되며 단백질, 지방질, 아미노산, 염류 등은 신맛을 조정해준다.

산미료는 신맛을 내는 것 이외에 영양적 가치가 인정되어 있고 항미생물 작용, 유지의 산화 억제, 비린내 제거 등의 효과를 가지고 있어 널리 사용되고 있다.

신맛은 온도 변화에 거의 영향을 받지 않으며 단맛을 완화시켜주고 짠맛은 상승시킨다. 식초는 특유한 신맛과 건강 식품 개념 때문에 가공 식품이나 조미 식품으로 쓰이는 대표적인 산미료이다.

식초는 영어로 vinegar인데 프랑스어의 vin(win)과 naigre(sour)을 뜻하는 말로 신맛이 나는 포도주에서 유래되었다.

식초는 곡류, 과일류, 알콜 음료 등을 원료로 하여 발효시킨 양조 식초와 초산이나 빙초산을 주성분으로 하는 합성 식초로 구별한다.

합성 식초는 4~5%의 초산(acetic acid)과 약간의 화학 물질이 있으나 양조 식초는 초산 이외에도 유기산, glycerine, ester류, 아미노산, 기타 영양 성분 등이 들어 있어 특유의 맛과 향을 나타낸다.

양조 식초는 원료에 따라 과일 식초, 쌀 식초, 맥아 식초, 주박 식초 등이 있으며 각 원료의 당분이 알콜을 형성한 후 초산균(*Acetobacter*속)이 작용하여 초산, 젖산, 호박산 등의 여러 유기산을 생성시킨 것이다.

식초의 발효는 초산 균종에 따라 정치 발효(표면발효), 속양 발효(전면발효), 연속 발효 등의 방법을 이용하여 양조식초를 생산한다.

이밖에 표준 산미료인 구연산은 맛이 부드럽고 상쾌한 신맛을 내며 과일류에 많이 들어 있는 유기산이다.

사과산은 맛 지속성이 큰 유기산이고 주석산은 상쾌한 신맛이 있으며 푸말산은 소량으로도 신맛을 내고 젖산은 약간 떫은 신맛이 있는 유기산이다.

(3) 조미료

조미료(seasoning)는 식품의 맛을 향상시키거나 보충시키기 위해 사용되는 물질로 감칠맛을 내게 하는 지미료이다.

넓은 의미에서 조미료는 맛을 결정하는데 중요한 의미를 가지고 있기 때문에 감미료, 산미료, 향신료 등의 모든 보조 물질이라고 할 수 있으나 좁은 의미로는 적은 양으로 조미 효과를 나타내며 특히 여러 감칠맛을 내는 물질을 뜻한다.

조미료는 정미 성분에 따라 단순 조미료, 복합 조미료 그리고 향신 조미료 등으로 구별한다.

〈표 4-42〉 조미식품 재료의 종류

	종류	예
단순 조미료	짠맛을 내게 하는 염미료 신맛을 내게 하는 산미료 단맛을 내게 하는 감미료 쓴맛을 내게 하는 고미료 맛난 맛을 내게 하는 지미료	소금, 유기산류 유기산류 설탕, 아미노산류 탄닌, 카페인 MSG, 핵산류, 아미노산류
복합 조미료	양념류	장류, 식초류, 소스류, 추출물류
향신 조미료	맛과 냄새를 내게 하는 향신료	고추, 마늘 등

1) 글루탐산 나트륨

아미노산계 조미료로 특유한 육류 맛을 내는 글루탐산 나트륨(MSG, monosodium glutamic acid)은 1908년 일본의 이케다 씨에 의해 처음으로 다시마에서 추출한 감칠맛 성분이다.

글루탐산을 합성법, 가수분해법, 발효법 등으로 생산하여 Na염으로 MSG를 만든다.

글루탐산은 L^+형이 D^-형에 비해 맛이 좋고 MSG는 감칠맛과 약간의 단맛과 짠맛이 있으며 짠맛, 쓴맛, 신맛 등과 조화를 이루어 식품의 맛을 현저하게 증가시켜준다.

MSG는 pH 6.5~7에서 정미력이 가장 강하며 pH 5.0이하나 pH 8.5이상 조건에서는 가열하면 정미력이 감소되고 갈변되기도 한다.

MSG는 유아용 식품에 첨가시키지 말아야 하며 다량으로 섭취하면 불쾌감, 메스꺼움 등이 올 수도 있다.

MSG 이외의 아미노산계 조미료로 특이한 단맛을 가지면서 짠맛과 신맛을 조화시키는 glycine, DL-alanine, aspartic acid, oxyproline 등이 있다.

2) 핵산계 조미료

핵산계 조미료는 mono nucleotide로 purine 염기의 6번 탄소에 -OH기를 가지고 리보오스 구조 5번 위치에 인(P)이 ester결합한 것으로 감칠맛을 나타낸다.

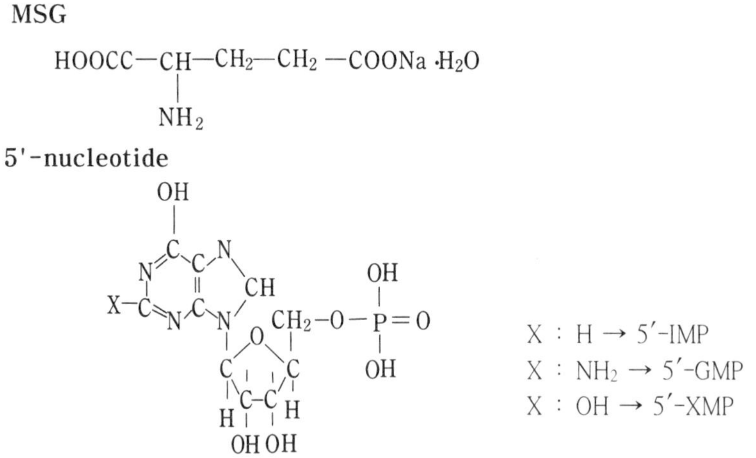

〈그림 4-27〉 MDG, 핵산 5'-nucleotide의 구조

핵산계 조미료에는 inosinic acid(5′-IMP, inosine-5-monophoshate), xanthylic acid (5′-XMP, xanthyne-5-monophosphate) 그리고 이들의 혼합물인 ribonucleotide의 Na염과 Ca염 등이 있다.

5′-IMP는 가다랑어, 소고기, 돼지고기의 감칠맛을 내며 5‘-GMP는 표고버섯과 송이버섯의 감칠맛을 낸다.

핵산계 조미료는 대부분 MSG와 혼합되어 복합 조미료 형태로 사용하며 감칠맛이 크게 증가하는 상승 효과를 갖고 있다.

3) 유기산계 및 액체 조미료

유기산계 조미료로 D-주석산나트륨과 DL-주석산나트륨은 짠맛을 내며 구연산나트륨은 상쾌한 짠맛, 호박산과 호박산나트륨은 신맛과 떫은맛 그리고 감칠맛을 조합한 조개 국물 맛을 내며 DL-사과산나트륨 등도 이용되고 있다.

그러나 유기산계 조미료는 아미노산계와 같이 특유한 맛을 내기 위해 사용하기 때문에 일부 식품에만 사용된다.

액체 조미료는 소스(sauce)라고도 불리어지는 조미료로 요리를 한 음식의 맛, 색, 향 등을 증・보강하거나 영양 보충을 위해 사용한다.

액체 조미료의 원료는 다양하고 육즙, 채소, 과일, 향신료, 우유, 곡류, 달걀, 식초 등이며 이들의 특성에 따라 배합하여 특성있는 소스를 만들 수 있다.

소스는 적은 양을 사용하는 것이 원칙이며 사용할 때 식품의 종류와 상태 등을 고려하여 사용하는 것이 좋다.

〈표 4-43〉 시판되고 있는 복합조미료의 성분조성(%)

조미료	소금	MSG	5′-IMP	5 ‘-GMP	5 ‘-RN
A	-	98	2	-	-
B	-	96	4	-	-
C	-	95	5	5	-
D	-	88	12	-	-
E	-	88	-	4	8
F	90	10	-	-	-
G	85	14.7	0.3	-	-
H	90	9.8	-	-	0.2
I	88	11.8	-	-	0.2

4) 소금

소금(salt)은 짠맛을 내는 조미료와 항미생물 작용을 가진 보존료로 오래 전부터 사용되어져 왔다.

또 영양상으로 가장 다량으로 필요한 무기질이며 공업적으로도 중요한 원료로 이용되고 있다.

소금의 원료는 바닷물과 암염이며 채굴, 천일염, 제재염 그리고 이온교환을 이용한 정제염 등으로 구별한다.

소금의 주성분은 염화나트륨(NaCl)으로 짠맛을 내지만 $CaSO_4$, $CaCl_2$, $MgCl_2$, $MgSO_4$ 등이 불순물로 섞여 있으면 약간의 쓴맛을 나타낸다.

소금의 짠맛을 느끼는 최소농도는 0.05% 정도이며 용해도는 0℃에서 35.6%, 100℃에서 39.1%로 온도의 영향은 거의 없다.

소금은 농도를 높이면 삼투압이 높아져 항미생물 작용을 가지게 되며 효소의 용해성을 감소시키고 Cl^-의 살균효과도 나타낸다.

이러한 성질을 이용하여 채소류의 절임, 고기류의 염장 등 식품의 저장・가공에 이용된다.

소금은 물과 1:3 정도로 혼합하면 한제가 되어 -21.2℃까지 온도가 내려가며 밀가루 반죽에 소금을 넣으면 점탄성을 증가시키고 효소의 발효를 조정해준다.

소금은 식품에 짠맛과 감칠맛을 부여할 뿐만 아니라 생리적으로 1일 약 15g이 필요하다. 즉 체내에서 소금은 세포와 체액의 삼투압을 조절해주는 중요한 무기질이다.

(4) 향신료

향신료(spices)는 종류가 대단히 많고 용도가 넓으며 독특한 향신미를 부여하기 위해 쓰이는 식물의 뿌리, 껍질, 잎, 꽃, 싹, 종자 등이다.

향신료의 중요한 기능은 매운맛의 부여이며 소화 촉진, 식품보존 효과, 항산화 작용 및 약리 작용 등도 있고 색이나 맛을 변화시켜 주기도 한다.

향신료를 사용하는 형태에 따라 그대로 사용하는 천연 향신료와 천연 향신료를 건조, 분쇄, 분말 또는 물이나 용매로 추출하여 사용하는 가공 향신료로 나눈다.

요즈음 향신료의 형태는 다양해졌는데 추출하여 사용하는 추세이며 향신료는 성분, 효능, 추출방법 등 다양한 방법으로 분류하지만 일반적으로 향, 맛, 색 등의 이용성으로 분류한다.

향신료의 향기 성분은 테르펜류, 알코올, 알데히드, 케톤류 등이며 맛 성분으로는 황화합물, 산아미드류, 구아이아콜 유도체 등에 의해 나타난다.

황화합물은 파, 양파, 마늘 등에 들어 있는 diallyl sulfide 종류가 매운맛을 나타내며 겨자의 맵고 톡쏘는 성분은 sinigrin, sinalbin이라는 배당체인데 이것이 겨자씨에 들어 있는 myrosinase에 의해 분해되면 allyl thiocyanate로 되면서 나타낸다.

산아마이드류로는 후추의 매운맛 성분인 pipperin의 trans형인 chavicin, 산초의 san-shool 등이 있다.

Guaiacol 유도체로는 고추의 capsaicin, 생강의 shogaol, gingerol 등이 매운맛 성분들이다.

한편, 허브(herb)는 잎이나 줄기 등을 약용이나 식용으로 쓰고 향을 가지며 맛으로도 이용되는 것으로 우리에게 유용한 식물이다.

허브 식물은 각 성분이 골고루 함유되어 있으며 정유(essential oil)는 휘발성, 흡수성 등이 뛰어나 오래 전부터 향신료, 방향제, 향수 원료 등으로 이용되어 왔으며 식품에 직접 넣어 섭취하기도 하였다.

허브식물은 인체의 면역 기능을 강화시켜주며 소독, 살균, 강장, 소염, 항암 효과를 나타내어 향신료뿐만 아니라 기능성 식품으로 각광을 받고 있다.

〈표 4-44〉 향신료의 분류

분 류	종 류
매운맛이 강한 향신료	후추, 고추, 겨자
매운맛과 향이 있는 향신료	생강, 산초, 마늘, 계피, cloves, aelspice
향이 강한 향신료	월계수잎, coriander, thyme, basil
색을 이용하는 향신료	paprika, tumeric, sattron
복합향신료	카레가루, chilipowder, italian sauce

(5) 기호 식품 재료

기호 식품은 영양소를 공급해주는 목적이 아니고 독특한 향이나 맛을 가진 기호 음료, 탄산 음료, 쥬스, 주류 등과 같이 기호성이 높은 식품이다.

기호 식품 재료는 식품 자체로 직접 이용되기도 하지만 혼합하거나 기초재료로 이용하는 경우가 많으며 일부 가공 식품에 혼합하여 이용한다.

1) 차 류

차(tea)는 동백나무과 상록수의 어린잎이나 싹으로 만드는 기호 음료로 원산지는 인도 앗삼지역, 중국 운남지역 등으로 열대성 차와 온대성 차로 나뉜다.

열대성 차류는 인도, 스리랑카 등지에서 재배되는데 tannin이 많아 향미와 떫은맛이 강하여 홍차 제조에 적합하다.

온대성 차는 중국, 일본, 우리 나라 등에서 재배되는 차류로 색소가 풍부해 녹차제조에 알맞다.

- 차(茶)
  - 비발효차(녹차)
    - 쪄서 말린 것
      - 옥로(玉露)
      - 연차(碾茶), 부차(扶茶)
      - 전차(煎茶)
        - 신차(伸茶)
        - 옥록차(玉綠茶)
      - 말차(抹茶)
      - 번차(番茶)
      - 배차(焙茶)
      - 녹전차(綠磚茶)
    - 볶아 말린 것
      - 희야차(嬉野茶), 청류차(靑柳茶)
      - 단차(團茶)
      - 준산차(准山茶), 대방차(大方茶)
  - 반발효차
    - 포종차(包種茶)
    - 오룡차(悟龍茶)
  - 발효차
    - 홍차(紅茶)
    - 홍전차(紅磚茶)

〈그림 4-28〉 제조 방법에 의한 차의 분류

우리나라의 차 재배는 신라시대부터 시작되었고 특히, 전남 보성 지방은 유명한 차 재배지이다.

차류는 일반적으로 제조하는 방법에 따라 발효차, 반발효차, 비발효차로 나눈다.

발효차인 홍차(black tea)는 차잎을 자체 산화효소로 발효시켜 쪄서 말린 것이다.

일반적으로 만드는 방법은 잎을 음지에서 건조시켜 수분을 35~50%로 하는 weathering 과정을 거친다. 이어서 세포를 파괴시켜 산소와 접촉하게 하여 탄닌이 산화되기 쉽고 효소작용이 잘되게 비벼주는 rolling 과정을 거친다. 다시 20~25℃, 습도

95% 이상에서 2~3시간 발효시킨다. 발효가 끝나면 1차 건조, 2차 건조를 하여 효소 작용을 없애고 착색물질 등을 형성시켜 홍차로 한다.

반발효차인 오룡차는 발효 과정을 홍차의 40~50% 정도로 짧게 한 것으로 색은 약간 변하지만 독특한 향기를 가진 차로 중국 남부와 대만 등이 유명하다.

비발효차인 녹차는 가열하는 방법에 따라 쪄서 만드는 녹차와 볶아서 만드는 녹차로 구별하며 제조는 발효 과정이 없으므로 홍차보다 착색은 되지 않지만 비타민류 특히 비타민 C의 파괴가 없는 것이 특징이다.

차류의 맛과 향은 아미노산, caffeine, theanine, tannin, 당류 등에 의해 나타나며 단맛은 theanine, 포도당 등에 의해 나타나고 쓴맛은 caffeine, 떫은맛은 tannin류, 향기는 hexanol, 색소는 엽록소, flavonoid 등에 의해 나타난다.

특히 alkaloid인 theanine은 caffeine과 비슷하지만 지미 성분으로 뇌, 근육 등을 자극하여 이뇨 작용, 신경 흥분, 강심 작용이 있는 물질이다.

또한 polyphenol 화합물인 tannin와 catechin류는 인체에 축적된 유해 중금속을 제거하거나 항산화, 항균 작용이 강한 물질이다.

2) 커피류

커피는 이디오피아가 원산지로 천초과에 속하는 열대 상록수의 열매를 볶아서 뜨거운 물로 추출하여 만든 기호음료이다.

커피 나무는 16세기까지 아라비아가 주 생산지였으나 17세기에 유럽을 거쳐 18세기에 중앙 아메리카와 브라질 등지로 전파되었다.

커피는 전세계 인구의 40% 정도가 이용하는 음료로 우리나라는 비교적 늦게 커피를 이용하였으나 최근에는 소비량이 급속히 증가하여 대중적인 기호 음료로 자리잡고 있다.

커피의 종류는 약 25종류로 이디오피아가 원산지인 Arabica종, 콩고가 원산지인 Robusta종 그리고 브라질이 원산지인 Liberica종 등으로 구별한다.

그러나 커피는 생산지에 따라 여러 가지 맛을 나타내기 때문에 커피의 종류는 품종을 쓰지 않고 생산지 명이나 제조 명을 상표로 그대로 사용한다.

Arabica종은 중남미에서 많이 재배되며 풍미가 좋고 생산량도 가장 많으며 모카 커피가 유명하다.

Robasta종은 인도네시아 지역에서 재배되는데 풍미가 떨어지지만 값이 싸 배합용으로 쓰이며 Liberica종은 서아프리카 지역에서 재배되는, 약간 떨어지는 향미를 가지고 있다.

일반적으로 브라질산 커피가 세계 생산량의 1/3을 차지하며 맛이 강하고 여러 종류가 있으며 특히 산토스, 미나스, 리오, 빅토리아 등이 유명하다.

커피의 열매는 처음에는 녹색이지만 성숙하면 짙은 홍색으로 되며 2개의 핵이 있다.

일반 성분은 다른 열매와 비슷하며 특수 성분으로 약 1.3% 정도의 caffeine과 4% 정도의 tannin이 있어 차류와 같이 흥분 작용과 이뇨 작용 등이 있다.

커피의 맛은 탄산가스와 coffeic acid, chlorogenic acid 그리고 trigoneline에 의해 시고 쓰게 나타난다.

성분 분석이 어려운 커피의 향은 1,000여가지 이상이지만 acetic acid와 같은 유기산과, caffeol, ester, phenol성분 그리고 맛성분 등에 의해 나타낸다.

커피는 볶아서 여러 원료로 배합한 원두 커피와 각종 추출 커피로 나눈다.

원두 커피는 커피콩을 200~250℃에서 볶아 향미를 증강시키고 카라멜화로 색깔을 결정하는데 볶는 시간과 품질에 따라 구별한다.

또한 원두 커피는 분말로 하였을 때 입자의 크기에 따라 fine과 regular로 구분하며 끓이는 방법에 따라 drip, electric percolator로 구분한다.

인스턴트 커피는 볶은 커피를 물로 추출하여 분무 건조시킨 후 가루로 만든 것으로 경제적이고 편리하지만 향기 성분이 떨어진다.

그러나 냉동 건조 기술이 발달하여 분무 건조시킨 인스턴트 커피를 다시 분쇄하고 습기를 가하여 냉동 건조시킨 커피를 과립 커피(granule coffee)라 하는데 물에 녹는 속도가 빠르고 향기 성분의 손실도 거의 없는 고급 커피이다.

그밖에 caffeine을 제거하여 추출 건조한 탈카페인 커피, 추출하는 물의 양을 반을 줄여 진하게 하여 ice coffee로 하거나 같은량의 우유를 섞어 cafe au lait로 하는 농축 커피 등이 있다.

일반적으로 인스턴트 커피는 물, 원두 커피의 배합, 끓이는 온도, 추출 시간 등에 따라 맛이 결정된다.

3) 초콜릿류

코코아와 초콜릿의 원료인 카카오 콩(cacao bean)은 중남미 원산의 열대성 cacao나무의 열매(씨)이다.

카카오 콩은 외피(shell), 자엽(nib), 배아(germ)로 이루어져 있으며 초콜릿류는 85% 정도 차지하는 자엽만 이용한다.

그러나 과육과 씨가 잘 분리되지 않기 때문에 50℃에서 3~12일 정도 발효시켜 씨를 분리하여 초콜릿류의 원료로 쓴다.

발효시킨 카카오 콩을 110~120℃에서 볶아 외피와 배아를 분리한 자엽인 cacao nib은 55%정도의 지방질이 있는데 이를 추출한 고체 지방질을 cacao butter라 한다.

그리고 지방질을 추출하고 남는 부분방을 미분말화한 것이 코코아이다.

Cacao 가루, 카카오 버터, 설탕, 유제품, 향신료 등을 넣어 혼합한 것을 cacao mass라 하며 이 카카오 매스를 혼합, 교반, 정련하고 온도 조정하여 성형, 냉각하면 초콜릿류가 된다.

초콜릿류는 지방질 함량이 대단히 높으며 10% 정도 들어 있는 전분질은 음료로 만들 때 침전이 된다.

특수 성분으로 theobromine, caffeine과 색과 향에 영향을 미치는 phenol 화합물 등이 있다.

향기 성분은 카카오 콩의 발효, 건조, 볶음 과정에서 비효소적 갈변의 반응에 의해 생기는 carbonyl계 화합물로 종류가 대단히 많다.

〈표 4-45〉 커피의 종류와 특징

구분	지역	커피 특성	품종
북·중·남미 지역	브라질 커피	소형, 빨간 줄무늬가 있음. 쓴맛과 신맛이 있고 순하다. 향기가 좋다	산도스, 미나스, 리오, 빅토리아
	콜롬비아 커피	대형이고 추출수율이 높다. 산미, 감미, 짙은 맛, 향이 좋다. blend base용으로 쓰임.	아라비카, 에덜린, 보고타, 아르메니아, 콜롬비아
	베네수엘라 커피	대형이고 향기가 좋다.	카라카스, 다치라, 마다가이브
	멕시코 커피	상쾌한 신맛, 감미와 향은 보통. 고산지 것이 우량.	베라크르쯔, 오디자바, 오르도바
	엘살바도르 커피	중형이고 녹색을 띰. 감미가 좋다. 고산지는 산미, 저산지는 중성을 나타냄.	엘살바도르
	과테말라 커피	산미가 강하고 향기가 좋다. 감미와 신맛은 보통.	아라비카, 브르본
	자메이카 커피	단맛, 신맛, 쓴맛이 조화를 이루고 있으며 감미가 특히 강하다.	블루마운틴
	하와이 커피	대형이고 신맛이 강하며 단맛이 있다. 스트레이트용으로 사용.	코나
아프리카 지역	이디오피아	신맛, 단맛이 있다. 특유한 향이 좋다.	모카
	탄자니아	신맛이 강하고 향기가 좋다. 스트레이트 용으로 사용.	킬리만자로
아시아 지역	인도네시아	상쾌하고 쓴맛이 약간 있음. 브랜드용에 적당하다.	사보르부스타, 만델린

초콜릿은 배합, 제조 방법, 제품의 형태에 따라 여러 가지 종류로 나눈다.

또한 초콜릿은 가공 성형이 쉬워 다양한 형태의 과자류, 케이크, 소스, 푸딩 등에서 독특한 향기, 부드러운 조직, 영양 상승 효과 등으로 다양하게 이용된다.

초콜릿의 가장 중요한 특징은 실온에서는 단단하지만 입안에서는 순간적으로 녹아 독특한 향을 내는 데 있다.

이러한 초콜릿의 특성은 카카오 버터의 특정 지방산 조성과 가공 공정의 온도 조정에 의해 결정된다.

일반적으로 초콜릿은 결정 석출(blooming) 현상이 나타나지 말아야 하며 저장 및 보관은 18~20℃, 상대 습도 50% 이하가 좋다.

〈표 4-46〉 카카오콩의 구조와 발효에 의한 변화

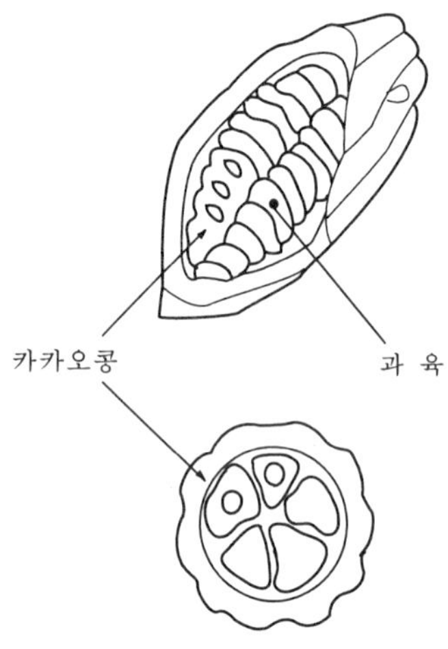

비교	생카카오콩	발효시킨 카카오콩
겉모양	타원형	둥글고 크다.
외피의 성질	배유 부분에 강력하게 붙여서 떨어지기 어렵다.	외피가 붙여서 배유로부터 분리가 쉽다.
pH	6.0~6.8	4.5~5.6
경도	매우 단단하고, 부수기 어렵다.	균열이 많이 생겨 부서지기 쉽다.
색	엷은 박색	갈색
맛	쓰고, 자극성 있다.	자극성은 없다.
향	생콩의 비린향	특유의 방향

4) 청량 음료류

청량 음료는 일반적으로 단맛과 향을 가지고 있고 유기산류나 탄산이 있어 마실 때 상쾌한 청량감을 주는 비알콜성 음료를 일컫는다.

요즈음은 인체에 비타민이나 무기질이 흡수되기 쉽게 제조한 이온 음료 또는 스포츠 음료와 생수와 과즙을 혼합한 미음료 등도 각광을 받고 있다.

콜라 음료의 시작은 1886년 미국에서 코카 나무의 잎과 콜라나무의 열매에서 추출한 성분을 음료로 사용하고 부터이다.

그러나 코카 나무의 잎에는 알카로이드인 코카인이 마약성이 있어 지금은 콜라 열매의 추출물과 여러 첨가물로 음료를 만든다.

콜라 나무는 아프리카 원산으로 벽오동과에 속하며 열매는 긴타원형으로 4~10개의 씨를 가지고 있는데 주성분은 카페인과 콜라닌이고 강한 신경 자극성이 있다.

콜라 음료는 코카콜라와 펩시콜라가 유명하지만 최근에는 국가별 특색있는 콜라 음료도 개발되고 있다.

사이다 음료는 인공 탄산수로부터 제조하기 시작하였으며 무색 또는 엷은 색의 감미가 있는 탄산 음료의 총칭이다.

소다수라고도 하며 영양가는 거의 없고 탄산가스의 청량감, 식욕 증진 효과, 기분 전환 등의 효과를 나타내어 많이 이용되고 있다.

사이다 음료는 물, 산, 당, 탄산가스, 향료, 색소 등을 사용하여 제조하기 때문에 종류도 다양하다.

과일 음료는 과즙(juices)으로 천연 과즙을 의미하지만 유기산이 많아 신맛이 강하기 때문에 청량 음료로는 적당치 않은 경우가 많다.

그러기 때문에 과즙에 물을 가하고 설탕, 유기산 등을 보완하여 희석 음료화하고 청량감이 있게 제조하는 경우가 많다.

- 탄산음료
  - 천연광천수
  - 인공광천수
  - 착향탄산수
- 과즙음료
  - 천연과즙
  - 희석과즙
  - 과육음료
- 미과즙음료 - 생수와 과즙혼합
- 유음료
  - 생우유 음료
  - 발효유 음료
- 알칼리성 이온음료 - 건강음료, 스포츠 음료

〈그림 4-29〉 청량음료의 구분

5) 알콜성 음료

주류(酒類)는 주세법 제 2조에서 알콜 성분 1도 이상의 음료를 의미한다.

주류의 성분은 ethanol로 과일이나 곡류 및 기타 원료에 들어 있는 당분이나 전분을 알콜 발효시켜 제조한다.

주류는 인체에서 소화 과정을 거치지 않고 그대로 흡수되기 때문에 적당히 섭취하면 소화액의 분비와 혈액 순환을 촉진시켜 준다. 그러나 지나치면 위장, 간장, 신장, 혈관 등에 장애를 주게되고 대뇌 신경의 마비도 일으킬 수 있다.

주류는 제조 방법에 따라 구별하는데 발효에 의한 양조주로 약·탁주, 청주, 맥주, 포도주, 과일주, 명약주, 기타 양조주 등이 있다.

증류주는 발효에 의해 제조한 양조주를 증류시켜 알콜 성분을 높이고 특유의 맛을 부여하는 주류로 소주, 위스키, 브랜디, 고량주, 럼주, 보드카 등이 있다.

재제주는 알콜 성분에 다른 물질을 혼합하거나 추출한 주류로 합성청주, 인삼주, 오가피주, 칵테일용 등이 있다.

〈표 4-47〉 주류의 구별

구별	종 류	주재료 및 특징
양조주	포도주	포도, 색에 따라, 용도에 따라 종류 다양
	샴페인	포도주에 탄산가스 함유(sparkling)
	과일주	사과주(cidar), 배주(perry) 등
	벌꿀주	mead
	맥주	보리를 호프와 함께 발효
	약·탁주, 청주	곡류를 발효시켜 만듦
	용설란주	pulque
증류주	소주	약·탁주 등을 증류
	위스키	발아된 곡류를 발효시킨 후 증류하여 나무통에서 숙성
	브랜디	과일을 발효시킨 후 증류하여 숙성
	고량주	수수를 발효시킨 후 증류
	럼, 아락	곡류, 사탕수수즙, 당밀, 야자 등을 발효시켜 증류
	보드카	호밀을 맥아로 하여 발효 후 증류
	진	보리를 발효시킨 후 향료를 넣어 증류
재제주	인삼주	인삼에 증류주를 넣어 추출
	각종 과일주	각종 과일에 증류주를 넣어 추출
	한방, 민약주	한약재료나 민간약재료에 증류주를 넣어 추출
	합성청주	알콜 15%에 각종 유기산, 랑류 등을 배합한 후 숙성 여과시킨 것
	소주	주정에 적당량의 수분으로 알콜 %를 맞춰 조미한 것
	기타	liqueur, bitters, curacao, perppermint 등

7 식품 첨가물

식품은 가공, 제조에 따라 종류와 형태가 다양해지면서 여러 식품이 식생활에서 차지하는 비중이 커지고 있다.

특히 보존 식품, 가공 식품, 간편 식품 등의 이용이 증가하면서 식품에 첨가되는 물질이 중요한 위치를 차지하게 되었으며 그 이용도 증가되고 있다.

(1) 식품 첨가물의 정의

식품 첨가물이란 우리나라 식품 위생법 제 2조에 식품을 제조, 가공 또는 보존함에 있어 식품에 혼합, 침윤, 기타 방법에 의하여 첨가하는 물질로 정의한다.

또한 첨가물에서 화학적 합성품이란 화학적 수단에 의하여 원소 또는 화합물에 분해반응 이외의 화학반응을 일으켜 얻는 물질로 정의한다.

FAO의 식품 첨가물 정의는 영양소를 가지고 있든 없든 식품으로서 일반적으로 많이 소비되지 않고 식품의 전형적인 성분으로 사용되지 않는 물질로 제조, 가공, 전처리, 조리, 포장, 수송, 저장 과정에서 기술적 목적으로 고의로 식품에 첨가한 것으로 식품의 특성에 영향을 미치는 모든 물질을 말한다.

즉 식품 첨가물은 식품의 품질을 높이고 보존성과 기호성을 향상시키고 화학적, 물리적 상태를 좋게 하여 식품의 가치를 높여 주기 위해 식품의 주재료에 첨가되는 물질이다.

식품 첨가물은 어떤 뚜렷한 목적으로 식품에 첨가되는 물질로 대부분이 식품 중에 오랫동안 잔존하면서 그 효과를 가지게 해야 되지만 어떤 종류들은 사용 즉시 효과를 내고 그 후에는 잔존할 필요가 없는 경우도 있다.

이처럼 식품 첨가물은 식품의 종류와 첨가물의 특성, 식품 속에 잔존 여부에 따라 특성이 달라진다.

(2) 안전성

식 첨가물은 그 수가 대단히 많으며 천연물과 화학적 합성품으로 나누는데 대부분이 화학적 합성품이다.

천연물은 비교적 인체에 유해하지 않지만 화학적 합성품은 위생상에 문제가 있는 경우가 있어 식품 위생법에 식품 첨가물의 규제가 엄격하게 명시되어 있다.

식품 첨가물은 식품에 사용할 때 자체의 유해 물질 또 식품 성분과의 반응으로 유해 물질을 생성하여 인체에서 각종 대사 저해나 기능장애 등을 유발시킨다.

규제는 식품 위생법에 정해져 있으며 식품 첨가물 공전이나 식품 공전에 내용이 잘 명시되어 있다.

식품 첨가물의 사용 규제는 식품 첨가물 자체에 대한 사용 한계량으로 결정하는데 결정 방법은 일반 독성 시험과 특수 독성 시험에 따라 정한다.

일반독성 시험에는 급성, 아급성, 만성 독성 시험이 있으며 대상 동물은 쥐, 토끼 등이 이용된다.

급성 독성 시험은 저농도에서 고농도까지 일정 간격으로 투여량을 정하여 1회 투여 후 7~14일간 관찰하여 LD_{50}과 용량+반응 관계, 중독 증상 등을 관찰하고 다음 시험을 위한 자료를 얻기 위한 시험이다.

아급성 또는 아만성 독성 시험은 투여량 결정 시험이라고도 하며 치사량 이하의 단계적 용량을 1~3개월 투여 전후 생체에 미치는 영향을 관찰하는 시험이다.

이 시험은 만성 독성 시험의 투여량을 결정하는 예비 시험으로 단기 반복 노출 시험, 생물학적 무영양 수준 등을 결정한다.

만성 독성 시험은 최종 시험으로 징후가 나타나지 않는 최대 안전량, 독성이 나타나는 최소량, 중독에 의해 5개월 내에 치사할 수 있는 투여량, 대조군 등 4단계로 1~2년 정도 장기 투여하여 잠재 독성 정도, 안전 한계량, 최대 무작용량 등을 결정하는 과정이다.

특수 독성 시험은 식품 첨가물이 인체에 어떤 특별한 영향을 미치는가를 확인하기 위한 시험으로 번식상의 이상, 발암성 및 돌연변이, 태어난 생체의 기형성 여부 등을 규명하는데, 2~3대에 걸쳐 오랫동안 시험을 실시한다.

(3) 식품 첨가물의 분류

식품 첨가물은 품질을 향상시키고 기호성, 보존성 및 영양 강화의 목적으로 사용되는데 대부분이 화학적 합성품이다.

합성 첨가물은 화학구조와 기능, 특성, 용도 등이 다양하므로 분류하기가 곤란하다. 그러나 일반적으로 식품 첨가물은 기능과 용도에 따라 분류한다.

식품 첨가물의 기능적 특성, 사용 목적, 용도에 따른 분류로 식품 공학적 기능에 따른 Desrosier씨의 분류는 다음과 같은 10가지이다.

① 보존료(preservatives or antimicrobial agent)
② 영양 강화제(nutritional supplements)
③ 착색제(color modifier, colorings)
④ 착향제(flavoring agents)
⑤ 식품의 기능적 성질에 영향을 주는 화학물질
⑥ 식품가공에 사용되는 화학물질
⑦ 수분을 조절하여 주는 화학물질
⑧ pH를 조절하여 주는 화학물질
⑨ 품질과 관련된 생리적 기능 조절제
⑩ 기타

또한 미국 국립 과학 학술원과 국립 연구 협의회 기구인 식품 보호 위원회에서 식품 첨가물을 기능과 용도에 따라 40종으로 분류하였으며 이를 기능적, 화학적 방법에 따라 구분하면 다음과 같이 14종으로 구분할 수 있다.

① Preservatives(보존제, 항미생물제)
② Antioxidants(항산화제, 산화방지제)
③ Sequestrants(금속제거제)
④ Suface active agents(계면활성제)
⑤ Stabilizer(안정제)
⑥ Bleaching agents(표백제), Maturing agents(숙성제), Starch modifiers (녹말품질개량제)
⑦ Color fixatives(착색제)
⑧ Buffer(완충제), Acid(산제), Alkali(알카리제)
⑨ Nonnutritive sweetners(비영양성 감미료)
⑩ Nutrients(영양제)
⑪ Flavoring agents(착향제)
⑫ Funtional uses(기능 개량제), Firming agents(연화제), Texturizers(조직 개량제), Binders(결착제), Anticaking agents(응고방지제)

⑬ Enzyme(효소), Yeast Food(효모)
⑭ Order(기타)

한편 우리나라에서는 용도에 따라 보존료, 살균료, 산화 방지제, 착색제, 발색제, 표백제, 조미료, 산미료, 감미료, 착향제, 팽창제, 강화제, 밀가루 개량제, 유화제, 효료 및 안정제, 피막제, 검기초제, 소포제, 용제, 이형제, 품질 개량제, 기타 식품 첨가제 등으로 구분한다.

이와 같은 식품 첨가물(화학합성품)을 사용 목적에 따라 구분한 것은 〈표 4-48〉과 같이 여섯 가지의 목적에 따라 구분한다.

이외에도 첨가 목적의 의도성에 따라 식품 본래의 구성 성분 이외에 첨가되거나 혼입되는 물질도 식품 첨가물로 구분한다.

뚜렷한 목적에 의해 첨가하는 의도적 식품 첨가물로 영양 강화제, 신선도 유지제, 관능적 품질개량제, 가공보조제 등이 있다.

비의도적 식품 첨가물은 뚜렷한 사용목적 없이 식품에 잔류하거나 혼입되어 식품에 해를 끼치는 물질로 곤충이나 배설물, 수질 오염 물질, 잔류 농약, 비료 등이 있다.

〈표 4-48〉 식품첨가물의 사용목적에 의한 분류

사용목적	이름	허용품목
관능만족	조미료	12
	감미료	9
	산미료	19
	착색료	26
	착향료	86
	발색제	5
	표백제, 탈염소제	8
변질, 변패 방지	보조료	14
	살균료	4
	산화방지제	8
품질개량 및 유지	품질개량제	11
	밀가루개량제	4
	호료, 안정제	21
	유화제	8
	피막제	2
	품질유지제	1
	용제	1
식품제조	식품제조용첨가용	55
	소포제	1
영양강화	강화제	63
기 타	팽창제	14
	검기초제	5

※지정된 화학합성품의 숫자는 변동될 수도 있음

(4) 대표적인 식품첨가물

천연 식품 첨가물을 제외한 합성첨가물은 법적인 규제를 받고 있으며 독성 관계에 따라 그 종류와 숫자가 달라진다.

현재까지 허용되는 합성 식품첨가물은 우리나라에서 약 367종이다.

1) 보존료

보존료(preservatives, antimicrobial agents)는 식품의 변질, 부패, 그리고 화학적 변화를 막아 식품의 영양과 신선도를 유지시키기 위해 사용되는 첨가물로 살균, 산화 방지, 효소 기능, 억제 작용 등도 포함되지만 일반적으로 미생물의 중심으로 일어나는 식품의 변질이나 부패를 막기 위해 사용되는 첨가물이다.

종류로는 무기산과 그염, 알칼리와 그염, 금속할로겐, 과산화물, 유기산과 그염 등이 있으며 화학 구조, 작용 기작과 형태, 특이성 및 보존 효과가 각각 다르기 때문에 대상 식품의 성분과 특성, 미생물의 종류와 오염 정도, 안전성, 경제성 등을 고려하여 선택해야 된다.

보존료는 식품의 pH와 보존료의 pK값을 알고 선택하여야 보존료의 비해리 부분이 커져 보존 효과를 증대시킨다.

또한 식품 가공할 때 열처리와 함께 보존료를 사용하면 좋다.

많이 사용되고 있는 보존료는 13품목이 허용되고 있으며 대부분이 유기형태이고 sorbate가 가장 많이 사용되고 있고 benzoate, propionate 등도 사용된다.

〈표 4-49〉 허용 보존료의 종류와 특징

종류	허용량	최적 pH	주사용식품
dehydroacetic acid와 그염(Na)	DHA로 0.05%이하	3.0~5.0	치즈, 버터, 마가린류
benzoic acid와 그염 (Na)	0.05%이하	2.5~4.0	청량음료류, 간장류
sorbic acid와 그염 (Na, K)	0.005~0.2%이하	3~6.5	육제품, 장류, 젓갈류, 잼류, 과일류
propionic acid와 그염 (Na,Ca)	산으로 0.25~0.3%이하	2.5~5	빵, 생과자, 치즈
parabenzonate류(6종)	0.012~0.2g/ℓ	3~9	음료, 소스류, 주류, 장류

보존료의 구비 조건은 미생물에 대한 작용이 강하고 확실해야 된다.

또한 지속성이 있어 미량을 사용해도 효과가 있어야 되며 식품에 악 영향을 끼치지 말아야 한다.

그리고 값이 싸고 쉽게 구할 수 있어야 하며 무엇보다 오래 사용하여도 인체에 해가 없어야 한다.

그러나 이러한 조건을 모두 충족시키는 이상적인 보존료는 거의 없기 때문에 허용된 보존료라도 독성과 식품의 섭취량, 사용 빈도 등을 고려하여야 한다.

즉, 식품에 첨가하는 양의 결정은 효력을 발휘할 수 있는 최소량을 기준으로 하여 사용목적과 대상식품에 알맞은 것으로 해야 한다.

2) 산화 방지제

산소에 의해 식품이 변질되어 이미, 이취, 변색 등이 일어나는데 유지류의 산패가 대표적이다.

유지 식품의 산패는 외관상의 변화뿐만 아니라 식품의 산화, 중합, 분해 등의 화학 반응을 일으켜 영양 손실, 유해 성분 생성 등으로 중독을 일으키며 건강 장애 등을 나타낼 수 있다.

이러한 변질을 막기 위한 방법으로는 용기에 넣어 공기와의 접촉을 막는 것과 산화 방지제(antioxidants)를 첨가하는 방법이 있다.

산화 방지제는 에르소르빈산(erythorbic acid), 아스코르빈산(ascrobic acid) 등의 수용성과 몰식자산 프로필(propyl gallate), butylate hydroxy anisol(BHA), butylate hydroxy toluene(BHT) 등의 지용성으로 구분한다.

수용성 산화 방지제는 주로 색소의 산화 방지에 사용되며 지용성은 유지나 유지 식품에 사용된다.

그러나 ascorbyl palmitate는 비타민 C의 효과도 있으며 유지 용해성이 있어 지용성 산화방지제의 역할을 한다.

또한 산화 방지 작용은 별로 없지만 다른 산화 방지제의 작용을 높혀 주는 효과를 가지는 구연산, 사과산 등의 유기산류와 폴리인산염, 메타인산염 등의 축합 인산염을 산화 방지제와 함께 사용하면 항산화 효과가 더 증가되는데 이들 분질을 항산화 상승제(synergist)라 한다.

유지류는 효소, 수분, 금속, 열, 광선 등이 존재하면 산화가 되기 쉬우며 산화는 처음에는 서서히 진행되며 일정 기간이 지나면 급속히 진행한다.

또한 산화는 유지류의 불포화 지방산에서 이중결합 위치에 산소가 결합하여 유리기와 과산화물을 생성하고 다시 이들이 연쇄적으로 반응하여 알데히드, 케톤, 유리산 등이 생성된다.

그러므로 산화 방지제는 구조상 수산기(-OH)가 반드시 존재하게 되며 수산기가 많을수록 항산화 효과가 커진다.

산화 방지제는 과다하게 사용하게 되면 그 효과가 오히려 감소되며 단독으로 사용하는 것보다는 다른 산화 방지제와 함께 사용하면 효과가 증강되는 경우가 많다.

산화 방지제는 토코페롤, 세사몰, 인지방질 등과 같은 천연 항산화제와 식품 위생법상 지정된 12종의 합성 산화 방지제로 나뉘며 적정 사용량이 지정되어 있다.

〈표 4-50〉 합성 산화 방지제

종 류	사용식품	첨가량
디부틸히드록시톨루엔 (BHT)	유지, 버터, 어패 건세품, 어패 염장품	0.2g/Kg이하
부틸히드록시아니솔 (BHA)	어패 냉동품(생식용 냉동 선어패류 및 생식용 굴은 제외)	1g/Kg이하
터셔리부틸히드로퀴논 (TBHQ)	껌	0.75g/Kg이하 병용할 때는 그 合計量이 각각의 사용기준량 이하
몰식자산프로필 (PG)	유지, 버터	0.1g/Kg이하
에리소르빈산 에리소르빈산나트륨	산화방지 이외의 목적에 사용 금지	
L-아스코르빈산 (비타민 C) L-아스코르빈산나트륨 아스코르빌 팔미테이트		
DL-α-토코페롤 (비타민 E)		
이디티에이 칼슘 2 나트륨 이디티에이 2 나트륨	마요네즈, 샐러드드레싱, 마가린	EDTA-disodium(무수물)으로서 0.075g/Kg이하

3) 색 개량제

식품 재료는 각기 고유의 천연색을 가지고 있으며 이를 식품으로 조리, 가공 또는 보존할 때 색의 변화가 있어 품질변화는 물론 기호성의 상실, 상품의 가치 등을 떨어지게 한다.

식품의 감각 기능을 색과 형태의 향상을 통하여 천연의 색을 보완하여 식품의 가치는 높이고 기호성을 증대시키기 위해 사용하는 색소를 착색료(coloring aditives)라 한다.

착색료는 천연 색소와 합성 색소로 구별을 하며 용해도에 따라 수용성, 지용성, 불용성으로 분류하고 식품 첨가물로의 지정여부에 따라 분류한다.

천연 색소는 색의 종류도 적고 선명도가 떨어지며 원료의 제한 등에 의해 사용이 한정적으로 이루어지기 때문에 합성 색소(인공 색소)가 많이 이용되고 있다.

사용 허가된 합성 색소는 녹색 3호(fast green FCF), 적색 2호(amaranth), 3호(erythrosine), 40호(allura red), 청색 1호(brilliant blue FCF), 2호(indigo carmine), 황색 4호(tarazine), 5호(sunset yellow FCF) 등 8품목의 tar계 색소와 적색 3호를 제외한 7개의 알미늄 레이크 색소, 비tar계 색소 8품목이 지정되어 있다.

Tar계 색소는 수용성이며 종류에 따라 용해성, 안정성, 내열성, 내산성, 내알카리성, 환원성 등이 다르므로 식품 종류에 따라 적절한 선택을 하여 사용해야 된다.

또한 알미늄 레이크 색소는 불용성인 금속염으로 만든 색소로 5㎛정도의 미세입자가 분산에 의해 착색되므로 퇴색이나 변색이 되지 않고 착색 효과도 오래가기 때문에 유지식품, 분말 식품, 제빵 식품, 껌류 등에 사용된다.

비tar계 색소로는 β-카로틴(β-carotene), 안나토(annato water sol.), 카르민(carmine), 카로티날(β-apo-8′-carotenal), 철클로로필린나트륨, 동클로로필린나트륨, 이산화티타늄, 삼이산화철이 있으며 값이 비싸고 자원이 제한되어 있다.

착색료는 고유 목적 이외에 인체에 무해하고 축적이 안되며 최소량으로 최대 효과를 나타내며 물리·화학적 변화가 없고 영양 가치를 가지는 것이 좋다.

색소 고정제 또는 발색제(color fixatives, color developers)는 착색료와 달리 자체의 색은 없으며 식품에 직접 착색되지 않으나 식품 주에 존재하는 유색 물질 등과 작용하여 색을 안정화시키고 선명하게 하는 등 발색을 하게 하는 물질이다.

허용된 발색제로는 질산나트륨, 질산칼륨, 아질산나트륨, 황산제일철, 명반 등이 있고 사용 기준은 〈표 4-51〉과 같다.

식품 가공 중에 색소가 산화 등으로 퇴색, 변색, 착색되어 식품의 외관을 나쁘게 하는 경우가 있는데 이렇게 변하게 하는 색소를 파괴하는데 사용되는 물질이 표백제(bleaching agents)이다.

허용된 표백제로는 환원형으로 메타중아황산나트륨, 아황산나트륨, 산성아황산나트륨, 차아황산나트륨, 무수아황산 등이 있다.

〈표 4-51〉 발색제와 사용기준

이 름	사용식품	사용량
아질산나트륨 ($NaNO_2$)	① 식육가공품(양념육, 분쇄가공품, 갈비가공품, 포장육 제외) ② 어육소시지, 어육햄 ③ 연어알젓, 명란젓	아질산으로 0.07g/Kg이하 0.05g/Kg이하 0.005g/Kg이하
질산나트륨 ($NaNO_3$) 질산칼륨(KNO_3)	① 식육가공품(양념육, 분쇄가공품, 갈비가공품, 포장육 제외) ② 어육소시지, 어육햄	아질산으로 0.07g/Kg이하 0.05g/Kg이하
황산제일철 ($FeSO_4$) 소명반 ($AlK(SO_4)_2$)	된장에 사용금지	

환원형 표백제는 아황산에 의해 표백 작용을 하므로 사용기준은 사용 후 식품 중에 남아있는 아황산 가스의 양으로 규정한다.

또한 과산화수소는 산화 작용과 환원 작용에 의해 표백이 되는데 최종 식품이 완성되기 전에 분해 또는 제거해야 된다.

색 개량제로 밀가루의 표백과 숙성을 도와주는 밀가루 개량제(maturing agents, dough conditioners)가 있다.

밀가루 개량제는 과산화 벤조일, 과황산 암모늄, 브롬산칼륨, 염소, 이산화염소, 아조디카르본아미드(azodicarbonamide), 스테아릴 젖산칼륨, 스테아릴 젖산나트륨 등이 있다.

4) 착향료

모든 식품은 특유의 향이나 냄새를 가지고 있으며 향미(flavor)는 맛과 냄새, 촉감 등을 포함하거나 이들의 혼합된 감각을 발현시키는 것이다.

착향료(flavoring agents)는 식품의 제조, 가공, 보존을 목적으로 식품에 혼합, 침윤, 기타 방법으로 사용하는 물질 중 향기를 발생시키는 목적으로 사용한다.

즉 착향료는 식욕 증진, 품질 향상, 기호성 증진, 좋은 향 강화, 나쁜 냄새 은폐 등을 위해 첨가하는 식품 첨가물이다.

착향료는 천연 향료와 합성 향료로 구분하며 생산 방법에 따라 식물성, 동물성, 미생

물에 의한 생성물로 나누며 사용되는 형태에 따라 수용성, 유성(油性), 유화(乳化), 분말 향료로 구별한다

일반적으로 향료는 독특한 천연향을 나타내기 위해 단독으로 사용하는 일이 거의 없고 혼합하여 만든 조합 향료를 사용한다.

착향료로 알려진 화합물은 약 3000여종이지만 주로 사용되고 있는 것은 약 500여종이다.

합성 착향료는 종류와 수가 이처럼 많아 규격이나 사용량의 지정이 매우 어렵기 때문에 우리나라에서는 자주 사용하는 68종을 지정하여 성분 규격을 정하였다.

기타는 포괄적으로 표시하고 착향 목적 이외에는 사용하여서는 안된다는 사용 기준이 규정되어 있다.

식품에 사용할 수 있는 개별 지정 품목은 68종류이고 이를 종류별로 분류하면 18품목이다.

착향료를 식품에 사용할 때 주의해야 할 사항들로는 다음과 같은 것이 있다.

㉮ 향료는 대부분 휘발성이므로 가열 처리를 요하는 식품은 가열 후 냉각될 때 첨가하는 것이 좋다. 또 인화성이 있는 것은 취급에 조심해야 한다.

㉯ 일반적으로 향료는 알칼리에 약하므로 암모니아계와 비암모늄계 합성 팽창제 등을 사용하는 빵, 카스테라 식품에는 주의가 필요하다.

㉰ 분말 향료 이외에는 공기, 광선, 금속 등에 의해 쉽게 분해되므로 안정성에 유의하여 보관하여야 한다. 보존은 갈색용기에 넣어 밀봉하여 공기와 습기의 접촉을 피하며 저온으로 보관한다.

㉱ 착향료 첨가량은 식품의 $1/10^5 \sim 1/10^6$ 정도로 매우 적은 양을 사용하기 때문에 사용량을 정확히 결정하여 첨가하여야 한다.
또 적당량을 첨가할 때만이 요구하는 풍미를 기대할 수 있다.

㉲ 착향료는 종류도 많고 향기특성도 각각 다르기 때문에 식품에 따른 적절한 향료를 선택하여야 한다.

㉳ 항산화제를 사용하는 경우 변질이 일어나는 경우가 있으므로 혼용할 때에는 주의해야 한다.

① 개별지정품목(68종)

계피알데히드(cinnamic aldehyde)
DL-멘톨(DL-menthol)
L-멘톨(L-menthol)
바닐린(vanillin)
에틸바닐린(ethyl vanillin)
벤즈알데히드(benzaldehyde)
벤질알코올(benzyl alcohol)
시트랄(citral)
초산에틸(ethyl acetate)
데실알코올(decyl alcohol)
시트로네롤(citronellol)
게라니올(geraniol)
리나롤(linalool)
계피알코올(cinnamyl alcohol)
히드록시시트로네랄디메틸아세탈
(hydroxycitronellal dimethylacetal)
낙산(butyric acid)
계피산(cinnamic acid)
유게놀(eugenol)
이소유게놀(isoeugenol)
γ- 노나락톤(γ-nonalactone)
γ- 운데카락톤(γ-undecalactone)
카프론산알릴(allyl caproate)
초산벤질(benzyl acetate)
프로피온산벤질(benzyl propionate)
초산부틸(butyl acetate)
낙산부틸(butyl butyrate)
초산신나밀(cinnamyl acetate)
초산시트로네릴(citronellyl acetate)
개미산시트로네릴(citronellyl formate)
아세토초산에틸(ethyl acetoacetate)
낙산에틸(ethyl butyrate)
디카논산에틸(ethyl decanoate)
헥사논산에틸(ethyl hexanoate)
옥타논산에틸(ethyl octanoate)
이소길초산에틸(ethyl isovalerate)

유칼리프톨(eucalyptol)
n-옥틸알데히드(n-octyl aldehyde)
데카날(decanal)
시트로네랄(citronellal)
히드록시시트로네랄(hydroxy citronellal)
α-아밀신나믹알데히드(α-amyl cinnamic aldehyde)
아니스알데히드(anisaldehyde)
피페로날(piperonal)
말 톨(maltol)
α-이오논(α-ionone)
β-이오논(β-ionone)
아세토페논(acetophenone)
파라메틸아세토페론(p-methylacetophenone)
메틸 β-나프틸케톤(methyl β-napthylketone)
프로피온산에틸(ethyl propionate)
초산게라닐(geranyl acetate)
개미산게라닐(geranyl formate)
초산이소아밀(isoamyl acetate)
낙산이소아밀(isoamyl butyrate)
개미산이소아밀(isoamyl formate)
이소길초산이소아밀(isoamyl isovalerate)
프로피온산이소아밀(isoamyl propionate)
초산페네틸(phenethyl acetate)
시클로헥산프로피온산알릴
(allyl cyclohexane propionate)
이소티오시안산알릴(allyl isothiocyanate)
계피산에틸(ethyl cinnamate)
페닐초산에틸(ethyl phenyl acctate)
페닐초산이소부틸(isobutyl phenyl acetate)
안트라닐산메틸(methyl anthranilate)
계피산메틸(methyl cinnamate)
N-메탈안트라닐산메틸
(methyl N-methyl anthranilate)
살리실산메틸(methyl salicylate)
초산리나릴(linalyl acetate)

② 종류별지정품목(18종)

고급 케톤류(higher kotones)
락톤류(lactones)
방향족 알코올류(aromatic alcohols)
에스테르류(esters)
에테르류(ethers)
이오티오시아네이트류(isothiocyanates)
인돌 및 그 유도체(indole and it's derivaties)
지방산류(fatty acid)
지방족 고급 알데히드류(aliphatic higher aldehydes)
지방족 고급 알코올류(aliphatic higher alcohols)
티오알코올류(thioalcohols)
티오에테르류(thioethers)
테르펜계 탄화수소류(terpene series hydrocarbons)
페놀류(phenols)
페놀에테르류(phenols ethers)
폴푸랄 및 그 유도체(furfural and it's derivatives)

〈표 4-52〉 허용감미료

감미료	사용기준
삭카린나트륨 (saccharin sodium)	절임식품류(김치류 제외) 1.0g/kg 이하 청량음료(유산균음료 제외) 0.2g/kg 이하(다만 5배 이상 희석하여 사용하는 것은 1.0g/kg 이하) 어육연제품 0.1g/kg 이하 특수영양식품(이유식 제외)는 허가 받은 양 이하
글리실리진산2나트륨 (disodium glycyrrhizinate) 글리실리진산3나트륨 (trisodium glycyrrhizinate)	된장 및 간장 이외의 식품에 사용불가
D-소르비톨(D-sorbitol) D-말티톨(D-maltitol) 자일리톨(xylitol) 이소말트(isomalt)	
아스파탐(aspartame)	가열조리를 요하지 않는 식사대용 곡류가공품(이유식 제외), 과자류[빵류, 케이크류, 건과류의 필링이나 토핑(구운 다음 충전 또는 도포)하는 것에 한함], 껌, 청량음료, 다류, 아이스크림, 빙과(샤베트 포함), 잼, 주류, 분말 수프, 발효유, 식탁용 감미료 및 특수영양 식품(이유식, 병약자, 노약자 및 임산부용 식품 제외)이외의 식품에 사용 불가
스테비오사이드(stevioside)	식빵, 이유식, 백설탕, 갈색설탕, 포도당, 물엿, 벌꿀, 알사탕, 우유 및 유제품에는 사용불가
감초추출물(licorice extract)	간장, 된장, 과자류 및 청량음료 이외의 식품에 사용불가

5) 물성 개량제

식품에 첨가되는 물성 개량제로 변형 전분류(개량전분, modified starch), 산처리 전분, 산화 전분, 덱스트린, 전분 유도체 등이 있다.

개량 전분은 조직 개량제, 가공 보조제, 농후제, 안정제 등으로 사용되고 있다.

안정제, 피막제, 유화제, 겔제, 농후제 등에 사용되는 검질류(gums)로는 알긴산과 그 염류, MC(methyl cellulose), CMC(carboxymethyl cellulose), SCMS(sodium carboxymethyl starch), 젤라틴(gelatin), 아라비아껌(gum arabic), xanthan gum, sodium polyacaylate, 한천(agar), carrageenan 등이 있다.

지용성 탄화수소의 유도체로 식품 제조에서 물성을 조절하는데 사용되는 가공 보조제로 보형성, 점도, 조직감, 저장성, 용해성, 보수성 등에 영향을 미치는 첨가물은 polyol류(polyhydric alcohols)이다.

종류로는 글리세린(glycerine), 프로필렌 글리콜(propylene glycol), 솔비톨(sorbitol), 만니톨(mannitol), 이노시톨(inositol), 말티톨(maltitol) 등이 있다.

또한 식품의 맛, 풍미, 색, 조직 등을 개량하기 위해 첨가되는 품질 개량제(조직 개량제, texturizers)로는 축합 인산염류, 인산염류 등이 있다.

금속이온과 반응하여 식품의 색, 풍미, 조직 등의 식품 안정성을 높혀 주는 식품 첨가물은 금속제거제(sequestrants)로는 구연산과 그 유도체, 염산염류, EDTA(ethyl-enedi amine tetra acetic acid)염 등이 있다.

밀가루 반죽할 때 팽창제를 사용하여 조직감 등을 높혀 주는 팽창제(baking powders, leavening agents)로는 천연으로 효모가 있고 합성품으로 탄산수소나트륨($NaHCO_3$)외에 약 20여종이 있으며 단용 또는 2종류 이상 혼합하여 사용한다.

식품의 점성, 조직감, 촉감 등에 영향을 끼치는 유화제(emulsifiers)는 물과 기름같이 서로 혼합되지 않는 물질을 혼합시켜 두 물질이 서로 분리되지 않는 상태로 유지시켜준다.

그 밖에 연화 방지제(firming agents), 기포제(foaming agents) 등도 물성 개량제의 식품 첨가물이다.

6) 맛 개량제

조미료(seasonings)는 식품을 가공하거나 조리할 때 식품 본래의 맛을 돋구어 주거나 기호에 맞게 조절하여 감각 기능을 좋게 해 주는 식품 첨가물이다.

식품 첨가물로 지정된 조미료는 맛에 따라 감미료, 산미료, 염미료, 지미료 등으로 분류한다.

그러나 관례에 따라 감미료, 산미료와 구분하여 식품에 감칠맛을 높히는데 첨가되는 물질을 조미료라 하며 염미료도 편의상 조미료에 포함시킨다.

조미료에는 천연 아미노산으로 아스파르트산(L-aspartic acid), 아스파라긴(L-asparagine), 아르기닌(L-arginine), 타우린(taurine), 베타인(betaine), 티로신(L-tyrosine) 등이 있고 규격기준이 정해져 있다.

합성 조미료는 화학 구조에 따라 핵산계, 아미노산계 및 유기산계로 분류하여 13품목이 허용되었으며 사용 기준은 규정되어 있지 않았고 대상 식품이나 사용량의 제한을 받지 않는다.

감미료는 인간이 추구하는 단맛을 내는 물질로 옛날부터 사탕무나 사탕수수에서 설탕을 만들었고 벌꿀이나 감초, 엿 등의 당류나 아미노산계 물질 등의 천연물이 있었다.

그러나 생산의 제약 등이 있고 설탕의 과다 사용에 따른 건강상의 문제가 있어 인공 감미료의 생산이 시작되었다

인공 감미료(non nutritive sweetners)는 대부분이 설탕에 비해 단맛은 강하고 에너지로 이용이 없으며 값이 싸고 갈변과 미생물 발효가 없으며 운반, 보관, 취급 등이 간편하여 식품에 널리 사용되고 있다.

인공 감미료는 급성 독성뿐만 아니라, 발암성, 유전자 변형 등에 영향을 끼치는 문제점이 있어 실제 이용 범위가 제한되어 있다.

허용된 인공 감미료는 8품목이며 소르비톨, 말티톨, 자일리톨, 이소말트 이외에 삭카린나트륨, 글리실리진산나트륨, 아스파탐과 천연 감미료인 스테비오사이드와 감초 추출물은 사용 기준이 있다.

산미료(acidulants)는 식품에 적당한 신맛을 주어 청량감과 상쾌한 자극을 주게 첨가하는 식품 첨가물이다.

산미료는 산(acid)의 화합물로 단순한 신맛을 내는 유기산류와 쓴맛이나 떫은맛을 가져 불쾌한 맛을 내는 무기산류로 나눈다.

식품 가공 등에 사용할 수 있게 허용된 산미료는 무기산류로 염산, 황산, 인산이 있고 유기산류로는 호박산, 구연산, 주석산, 사과산, 푸말산, 젖산, 초산, 수산, 아스코르빈산, 아디핀산, 글루코노델타락톤 등과 그밖에 푸말산-1나트륨, 이산화탄소 등이 있다.

신맛에 따라 산미료를 구별하면 구연산, 아스코르빈산, 글루콘산, 이산화탄소 등은 상쾌한 신맛을 내며 호박산, 글루타민산 등은 감칠맛 나는 신맛, 사과산, 황산 등은 쓴맛 나는 신맛, 젖산, 주석산, 푸말산, 인산 등은 떫은맛이 있는 신맛을 내며 초산은 자극

적인 신맛이 있다.

산미료는 사용 기준이 정해져 있지 않지만 사용상 유의해야 될 사항으로는 다음과 같은 특징이 있다.

〈표 4-53〉 허용조미료

분 류	종 류
핵산계	5′- 이노신산나트륨(sodium 5′-inosinate) 5′- 구아닐산나트륨(sodium 5′-guanylate) 5′- 리보뉴크레오티드나트륨 및 칼슘염의 혼합물
아미노산계	L-글루타민산나트륨(monosodium L-glutamate) DL-알라닌(DL-alanine) 글리신(glycine) DL-페닐알라닌(DL-phenyl alanine)
유기산계	D-주석산나트륨(sodium D-tartarate) DL-주석산나트륨(sodium DL-tartarate) DL-사과산나트륨(sodium DL-malate) 구연산나트륨(sodium citrate) 호박산(succinic acid) 호박산나트륨(disodium succinate)

즉 산미료는 다른 맛 개량 물질과 혼합이 되면 그 맛이 영향을 받는다.

일반적으로 신맛은 단맛에 의해 어느 정도 약화시킬 수 있고 신맛에 소금물을 약간 넣으면 신맛이 증가하지만 반대로 소금에 산을 약간 첨가하면 짠맛이 강해진다.

그러나 쓴맛과는 영향을 받지 않는다.

또 산은 그 염과 공존하거나 단백질, 아미노산 등의 완충능이 있는 물질에 의해 신맛이 부드러워진다.

7) 기타

식품 제조 가공 보조제는 특정한 목적으로 사용되는 것이 아닌 식품의 제조, 가공 공정 등에 편의를 위해 사용되는 물질로 식품에서 가수분해, 중화 등에 쓰인다.

종류로는 발효 식품에 발효를 돕기 위해 사용되는 양조용 첨가물, 중화를 목적으로 하는 알칼리제, 가수분해를 목적으로 하는 산제, 두부 응고제, 염류, 면류 개량제 등이 있다.

영양 강화제는 식품에 영양을 강화시키기 위해 사용되는 첨가물로 비타민류, 아미노산류, 무기물류 등이 있다.

사용목적에 따라 영양 강화, 보충 강화, 첨가 강화로 구별한다.

그 외에 효소류, 껌기초제, 추출물 이형제, 용제, 흡착제 등도 식품 첨가물로 구분한다.

제5장

가공식품의 이해

식품은 생활하기 위해 필요로 하는 영양 성분과 조절 성분 등을 인체에 공급해주는 먹거리를 총칭한다.

이러한 식품은 생식뿐만 아니라 여러 가지 형태의 가공, 제조, 조리 등의 과정을 통하여 우리가 섭취하게 된다.

식품은 다양하면서도 인체에 필요한 성분을 섭취시켜 소화, 흡수되게 하여야 하며, 안전성, 기호성 및 기능성 등이 갖춰져야 된다.

1 식품의 종류

식품은 다양하기 때문에 뚜렷한 구분은 쉽지가 않지만 일반적으로 식품 위생법이나 식품 관련법에 규정된 식품들을 규격 식품이라 한다.

여기에서는 상용되고 있는 식품에서 특수하게 이용되는 식품을 구분하여 설명하고자 한다.

〈표 5-1〉 주요 가공식품의 분류

곡류가공식품	제과, 제빵류, 면류, 곡류가공식품과 스낵류, 주류, 두부와 두유, 장류 식품 등
전분가공식품	전분당, 제당, 캔디류, 엿 등
과일, 채소가공식품	쥬스류, 건과류, 통조림, 쨈류, 주류 등
축산가공식품	우유가공품, 햄, 소시지, 절임류
수산가공식품	연제품, 젓갈류, 건조품, 훈제품, 조미가공품
유지가공식품	식용유, 마가린, 쇼트닝, 마요네즈
기호식품	청량음료, 스포트음료, 과일쥬스류, 커피류, 차류, 껌류
조미료, 향신료	스프류, 조미료, 소금, 향신료, 캐찹류 등
냉동식품	냉동식품류, 아이스크림류, 빙과류
기타	레토르트식품, 즉석식품, fast food류, 건강식품, 기능성식품, 광천수

(1) 인스턴트 식품

인스턴트 식품(instant foods)은 간편성과 즉석성이 있는 간편 식품 또는 편이 식품으로 경제 성장과 소득 향상에 따라 식생활의 다양화, 고급화, 서구화 등의 영향으로 자연적으로 이루어지게 되었다.

인스턴트 식품은 시간과 노동이 절약되고 건강과 영양 증진, 안전성뿐만 아니라 독특한 풍미로 기호성이 있고 저장이 쉬우며 필요할 때 필요한 양을 공급해주고 휴대가 간편하며 실증이 없어야 한다.

인스턴트 식품의 등장은 사회 환경의 변화에 따라 더욱 가속화되고 있으나 영양의 불균형이 문제점으로 등장되고 있다.

인스턴트 식품의 재료는 그 종류가 대단히 많고 다양하기 때문에 모든 식품 재료를 생식이나 2, 3차 가공품까지 처리하여 사용한다.

인스턴트 식품을 간편성에 의해 분류하면 물이나 우유 또는 뜨거운 물 등을 부어 식용할 수 있는 인스턴트 커피, 차, 쥬스 등과 곡류를 α화시켜 물 등을 부어 식용하는 콘플레이크, 칩, 즉석밥 등이 있다.

또한 그대로 가열하거나 물을 끓여 식용하는 라면, 인스턴트 스프, 인스턴트 장류, 조리 냉동식품 등과 적당히 가공, 조리하여 식용하는 레토르트 식품, 햄버거, 피자 등으로 구분한다.

〈표 5-2〉 인스턴트 식품의 분류

분 류	인스턴트 식품 예
파우치 포장, 병, 통조림 식품	즉석밥, 커리라이스, 각종 조리식품
농축, 반건조 식품	면류용, 각종 액체 수프, 농축수프
건조식품	라면, 커피, 쥬스, 인스턴트 장류, 콘 플레이크, 칩류
냉동식품	고로케, 햄버거, 피자, 만두

(2) 건강 식품

인간의 건강은 생활 환경, 정신 상태, 유전 및 의식주 등 다양한 일상생활에서 얻어지는데 이들 요인 중에서 식생활이 건강에 가장 큰 영향을 준다.

경제 발전과 생활 수준 향상에 의한 식생활의 많은 변화는 인체 리듬의 변화, 불규칙한 식생활, 불확실한 가공 식품의 남용 등 여러 요인으로 암, 고혈압, 심장병, 당뇨병 등 현대병이라 하는 성인병이 날로 증가되고 있다.

이러한 건강의 이상 증상에서 건강 유지와 증진에 대한 기대감이 커지면서 건강 식품이 개발되지 않을 수 없게 되었다. 그러나 건강 식품(health foods)은 식품과 약품의 중간으로 많은 사람들이 건강을 위하여 이용되고 있는 식품을 일컫는 용어이지만 정확한 명칭이나 정의는 인정된 것이 아니다.

또한 식품의 많은 성분들이 생활이나 건강에 도움을 주고 있어 일반 식품과 건강 식품은 근본적으로 다른 것이 아니기 때문에 넓은 의미에서 건강 식품이란 "식품에 들어있는 성분 중에서 인체에 유익한 물질을 적극적으로 활용하는 것을 목적으로 제조된 화학적 합성품 등을 함유하지 않는 식품"이라고 표현하는 것이 마땅하다.

건강 식품은 나라와 국민의 식생활, 관습, 영양상태 등을 고려해 다양하게 유통, 판매되고 있으며 점점 확대되어 갈 전망이다.

건강 식품을 의약품과 구별하기 위한 의미에서 분류해 보면 자연 건강 식품과 인위적 다이어트 식품으로 나누어지며 자연 건강 식품은 건강 식품, 자연 식품, 유기 식품 등으로 분류한다.

건강 식품은 약품적 성격이 있어야 되는 것이 아니기 때문에 객관적인 결론을 내리기는 애매하지만 반드시 과학적 근거가 있어야 하고 규격 기준의 설정과 유용성의 표시도 이루어져야 한다.

- 자연적 건강식품
  - 건강식품
    - 영양보급식품
    - 추출식품
    - 식이섬유식품
    - 엽록소식품
    - 허브식품
    - 효소식품
  - 자연식품
    - 무첨가식품
    - 저정제, 저가공식품
    - 유기농법의 원료식품
    - 광천수
  - 유기식품
    - 유기농법재배식품
    - 무농약식품
    - 저농약식품
- 인위적 다이어트식품 (영양보급 또는 조정식품)
  - 저칼로리
  - 고칼로리식품
  - 저지방, 저콜레스테롤 식품
  - 저단백, 고단백식품
  - 스포츠식품
  - 건강다류식품
  - 다이어트용 특수영양식품

〈그림 5-1〉 건강식품의 분류

우리나라에서 생산, 유통되고 있는 건강식품으로는 추출, 농축, 정제, 혼합 등의 방법으로 제조 및 가공한 건강 보조식품, 특정 용도에 제공할 목적으로 제조, 가공한 특수 영양식품, 인삼 관련제품의 인삼 제품과 전통적 다류 식품, 기타 단순 가공한 기타 식품으로 나눈다.

건강 식품은 건강 회복, 건강 유지, 건강 증진, 육체에 의한 자기 실현 등의 4가지 건강지향을 목적으로 하고 있는 것이 특징이다.

성인병이나 알레르기성 질환, 만성 질병을 식생활에 의해 체질 개선이라든가 비만 방지, 충치예방, 칼슘 보충 등의 식생활 관리 및 자연 식품 섭취, 노약자나 체력 약화를 식품을 이용한 관리 그리고 미용관리 등의 목표 지향을 건강 식품으로 해결하고 있다.

〈표 5-3〉 우리나라의 건강식품의 분류

건강식품

건강보조식품		
1.정제어유(뱀장어유 EPA/DHA)	10.배아	19.알로에
2.로얄제리	11.옥타코사놀	20.매실추출물
3.효모	12.대두레시틴	21.칼슘
4.화분	13.알콕시글리세롤	22.자라
5.스쿠알젠	14.포도씨유	23.베타카로틴
6.효소	15.식물추출물 발효식품	24.키토산
7.유산균	16.단백식품류	25.프로폴리스
8.조류(클로렐라/스피루리나)	17.엽록소	
9.감마리놀렌산	18.버섯	
특수영양식품		
1.이유식류 2.식이섬유 3.조제유류 4.영양보충용식품 5.특정용도식품		
인삼제품류		
1.농축인삼류	6.인삼과자류	11.홍삼분말류
2.인삼분말류	7.당침인삼	12.홍삼차류
3.인삼차류	8.인삼캅셀(정)류	13.홍삼음료
4.인삼음료	9.기타 인삼식품	14.홍삼캅셀(정)류
5.인삼 통·병조림류	10.농축인삼류	15.기타 홍삼식품
다 류		
1. 침출차(녹차 등) 2. 추출차 3. 분말차 4. 과실차		
기타 식품류		
1. 과·채가공품류(녹즙등) 2. 벌꿀 3. 재제·가공식품(죽염 등)		
4. 추출가공식품(달팽이엑기스, 산양동물추출물 등)		

(3) 기능성 식품

건강 식품과 비슷한 용어의 또 다른 식품으로 기능성 식품(functional food)이 있다.

기능성 식품은 건강 식품보다 더 구체적인 목적을 위해 의도적으로 설계, 제작된 식품으로 생체 리듬의 조절, 생체 방어, 질병의 예방 및 회복 그리고 노화 방지 등의 기능을 갖추어야 한다.

식품의 기능은 생명 유지를 위한 영양적 기능, 미각이나 취각 등을 맞추기 위한 감각 기능, 그리고 생체 조절기능으로 분류된다.

즉 기능성 식품은 제 3차 기능인 생체 조절 기능으로 유해 물질의 중화, 해독, 무기질의 흡수, 혈압 조절, 콜레스테롤의 감소 등의 기능을 가져야 하며 간편성, 근거성, 이용성 등이 함께 있는 것이 좋다.

기능성 식품은 제조할 때 그 목적이 명확해야 되고 기능성 인자가 함유되어 있어야 하며 그 화학 구조가 밝혀져야 하고 기능성 인자의 인체 내 메카니즘이 증명되어야 한다.

또한 섭취하였을 때 효과가 있어야 하며 식품 성분으로 안정적이고 식품 본래의 성질이나 상태에서 벗어나서는 안 된다.

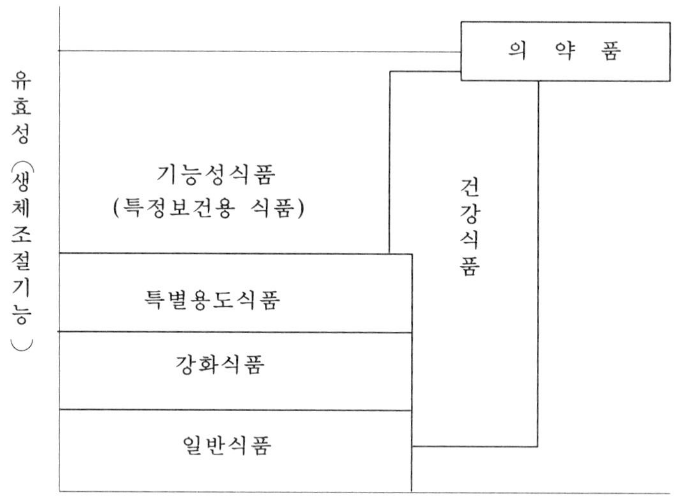

〈그림 5-2〉 기능성 식품의 위치

기능성 식품을 생체 리듬의 조절, 생체 방어, 질병의 예방, 질병의 회복, 노화 억제로 구분하여 기능에 따라 기능성 식품을 분류한 것은 〈그림 5-3〉과 같다.

기능성 식품의 종류는 활성 물질 자체가 식품 중에 들어 있어 인체에 직접 흡수되어 활성을 나타내는 것과 소화 과정 중에 생성되는 성분을 흡수하여 활성이 나타내는 생리 활성 물질로 나눈다.

소재별 기능성 식품 재료로 탄수화물에는 해조다당, 펙틴질, 한약재 다당류 등의 식물성 점질 다당류, 키틴과 키토산의 키틴질, 말토올리고당, 대두올리고당, 사이클로덱스트린 등의 올리고당, 섬유질, 리그닌 등의 식이섬유가 있다.

지방질로는 필수 지방산, EPA, DHA, 레시틴, 프로스타글란딘 등과 저칼로리 지방질 식품이 있다.

단백질 소재 기능성 식품으로는 인체구조와 비슷한 단백질의 펩타이드가 다양한 활성을 나타낸다. 이들은 고분자 호르몬류와 효소 저해제에 해당되는 현재적 펩타이드류 그리고 식품 단백질이나 혈액 단백질에서 유래된 잠재적 펩타이드 등이 있다.

기능성 식품
- ① 생체리듬의 조절
  - 중추신경계 조절식품
  - 말초신경계 조절식품
  - 섭취기능 조절식품
  - 흡수기능 조절식품
- ② 생 체 방 어
  - 알레르기 저하식품
  - 면역부활식품
  - 임파계 자극식품
- ③ 질병의 예방
  - 고혈압 방지식품
  - 당뇨병 방지식품
  - 선천성 대사이상장애 방지식품
  - 종양식품
  - 충치예방
- ④ 질병의 회복
  - 콜레스테롤 제어식품
  - 혈소판응고 방지식품
  - 조혈기능 조절식프ㅁ
- ⑤ 노 화 억 제
  - 과산화방질 생성억제식품

〈그림 5-3〉 기능에 따른 기능석 식품 분류

또한 비타민, 무기질 소재 기능성 식품 재료, 미생물 소재 식품 재료와 배당체, 천연물, 기타 기능성 식품 재료 등 다양한 기능성 식품 재료가 있다.

기능성 식품은 건강 지향에 대한 욕구로 많은 성장이 예상되지만 소비자들의 충분한 이해와 유통 구조의 완성 등에 문제가 있다.

이러한 문제점으로 기능성 식품과 일반 식품의 명확한 구별이 없으며 의약품과도 구별하는데 소비자의 오해의 소지를 가진다.

또한 기능성 식품의 평가 방법을 확립시킬 수 있는 제도적 장치와 판매에 따른 전문성과 규정의 명확성이 없다.

앞으로 기능성 식품의 개발은 천연 물질의 규명, 생명 공학의 접목 등을 통하여 알려져 있는 기능성 식품의 개발뿐만 아니라 새로운 기능성 식품의 개발에 관련 학문의 체계적인 연구가 필요하다고 본다.

우리나라는 아직 기능성 식품에 대한 체계적인 연구나 상품 개발 등이 미흡하지만 졸음 방지껌이나 구취 제거껌, 미용이나 인체 기관의 보호용 캔디류, 다이어트용이나 장기능 활성을 위한 식이 섬유 음료 등이 개발 시판되고 있다.

그리고 기능성 식품의 신소재로 허브류(herbs), 버섯류, 기타 여러 물질들이 연구 개발되고 있으며 앞으로 많은 발전이 기대되고 있다.

(4) 가공식품의 동향

요즈음의 가공 식품은 가능한 한 영양 손실을 적게 하면서 풍미를 손상시키지 않거나 천연물 풍미를 부여하는 기술이 개발되고 있다.

또한 에너지 절약 기술의 연구, 새로운 식품, 재료의 개발과 폐기물의 재활용, 대체 원료의 개발연구, 건강을 목표로 하는 식품 개발 그리고 생명 공학을 이용한 식품의 개발 등이 연구되고 있다.

이러한 가공 식품으로 조립 식품, 초고온 살균 식품, 순간 동결 식품, 막처리 가공 식품, 레토르트 식품, 방사선 조사 식품, 식물성 단백질 재료 이용 식품, 생물 공학을 이용한 고정화 미생물 및 요소, 세포 배양, 유전자 조작 식품 등 종류와 방법이 다양해지고 있다.

가공 식품의 새로운 개념으로 퓨전 식품(fusion food)은 시대성 있는 복합적인 식품으로, 세계화에 부응시킨 요리로서의 개념으로 여러 가지 가공 방법을 혼합시켜 이국적인 맛을 가지게 하는 식품류로 발전 가능성이 보이는 새로운 형태의 식품이다.

2 가공 식품의 품질과 표시

가공 식품의 품질은 식품 재료의 가치, 품질 규격, 식품의 물성, 식품의 관능 등에 의하여 결정되며 저장 유통 중에도 변화가 없어야 된다.

이러한 가공 식품의 품질은 결과적으로 생산에서 소비에 이르는 과정에서의 유통기간, 표준 규격 그리고 식품의 상품성 등과 깊은 관계가 있다.

(1) 가공 식품의 관능

가공 식품의 관능은 감각 기관에서 느끼는 색이나 광택, 냄새, 맛, 감촉, 씹을 때 느낌 등의 여러 요인에 의해 결정된다.

이 요소들은 독립적이면서도 서로 밀접한 관계가 있어 식품을 판단하는데 중요한 요소이지만 영양성이나 상품성 등과는 일치하지 않는다.

일반적으로 식품의 관능 판단은 식품을 섭취하기 전에 느끼는 1차적 감각에 의해 결정하고 섭취한 후의 2차 감각과 함께 식품의 관능적 가치를 결정하게 된다.

식품에 색깔은 기호성에 가장 먼저 접하는 요인으로 상품 가치뿐만 아니라 저장 기간, 변질여부를 판단하는 자료이다.

식품의 색깔은 식품 본래의 색과 식품 성분간의 반응에 의해 나타내는 색 그리고 미생물에 의한 변색 등에 의해 나타낸다.

대부분의 식품들은 수확하거나 포획하면 자체 색깔이 성분간의 반응, 외부 요인 등에 의해 점점 변색하거나 퇴색하게 된다.

가공 식품에서의 색소 변화는 가장 중요한 것이 갈변 현상이며 과일이나 채소의 변색은 엽록소, 카로티노이드, 플라보노이드계 색소, 탄닌류 색소 등에 의해 나타낸다.

축육과 어육의 변색은 혈액 색소에 나타내며 미생물에 의한 변색도 있다.

가공식품의 향기는 식품 표면의 휘발성 물질이 기체나 증기 형태로 후각 기관에 의해 나타내는 생리학적 현상에 의해 느낄 수 있다.

식품의 향기 성분은 종류가 많고 구조도 다양하며 좋은 느낌은 향이라 하고 일반적인 것은 냄새 그리고 불쾌한 느낌은 불쾌취라 한다.

식물성 식품의 향기 성분은 휘발성 알코올류, 에스테르류, 산류, 카보닐 화합물, 케톤류, 황화합물, 정유 등이 있다.

동물성 식품의 냄새는 본래의 냄새보다 가공할 때 더 많이 발생되는데 이들은 저분자 아민류, 암모니아, 휘발성 카보닐 화합물, 황화합물, 유기산 등이다.

훈연 식품의 향기 성분은 본래 향과 연기 성분인 유기산류, 카보닐 화합물, 페놀 화합물 등이 결합되어 독특한 냄새가 나게 된다.

과일, 채소류를 자르거나 으깨기를 할 때 새로운 향기가 생성되는데 이것은 조직이 파괴되면서 산소와 향기 성분의 전구 물질이 반응을 하여 새로운 향기를 만들기 때문이다.

가공 식품의 맛은 향기와 함께 가장 중요한 관능요인으로 향미 또는 풍미(flavor)라 한다.

식품의 맛은 입에 넣었을 때와 씹었을 때의 휘발성과 미각 세포에서 느끼는 감각 기능이 복합되어 나타낸다.

이러한 맛은 식품의 향미와 기능성에 영향을 주는 것으로 여러 요인에 따라 느끼는 점이 다르다. 즉 맛 성분의 농도, 온도, 시간, 건강상태, 성별, 나이, 환경 등 여러 조건에 따라 달라진다.

맛은 단맛, 쓴맛, 신맛, 짠맛, 감칠맛을 기본으로 하고 매운맛, 떫은맛, 아린맛, 금속맛 등으로 구분한다.

식품의 조직감은 식품의 품질을 검증하기 위한 수단으로 감각에 의한 느낌과 기기에 의한 평가가 함께 쓰이고 있다.

일반적으로 식품의 물성은 물리적인 레올로지(rheolagy)와 관능이나 접촉을 통한 관능학(heptaesthesis)으로 측정한다.

식품의 물성을 나타내는 용어는 식품의 종류와 마찬가지로 다양하고 표현 방법도 많으며 모양이나 크기, 부드러움, 딱딱함, 점탄성 등 여러 특성으로 구분한다.

식품은 제조, 가공 등의 과정에서 조직 특성이 변화되는데 이를 강화시키거나 약화시켜 식품의 특성을 나타내게 한다.

가공 식품의 물성은 고체형, 액체형 그리고 기체형 식품에 따라 원료가 가지는 고유한 구조와 조직은 없어지고 각각 고유한 특성을 가지게 된다.

(2) 가공 식품의 품질

가공식품의 상품성을 높이기 위하여는 품질이 우수하고 가격이 알맞아야 좋은 식품으로 가치를 인정받을 수 있다.

식품의 가치는 품질 우수성, 보존성 그리고 운반성 등의 자연 조건과 적당한 가격과 광고 등의 사치적 조건에 의해 결정된다.

식품을 소비자들이 평가할 때 생산자의 공급에 따라 식품의 형태, 영양가, 가격, 편리성, 보관성 등을 생각한다.

이러한 조건을 성립시키기 위하여는 식품의 품질 기준과 규격이 표준화되어 식품 생산의 합리화, 제품의 규격화 등이 있어야 한다.

생산 측면에서 원료, 공정, 관리 및 제품 규격 등이 알맞는 제품을 생산해야 되므로 원료 식품의 명칭, 식품의 정의, 내용물의 상태, 성분, 표시 조건 및 위생 조건 등을 고려하여 표준화를 해야 된다.

실시되고 있는 식품의 규격 기준에는 식품의 포장에 공통 표시 기준 사항으로 제품명, 제조업소명, 제조년월일, 허가번호, 중량, 용량 등이 있다.

이렇게 함으로써 소비자들에게 식품에 대한 신뢰성을 높이고 구매욕을 충족시킬 수 있으며 소비자를 보호할 수 있다.

우리나라는 공업 표준화법에 의해 유통의 공정화와 소비자 보호를 목적으로 KS (Korean Standard)에 의해 식품을 표준화시킨 제도를 운영하고 있다.

KS표시 허가는 식품업체의 신청을 받아 심사를 거쳐 우수 식품 생산이 가능한 업체로 인정되었을 때 허가해준다.

KS마크는 제품의 포장 등에 표시하며 그 식품이 KS품질 표준기준 이상인 것을 정부가 보증하는 제도이다.

식품의 표준화 제도는 임의성을 가지는 권장 규격으로 강제성이 있는 식품 위생법 등과는 다르며 미리 정해진 KS규격이 있다.

식품 영양의 표시는 소비자들에게 그 식품의 이해를 돕기 위하여 각 성분의 영양가를 표시하는 것이다.

미국에서는 전 식품의 영양 표시를 의무적으로 실행하도록 되어 있으나 우리나라에서는 모든 식품에 영양 표시를 의무화하지는 않았지만 점차 영양 표시를 해가고 있는 실정이다.

일반적으로 총열량과 기타 성분을 그램(gram)단위로 표시하였으나 앞으로는 영양소의 존재, 영양소와 질병 또는 영양소와 건강 상태도 표시해 나가야 할 것이다.

식품에 대한 정보표시로는 상품 코드로 UPC(universal product code)와 EAN (european article numbering) 등이 상용되며 상품 포장 뒷부분에 표시한다.

이 코드는 특수 숫자와 선으로 된 전자 감응 코드로 표시하는데 가공 식품의 내용물에 대한 각종 정보를 제공하며 판매처 등에서 판매, 재고 파악 및 확인 등에 이용하고 있다.

상품 코드는 바코드(bar code)라고도 하며 각종 정보로는 제조회사, 회사의 주소, 상품종류와 크기, 내용 등이 제공된다.

바코드는 각 상품의 고유 번호를 광학 자동 판독기가 읽을 수 있도록 부호화 시킨 것이며 국제적으로 표준화된 굵기가 서로 다른 여러 개의 검은색 바(bar)로 되어 있다.

바의 크기는 폭이 가장 얇은 1모듈(0.33mm)에서 4모듈(1.32mm)까지 4종류로 되어 있으며 이들보다 폭이 좁은 시작과 끝을 알리는 가드 바(guard bar)와 분리를 위한 센터 바(center bar)가 있다.

바코드는 왼쪽부터 국가, 제조 업체, 상품 품목 그리고 오른쪽 끝 부분에 검증 번호를 알려주는 코드로 되어 있다.

바코드 밑에는 13가지의 아라비아 숫자가 있으며 처음 3자리는 국가 코드이며 다음 4자리는 제조회사 번호, 그 다음 5자리는 상품 품목별 고유 번호이고 마지막 1자리는 판독의 오류가 없도록 검증하는 번호이다.

바코드는 상품 크기에 따라 0.8배 축소나 2.0배 확대하여 알아보기 쉬운 위치에 부착하거나 인쇄한다.

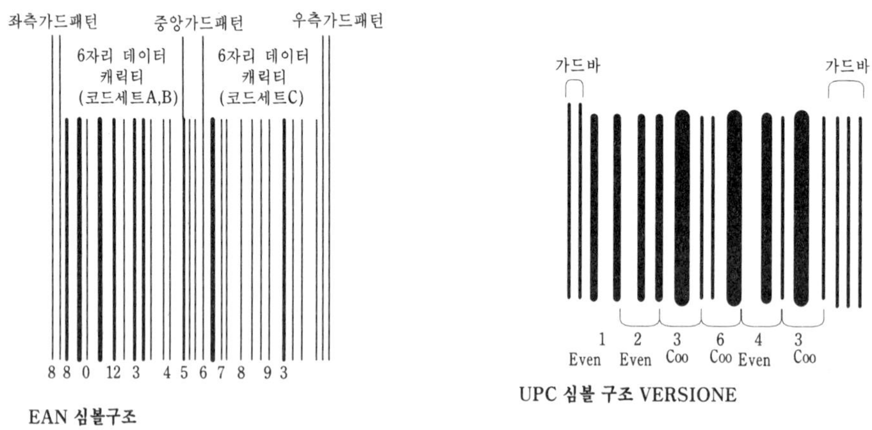

〈그림 5-4〉 바코드의 종류

가공 식품에 바코드를 부여하는 것은 유통, 판매, 관리, 시스템의 합리적 경영을 위한 수단이며 공정 관리, 재고 관리, 물품 관리 및 경영 관리까지 쉽게 할 수 있다.

특히 소비자들의 리콜(recall)에 관한 상품 정보 파악 등에 효과적인 대응은 물론 부정 식품을 방지 할 수 있다.

(3) 규격 식품 이외의 식품

식품은 인간의 생명 유지와 인간다운 생활을 이루기 위해 섭취하는 모든 먹거리로 영양 성분과 기호성을 가지고 유해 물질이 들어 있지 않는 천연물이나 가공된 식품을 사람이 직접 섭취 가능한 상태인 것이어야 한다.

식품은 종류가 대단히 많으며 이용되고 있는 형태도 다양하다.

식품 중에는 인체에 유해하거나 영양가가 떨어지고 장기간 섭취하였을 때 건강에 지장을 주는 식품도 있다.

이러한 유해 식품이나 불량 식품을 부정 식품이라 하며 비위생적, 비규격화된 물질 등을 식품에 혼입시켜 인체에 유해물질이 섭취되게 한다.

부정 식품은 공통적으로 무허가 제조, 변조, 위조, 유해 식품 첨가물 사용 및 제조, 유통 과정의 불결 등의 유형에 따라 구별되고 있다.

유해요소로는 식품의 영양학적·미생물학적 유해, 식품 독성, 환경 오염, 유해 첨가물 그리고 잔류 농약 등이 있다.

부정 식품이 제조, 판매되는 이유로는 제조업자들의 의도적 또는 비의도적인 유해 첨가물 사용, 이익 추구를 위한 유해 재료 및 가공 방법으로 식품을 가공하기 때문이다.

부정 식품은 편의상 위화 식품(adulterated food)과 위칭 식품(misbranded food)으로 분류한다.

위화 식품은 고의적 또는 비고의적으로 독성 물질이나 유해 물질이 식품에 혼입된 것으로 화학물질뿐만 아니라 특정하게 사용한 의도적 합성 첨가물 등 모든 물질에 오염된 식품으로 정의한다.

위화 식품은 유해 물질의 혼입, 영양 성분의 추출, 변질이나 결점을 보안하거나 은폐, 다른 물질이나 성분을 혼입하거나 유사 물질을 사용, 규격 미달 식품 등으로 구별한다.

위칭 식품은 가짜나 부당 상표를 표시한 식품, 표기 내용과 실제 내용물이 다른 경우의 식품을 일컫는다. 위칭 식품은 식품 표시의 부당 행위에 대한 규제를 받으며 특히 생산이나 출고 날짜의 허위 표시, 첨가물의 표시 위반 사항 등은 강력한 규제가 있어야 한다.

부정 식품의 식별은 식품의 종류가 많으므로 매우 어려운 실정이지만 가공 식품에 어떠한 표시도 없는 것, 포장이 거칠거나 일정한 형태가 없는 것, 허가 번호나 유통기간이 없는 것, 가짜 허가 기관을 표시한 것 등을 부정 식품으로 간주할 수 있다. 또한 품질에서 원품과 현저히 다르거나 유사하게 변조한 제품들로 부정 식품의 가능성이 높다.

(4) HACCP

부정 식품 또는 불량 식품으로부터 소비자를 보호하기 위한 식품 제조는 식품 위생법에 규정되어 있다.

그러나 소비자들이 식품의 유해 여부를 판단하기는 어렵고 일단 섭취해봐야 하는 특수성 때문에 생산자나 판매자는 식품에 문제가 발생되었을 때 책임을 지고 공정하게 처리해 주어야 한다.

가공 식품에 대한 문제점이나 불만은 유통 기간이 지났거나, 맛, 색 등이 변했을 때, 용량 등이 부족하였을 때, 포장이 불량하거나 파손되었을 때, 이물질 등이 들어 있을 때 많이 발생되는데 가공 식품을 섭취하기 전·후에 발견된다.

리콜(recall), 클레임(claim) 제도는 가공 식품에 문제나 불만이 있을 때 해결하는 제도이다.

리콜 제도는 식품 회수 제도로 식품위생의 책임이 있는 영업자가 제조 및 유통 과정에서 문제 식품이 발생될 경우 자발적으로 회수하여 식품의 위해로부터 소비자를 보호하는 제도이다.

클레임 제도는 넓은 의미의 리콜 제도이며 생산에서 소비까지의 과정에서 일어날 수 있는 문제 식품을 생산자가 도덕적, 행정적으로 책임을 지고 소비자가 구매 이전으로의 복귀를 의미하며 제품에 대한 교환이나 보상을 해주는 것이다.

이러한 부정 식품의 유통이나 교환, 보상 제도는 경제적인 손실을 줄일 뿐만 아니라 신용 사회에서의 신뢰도에 문제점들이 많기 때문에 사전에 방지하기 위한 목적으로 유해요소 중점 관리제도가 실시되고 있다.

위해 요소 중점관리제도(hazard analysis and critical control point)는 위해 요소 분석과 중요 관리점의 합성으로 해당 식품의 식품위생안에 위해 요소가 무엇인지 분석하고 어떻게 관리에 관한 제도이다.

즉 HACCP는 사무 조치보다는 예방적으로 식품 공급을 미생물적, 물리적 및 화학적 위해 요소로부터 보호하는데 사용되는 관리 도구이다.

또한 HACCP는 식품의 위해 요소를 완전히 제거하는 특별한 신기술이 아니고 식품을 취급, 제조, 가공 등의 공정을 체계적으로 하여 안전성을 해칠 가능성이 있는 위해 요소의 발생을 최소화시키는 방법이다.

HACCP는 성공한 사례에서 방법을 찾아내어 적용시키는 것으로 7가지의 원칙이 있다

HACCP는 모든 식품의 원료 생산부터 최종 식품을 소비자에게 제공하여 소비될 때까지의 생산, 가공 및 제조, 판매, 식품 서비스 등 모든 과정에 적용된다.

HACCP는 7가지 원칙에 의해 공정별이나 안전성 보증, 생산자의 보조, 소비자의 인증 그리고 공인된 검사 기관에서의 신뢰성 등을 바탕으로 문제가 발생하였을 때 즉각 처리할 수 있는 자료로 활용된다.

이러한 HACCP는 식품의 안전성에 체계적인 접근, 품질 관리 시스템의 보완과 보증, 주체적으로 인정된 방법 등의 이점이 있다.

HACCP의 적용순서는 codex(국제 식품 규격위원회)의 지침에 의해 예비 단계와 실제 단계인 7가지 원칙으로 구성되어 있다.

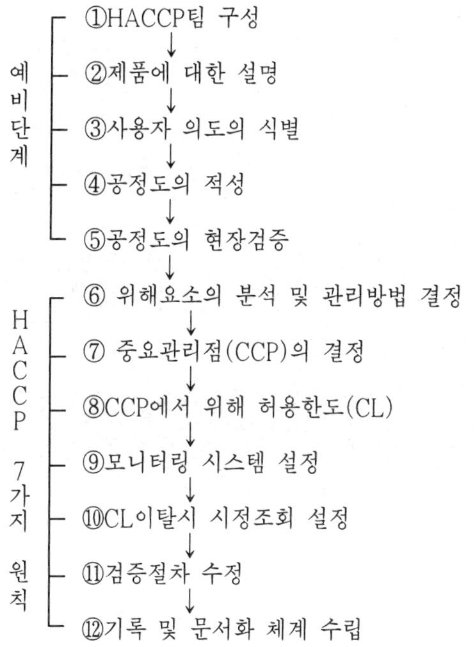

※ HACCP : Hazard Analysis and Critical Control Point
CCP : Critical Control Paint
cL : critical Limit

〈그림 5-5〉 HACCP적용 순서(codex 지침서)

3 특수한 식품산업

(1) 외식 산업

식생활은 민족성과 사회의 변화에 따라 여러 가지 형태로 발달하였다.

특히 산업화, 고도화, 정보화, 복잡화 등의 사회 변화는 소비자의 기호성과 취향에 따라 식생활에서 식품의 종류와 질적, 양적인 변화를 동반하게 되었다.

우리의 식문화는 가정에서 가족들과 공동으로 식사를 하는 것이 원칙이었으나 사회 변화에 따라 가정 내 식사가 점차 감소되고 가정 밖에서 외식을 하는 경우가 많아지고 있다.

외식 산업이란 용어는 1970년대 일본에서 처음 사용하면서부터 급속하게 발전하였으며 가정 외에서 조리, 가공된 음식을 만들어 각종 편의성을 극대화시킨 상품으로 유통하는 산업을 뜻한다.

처음에는 식당업, 음식업, 요식업 등으로 불리어졌으나 현재의 외식 산업은 표준화, 단순화, 전문화를 바탕으로 과학적인 운영 시스템을 갖춘 대형 산업으로 발달하였다.

외식 산업을 사회적, 경제적, 문화적 생활 양식의 변화에 따라 식생활의 레저화와 간편화 등에 발전의 기틀이 자리잡고 있다.

국제적 규모의 행사, 관광 산업의 발달 등과 식품 산업의 발전으로 조리 식품, 급식, 출장 요리, 도시락, 택배 등 다양한 소비 형태의 변화로 외식 산업이 발전하였고 가정 내 식생활에서도 외식의 개념이 자리잡게 되었다.

1) 프랜차이즈 시스템

외식 산업이 보편화되는 것은 식문화의 서구화 현상으로 패스트 푸드(fast food)의 이용이 급증하면서 간편성과 쾌적성을 선호하기 때문이다.

패스트 푸드는 음식의 질, 서비스, 청결성 등을 강조하기 때문에 가맹점이면 어느 곳이든 같은 맛과 서비스, 분위기 등을 느낄 수 있다.

패스트 푸드(fast food) 식당의 형태는 프랜차이즈 시스템(franchise system)로 운영되고 있다.

프랜차이즈 시스템은 본부(franchisor)에서 식품을 구매하고, 음식의 생산 방법 등을 표준화하여 운영 방침(know how)을 세우고 가맹점(franchisee)을 모집해 제품의 독점 판매권을 주고 표준 시설로 체인점화시킨 경영이다.

본부는 가맹점에 고유 상표, 상호를 제공하고 사업권을 주면서 가맹점에 상품에 관한 모든 서비스를 부여한다. 또한 가맹점으로부터 가맹금, 위약 보증금, 로열티 등을 징수, 운영하는 시스템이다.

프랜차이즈 시스템은 상품 유통형과 기업형의 형태로 운영된다.

상품 유통형 프랜차이즈는 제품의 판매를 위하여 특정 지역, 특정 업체에게 독점권을 주고 상호, 상표를 통일시켜 판매에 전념하도록 하는 형태로 각 대리점 체계이다.

기업형 프랜차이즈는 모든 시스템을 총괄하여 모든 것을 대상으로 계약하고 통일된 이미지와 경영 기법으로 체인을 운영하는 형태로 패스트 푸드(fast food) 체인점, 수퍼마켓, 편의점 등이 있다.

외식 산업에서 패스트 푸드(fast food)는 해외 브랜드와 국내 고유 브랜드로 나누며 세계 유명 햄버거류, 치킨류, 피자점, 도넛류, 면류, 커피류, 전통 식품류 등을 포함하여 각종 가공 식품들이 등장하게 되었다.

외식 산업 시장은 급변하고 있고 외식 산업에 참여하는 기업이 늘고 있으며 해외 브랜드의 도입도 더욱 가속화되고 있는 실정이다.

이처럼 외식 산업은 해외 브랜드의 다양화, 신속한 서비스와 저렴한 가격 등으로의 패스트 푸드(fast food)업체 변화, 단체급식 업체, 패밀리 레스토랑(family restaurant) 및 시 푸드레스토랑(sea food restaurant)등으로 발전하였으며 점차 다양한 형태로 성장이 기대된다.

2) 캐더링 시스템

캐더링 시스템(caterin system)은 단체 급식의 체계화된 위탁 경영 형태로 운영하는 방식으로 ready-to-serve food와 party system에서 착안되었으며 주방시설이 없는 파티 장소 등에 음식을 제공해 주는 것으로 새로운 생각과 기술로 체계시킨 위탁 급식 방법이다.

단체급식의 운영은 임대, 용역, 경영 등의 문제가 있어 경영에서 새로운 방법이 필요하였고 이에 대한 가장 이상적 위탁경영제도로 발전된 것이 캐더링 시스템이다.

캐더링 시스템은 대규모 조직으로 운영되어 조리, 구매, 저장 운반 및 서비스 등도 체계적으로 운영한다.

캐더링 시스템은 생산과 서비스 즉 조리와 급식을 시간과 장소를 분리시킨 것으로 음식을 준비하고 조리하는 장소와 급식하는 장소, 시간이 일치하지 않아도 되기 때문에 급식산업의 새로운 분야로 각광을 받고 있다.

캐더링 시스템의 발전은 2차 대전 후 발달하기 시작한 급식위탁 경영에서부터 이루어졌으며 단체급식소, 호텔업계, 산업체, 기타 외식 산업체 등으로 확대되었고 급식 전문 회사로 체계화되고 있다.

이 때문에 캐더링 시스템은 생산성 향상, 체계적인 경영, 경비 절감 등의 이점으로 발전을 거듭하고 있다.

캐더링 시스템은 대규모 조직으로 운영하기 때문에 구매, 조리, 저장운반 및 서비스 등을 체계적으로 할 수 있다.

이런 캐더링 시스템은 계획된 식단의 준비, 알맞은 구매조건 확립, 효율적인 조리, 철저한 위생관리, 전문 자문단 구성 그리고 영양분석과 위생 분석의 체계화 등의 특징이 있다.

캐더링 시스템의 조리 형태는 조리하여 바로 급식하는 재래 형태(conventional system), 조리 후 냉동(cook-freeze system)이나 냉장 식품(cook-chill system)으로 하는 형태, 조리하여 산소가 없는 상태로 가스를 충전하여 포장하는 형태(gas package system) 등으로 구분한다.

단체 급식에서는 신선한 재료를 선택하고 전처리와 조리를 하여 바로 배식하는 전통적 방법이 통용되었지만 여러 가지 어려움이 있다.

이에 냉장이나 냉동 또는 건조식품 등을 이용하거나 조리한 후 보온 저장하여 약간의 해결점을 찾았으나 음식이 미리 준비되어 있는 상태이기 때문에 품질이나 맛이 떨어진다.

이러한 문제점을 해결하기 위해 쓰인 방법이 cook-freeze system와 cook-chill system이다.

이 시스템은 음식의 조리와 급식에 시간적, 공간적인 분리와 생산 관리의 효율성이 있으며 모든 직업의 자동화, 문서화, 위생화, 전문화 할 수 있고 특히 체계화된 위생 관리를 수행 할 수 있다.

참고문헌

1. 논문

고정삼, 『식품가공학』, 아카데미서적(1987).

고학균 외 6인, 『농산가공기계학』, 향문사(1990).

김동훈, 『식품화학』, 탐구당(1989).

김동훈, 『통조림식품』, 문운당(1990)

김병묵, 이성갑, 『수산식품가공학』, 학문사(1997)

김상순, 이한창, 『식품저장학』, 수학사(1995)

김영교, 김영주, 김현욱, 성삼경, 송계원, 이유방, 『축산식품학』, 선진문화사(1985)

김영수, 김용휘, 『식품학개론』, 수학사(1999)

김우준, 『최신수산화학』, 세진사(1995)

김재욱, 이계호, 전재금, 박관화, 이형주, 안종건, 『농산물가공이용학』, 한국방송대학교출판부(1996)

노완섭, 허석현, 『건강보조식품과 기능성식품』, 효일문화사(1999)

문범수, 『심품첨가물』, 수학사(1986)

문범수, 이갑상, 『식품재료학』, 수학사(1986)

박무현, 이동선, 이광호, 『식품포장학』, 형설출판사(1994)

박승용 외 7인, 『축산물의 가공』, 유한문화사(2000)

박영호, 『수산식품가공학』, 형설출판사(1990)

박영호, 박유식, 『통조림재조학』, 형설출판사(1990)

박영호, 장동석, 김선진, 『수산가공학요론』, 형설출판사(1995)

박원종, 오경철, 전문웅, 조남지, 주현규, 『식용유지학』, 유림문화사(1999)
변유량, 대표저자, 『현대식품공학』, 지구문화사(1999)
변재형, 최종균 공역, 『수산이용학』, 수학사(1994)
보건복지부, 『식품공전』, (1995)
보건복지부, 『식품첨가물공전』, (1995)
손태화, 성종환, 강우원, 문광덕, 『식품가공학』, 형설출판사(1999)
송계원, 김현욱, 이무화, 안종건, 『축산물가공이용학』, 한국방송대학교 출판부(1996)
송재철, 『식품재료학』, 교학사(1994)
송재철, 박현정, 『최신식품가공학』, 유림문화사(1998)
송재철, 박현정, 신완철, 『최신식품학』, 교문사(1998)
송재철, 양한철, 『식품첨가물학』, 세문사(1996)
식품재료사전편찬위원회, 『식품재료사전』, 한국사전연구사(1997)
식품저널편집, 『2000 식품유통연감』, 한국컴퓨터인쇄(주) (2000)
심상국, 양종범, 『식품학』, 고문사(1992)
양한천 편자대표, 『최신신소재학』, 한림원(1996)
유태종 외 7인, 『최신식품미생물학』, 문운당(2000)
유태종, 『식품미생물학』, 보성문화사(1990)
윤인화, 김형열, 민윤식, 석근영, 이수한, 『농산식품가공학』, 수학사(2000)
이갑상, 김동한, 『식품저장가공학』, 학문사(1997)
이성갑, 『통조림식품제조학』, 안성산업대학교출판부(1998)
이성우, 김동순, 『식품화학』, 수학사(1998)
이영춘, 『식품공업의 품질관리』, 학연사(1990)
이철호, 이진근, 채수규, 『식품공업품질관리론』, 유림문화사(1994)
장규섭, 이종욱 역, 『식품공학』, 대한교과서(1995)
장동석, 신동화, 정덕화, 김창민, 이인석, 『식품위생학』, 정문각(1999)
장현기, 남궁석 『최신판 식품학개론』, 유림문화사(1996)
전재근, 『식품공학』, 개문사(1985)
정동효, 김성래, 고학균, 『농산기계학』, 향문사(1990)
조재선, 『신고 식품재효학』, 문운당(1985)
주현규, 김덕웅, 성하진, 조원대 『최신식품저장학』, 수학사(2000)
주현규, 장현기, 허태련, 박원종, 김동우, 『최신식품가공학』, 유림문화사(2000)
최동성, 고하영 공역, 『식품기능화학』, 지구문화사(1995)

최상인 외 7인, 『농업기계학』, 선진문화사(1990)
한국건강식품연구소, 『2001 한국건강식품년감』, 미광기획(2001)
한국과학기술한림원, 『과학기술용어집』, 도서출판 아카데미아(1998)
한국농산물저장유통학회, 『농산물저장유통기술핸드북』, 송현종합문화사(1998)
한웅수, 『최신청과물 저장과 가공기술』, 진로연구사(1992)
허태련, 맹영선, 『식품과 건강』, 유한문화사(1999)
현영희, 구본순, 송주은, 김덕순, 『식품재료학』, 형설출판사(2000)
홍태희, 김기연, 최옥수, 김대현, 정외숙, 김순희, 『현대식품재료학』, 지구문화사(2000)
Benion, 『Introductory Foods』, Macmillan(1994)
Chaley, 『Food : A Scientific Apptoach』, Prentice - Hall(1998)
Cherl-ho Lee, Keith H., P.J.Alem Reilly, 『Fish fermentation technology』, United Nations University press(1994)
D.D.Miller, 『Food Chemistry : A Laboratory Manual』, Wiley(1998)
D.K.Salunkhe, S.S.Kadam, 『Handbook of Vegetable Science and Technology』, Marcel dekker(1998)
D.V.Laconi, 『Fundamentals of Professional Food Preparation』, Wiley (1995)
Douglas M. Considine, P.E, Glenn D. Considine, 『Food and Food Production Encyclopedia』, VN(1982)
E.G. Perkins, W.J.Visek, 『Deitary and Health』, American Oil Chemists' Society(1983)
Fellow, 『Traditonal Foods : Processing for Profit』, Intermediate(1997)
Flickinger, 『Encyclopedia of Bioprocess Technology : Fermention, Biocatalysis & Biosepatation 5vol』, Wiley(1999)
Francis and Clydesale, 『Food Colorimetry : Theory and Applications』, AVI(1975)
G.M.Hall, 『Food Processing Technology 2/E』, C&H(1996)
G.W. Gould 『New Method of Food Preservation』, Chapman & Hall(1995)
Israel Goldberg, 『Functional Foods』, Chapaman & Hall(1995)
Ivan, A.Wolff, 『Handbook of Processing and Utilization in Agriculture』, CRC Press(1982)
J.Larousse, 『Food Canning Technology』, Wiley(1997)
Julie Miller Jones, 『Food Satety』, Eangn Press(1992)

Lowenberg/Todhunter/Wilson/Savege/Lubawski, 『Food & People』, John Wiley & Sons, Inc.(1979)

Max Milner, Nevin S.Scrimshaw. M.D, Daniel i.c. Wang, 『Protein Resources & Technology』(1977)

Noh Wan Seob, 『Fundamentals of Life Science』, Ji Goo Publishing Co.(1979)

Oliverita, 『Processing Foods : Quality Optimization and Process Assessment』, CRC(1999)

R.J. Hamiltion, 『Developments in Oils and Fats』, Blackie Academic & Professional(1995)

R.W. Harterl, T.A.Howell and D.B. Hyslop, 『Math concepts for food engineering』, Technomic. pub.(1995)

Ronald M. Weiner, 『Microiology』, McGrow-Hill(1977)

S.M Henderson and R.L perry, 『Agrcultural Process Engineering』, AVI PUB(1985)

The 31st Meeting of The Joing fao / Who Expert Communitte on Food Additives, 『Toxicological evaluation of certain food additives』, IPCS(1987)

Z.E.Sikorski, 『Chemical and Functional Propetries of Food Components』, Technomic(1997)

吉田勉, 『食品材料學』, 學文社(1987)

福場傳保 외 5인, 『食品材料』, 光生館(1985)

細川 明 외 9인, 『農産機械學』, 文永堂(1985)

岩田久敬, 『食品化學 各論・總論』, 養賢堂(1980)

2. 잡지

농산물저장유통학회지(한국농산물저장유통학회)

산업미생물학회지(한국산업미생물학회)

생약학회지(한국생약학회)

식품공업(한국식품공업협회)

식품과학(한국식품과학회)

식품과학과 산업(한국식품과학회)

식품과학회지(한국식품과학회)

식품기술(한국식품개발원)
식품영양과학회지(한국식품영양과학회)
월간 식생활(식생활개선 범국민운동본부)
월간 식품산업(한국월간식품산업사)
한국식품위생학회지(한국식품위생학회)
한국영양학회지(한국영양학회)
Cereal Chmisty
Food Research
Food Technology
J. of Food Science
J. of Food Technology
J. of Food Texture
食品工學(日本)
食品과 科學(日本)
營養과 食糧(日本)
由脂學(日本)
澱粉科學(日本)

3. 인터넷 사이트

http://nih.go.kr/국립보건원
http://www.cjfoodsafety.co,.kr/
http://www.fda.co.kr/
http://www.fooddaily.co.kr/
http://www.foodnews.co.kr/
http://www.foodonline.co.kr/
http://www.fooduournal.co.kr/
http://www.gofood.co.kr/
http://www.icfood.com/
http://www.thinkfood.co.kr/

찾아보기

ㄱ

ㄴ

ㅅ

ㅇ

ㅈ

ㅊ

ㅎ

A

B

C

I

J

K

L

M

N

O

P

Q

저자약력

박원종
공주대학교 식품공학과

박희용
공주대학교 식품공학과

이승기
공주대학교 생물산업공학부

이경행
청주과학대학 김치식품과학과

식품 가공의 이해

2002년 3월 12일 초판 발행
2006년 7월 15일 재판 발행

지 은 이 • 박원종, 박희용, 이승기, 이경행
발 행 인 • 김 홍 용
펴 낸 곳 • **도서출판 효 일**
주 소 • 서울특별시 동대문구 용두2동 102-201
전 화 • 02) 928-6644~5
팩 스 • 02) 927-7703
홈페이지 • www.hyoilbooks.com
E-mail • hyoilbooks@hyoilbooks.com
등 록 • 1987년 11월 18일 제 6-0045 호

값 **17,000**원

ISBN 89-8489-026-X